Liberal Arts

文质彬彬　然后君子

博雅经典

章宏伟　主编

觞政　胜饮编

［明］袁宏道　［清］郎廷极　编著

徐兴海　注解

中州古籍出版社
·郑州·

图书在版编目(CIP)数据

觞政/（明）袁宏道编著；徐兴海注解. 胜饮编/
（清）郎廷极编著；徐兴海注解.—郑州：中州古籍出
版社，2017.5
（博雅经典）
ISBN 978-7-5348-5540-5

Ⅰ．①觞… ②胜… Ⅱ．①袁… ②郎… ③徐… Ⅲ．
①酒－文化－中国－明清时代 Ⅳ．①TS971

中国版本图书馆CIP数据核字（2016）第010345号

责任编辑　　王建新　　贾保倩
责任校对　　岳秀霞
装帧设计　　曾晶晶

出版发行　中州古籍出版社
　　　　　　地址：郑州市经五路66号
　　　　　　邮编：450002　　电话：0371-65788698
经　　销　河南省新华书店
印　　刷　河南大美印刷有限公司
版　　次　2017年5月第1版
印　　次　2017年5月第1次印刷
开　　本　16开（640毫米×960毫米）
印　　张　22.25印张
字　　数　319千字
印　　数　1-3000册
定　　价　45.00元

本书如有印装质量问题，由承印厂负责调换。

目　录

胜饮编

前　言

本书为《觞政》与《胜饮编》合辑。

《觞政》系明代袁宏道编著，总结了当时的酒俗、酒规、酒礼等，是明代最具代表性的酒文化著作；《胜饮编》乃清代郎廷极编著，系统整理了清代及清代以前有关酒文化的资料。两本书都以酒为中心，都是研究酒文化的有代表性的书，所以合为一编。

一

1.《觞政》的作者

《觞政》的作者袁宏道（1568～1610），明代文学家，字中郎，又字无学，号石公，又号六休。荆州公安（今属湖北）人。他所出生的公安县长安里长安村（今孟溪镇孟溪村）处于洞庭西北，荆江南岸，地势平衍，多长塘曲港，颇具江南水乡的特色。宏道少敏慧，善诗文，16岁时就结文社于乡里，任领袖。万历二十年（1592）登进士第，后为吴县（今江苏苏州）令，历任礼部主事、吏部验封司主事、稽勋郎中等职。

袁宏道开创了文学创作中的一个很重要的流派"公安派"。代表人物还有袁宏道的兄长袁宗道（1560～1600）、弟弟袁中道（1570～1623），一门三兄弟皆有名望，实在是中国文学史上少有的事情。因其籍贯为湖广公安，故世称"公安派"。其重要成员还有江盈科、陶望龄、黄辉、雷思霈等人。

明代自弘治（1488～1505）以后，文坛便被李梦阳、何景明为首的"前七子"及王世贞、李攀龙为首的"后七子"所统领。他们倡言向古人学习，认为文章只有秦汉的才好，诗歌没有超过唐代的，认为唐代宗大历（766～779）以后的书就不要读了，一味复古，影响极大，以至于天下推李、何、王、李为四大家，无不争先效仿他们。

袁宏道深受李贽（1527～1602）影响，在文学上反对"文必秦汉，诗必盛唐"的风气，认为文学随着时代的发展而变化，不同时代应该有不同的文学，提出"独抒性灵，不拘格套"的性灵说。性灵说就成了公安派文学主张的核心，强调诗歌创作要直接抒发诗人的心灵，诗是人的感情的自然流露。他极力推崇小说、戏曲和民歌，认为这些是"无闻无识"的"真声"。他说："要以情真而语直，故劳人思妇有时愈于学士大夫，而呻吟之所得，往往快于平时。"

袁宏道力行实践，将自己的文学主张实现于文学作品，贵独创，所作清新俊逸、情趣盎然，卓然成家。今存其尺牍280余封，篇幅长的1000多字，短的只二三十字，极尽文字之妙、情感之真。如《致聂化南》一札叙写自己摆脱繁杂官事之后的畅快，正是酣畅淋漓："败却铁网，打破铜枷，走出刀山剑树，跳入清凉佛土，快活不可言，不可言！投冠数日，愈觉无官之妙。弟已安排头戴青笠，手捉牛尾，永作逍遥缠外人矣！朝夕焚香，唯愿兄不日开府楚中，为弟刻袁先生三十集一部，尔时毋作大贵人，哭穷套子也。不诳语者，兄牢记之。"可见其尺牍文的一斑。其散文作品中，留下的不到100篇的山水游记写得美妙，文笔清新流畅，就像一条山中小溪，叮叮咚咚地穿林而过。这种美文小品在明代文坛独具一格。《初至西湖记》、《满井游记》、《晚游六桥待月记》等广为传诵。从这些散文作品中，可见一个纵情快游、喜欢热闹和猎奇的年轻人，或赏月，或品茗，或山巅大叫，或醉卧花间，令人追慕。

袁宏道追求的是存真去伪，抒写性灵。他在《行素园存稿引》中说："古之为文者，刊华而求质，敝精神而学之，唯恐真之不及也。"他一生即追求洒脱，中进士不仕，与兄宗道、弟中道遍游楚中。选为吴县令后，饶有政绩。不久解官去，游览江南名胜。后又卜居柳浪湖畔，潜学著文，并作庐山、桃源之游。

袁宏道的诗歌写得清新俊逸，力求自由解放，给人活泼之感。但多抒发个人情趣，反映社会的作品极少，有时不免轻率肤浅。较好的诗作有《闻省城急报》、《猛虎行》、《巷门歌》等。

袁宏道也是当时最著名的居士之一，读经习禅、修持净土是他精神生活的一部分，也是他赋诗著文、高倡性灵文学的重要思想渊源。他既以陶望龄、虞长孺、虞僧孺、王静虚等人为禅友，交互往还，又有无念、死心、不二、雪照、冷云、寒灰等人的方外之契，同时还写下了《西方合论》、《德山尘谭》、《珊瑚林》、《金屑编》、《六祖坛经节录》、《宗镜摄录》（已佚）等佛学著作。

袁宏道的著作还有《敝箧集》、《锦帆集》、《解脱集》、《广陵集》、《瓶花斋集》、《潇碧堂集》、《破砚斋集》、《华嵩游草》等。宏道文集最早为明万历刊本，今人钱伯城整理有《袁宏道集笺校》。

袁宏道书法

对酒的热爱是袁宏道追求人生之真的一个方面。袁宏道这样表述人生"真乐"："目极世间之色，耳极世间之声，身极世间之鲜，口极世间之谭。"无论是游山玩水、烹茶煮酒，还是纵情声色、歌舞升平，其中都已经具有了相当丰富的娱乐特征和休闲含义。"余观世上语言无味面目可憎之人，皆无癖人耳。若真有所癖，将沉湎酖溺，性命死生以之，何暇及钱奴宦贾之事！"指出美食佳肴、酒色沉溺也是对生活的热爱和激情，"典衣沽酒，破产营书"同样是对艺术的欣赏和追求。

袁宏道的笔下常常有"酒"。比如《徐文长传》塑造了一个离经叛道、狂傲不羁的狂狷艺术家形象："晚年愤益深，佯狂益甚，显者至门，或拒不纳，时携钱至酒肆，呼下隶与饮。"写出了徐渭作为艺术家的狂狷气质。《徐文长传》一直被当作著名的人物传记来看待，徐文长也因为此传得以鲜活地呈现于后人心中。

袁宏道在《拙效传》里塑造的四个笨仆形象则充满了喜剧色彩，在喜剧背后又蕴含一定的哲理，引人深思。四个笨仆中尤以名"冬"者为最甚，袁宏道这样描写了"冬"喝酒的故事："性嗜酒，一日家方煮醪，冬乞得一盏，适有他役，即忘之案上，为一婢子窃饮尽。煮酒者怜之，与酒如前。冬伛偻突间，为薪焰所着，一烘而过，须眉几火。家人大笑，仍与他酒一瓶。冬甚喜，挈瓶沸汤中，俟暖即饮，偶为汤所溅，失手坠瓶，竟不得一口，瞠目而出。"因酒而趣、妙趣横生的人物形象体现了袁宏道独特的人格审美。

袁宏道的诗歌中更是洋溢着酒气，浓郁之酒渗透在字字句句之中。酒是欢乐，《出郭》："稻熟村村酒，鱼肥处处家。"酒又是忧国忧民的引子，《显灵宫集诸公以城市山林为韵》："野花遮眼酒沾涕，塞耳愁听新朝事。邸报束作一筐灰，诗中无一忧民字。旁人道我真聩聩，口不能答指山翠。自从老杜得诗名，忧君爱国成儿戏。言既无庸默不可，阮家那得不沉醉？眼底浓浓一杯酒，恸于洛阳年少泪。"诗中作者因酒而沾涕，眼底浓浓一杯酒，勾起无限惆怅，慨叹阮籍怎得不沉醉。又借诗说明酒之用，可以浇胸中块垒，《上巳日柬惟长》："江城春色暖平芜，若个青阳不酒垆。尚有好花能覆席，忍令娇鸟怨提壶。醉来金谷罚多少，兴到兰亭叙有无。自信胸中磊块甚，开尊恨不泻江湖。"又认为酒杯可了却万事，《漫兴》（二首）之二："一身书蠹后，万事酒杯前。"但有时酒又是无用的，《忆弟》（二首）："沧江一万里，浊酒向谁陈？""岁兵虽嗜酒，倘亦恨穷途。"

也因此，袁宏道有《觞政》。周作人《重印袁中郎全集序》："在散文方面中郎的成绩要好得多，我想他的游记最有新意，传序次之，《瓶史》与《觞政》二篇大约是顶被人骂为山林恶习之作，我却以为这很有中郎特色，最足以看出他的性情风趣。"

其实，袁宏道并不能喝酒，只是喜欢在酒场上凑热闹而已。他在《觞政》的前言中说：我的酒量不到一个芭蕉叶酒杯的容量。然而每当听到酒台上搬动的声响，马上就会跳跃起来。遇到酒友在一起便流连忘返，不饮通宵不罢休。不是长期和我密切交往的人，不知道我是没有多少酒量的。

2.《觞政》的书名

袁宏道为什么要写《觞政》呢？起因是对那些不遵守酒仪、酒礼的人的警戒，他觉得应该有一个酒场中共同遵守的规矩。他说道：里社中近来多有饮酒之徒，然而却对酒态、酒仪不加修习，甚是觉得鲁莽。终日混迹于酒糟之中而酒法却不加修整，这也是主酒者的责任。故而现在采集古代有关酒的法令条文及规则中较为简明扼要的部分，附上一些新的条目，题名为《觞政》。凡是饮酒之人，手自一册，也可作为醉乡所遵用的法令或条例。

这样意思就很清楚了，《觞政》的写作目的是建立酒乡的法令或条例，进而从饮酒中获得生活的情趣和审美的享受。

钱伯城《袁宏道集笺校》认为："觞政即酒令。焦竑《笔乘》续集四：'魏文侯与诸大夫饮，使公乘不仁为觞政，殆即今之酒令耳。唐时文士或以经史为令，如退之诗"令征前事为"，乐天诗"闲征雅令穷经史"是也；或以呼卢为令，乐天诗"醉翻衫袖抛小令，笑掷骰盆呼大采"是也。'""案宏道不能饮，然雅习酒道，《与吴敦之书》自谓：'袁中郎趣高而不饮酒。'《行状》亦称其'不能酒，最爱人饮酒'。是《觞政》乃趣高之作，非酗酒之作也。知宏道者当能辨此。"

上文焦竑《笔乘》所引魏文侯的事情出自汉代刘向《说苑·善说》："魏文侯与大夫饮酒，使公乘不仁为觞政。"明代王志坚《表异录》卷十对"觞政"一词也做过考证："觞政，酒令也。酒纠，监令也，亦名瓯宰，亦名觥录事。"

本书的写作年代，大体在作者逝世前三年。袁宏道《觞政》后所附录《酒评》中说自己"丁未（1607）夏日"和许多朋友在一起喝酒。钱伯城《袁宏道集笺校》考订："万历三十四年丙午（1606）至三十五年丁未（1607）在北京作。据《万历野获编》卷二十五"金瓶梅"条所记，《觞政》于丙午已成，其所附《酒评》则作于丁未夏日。"

3.《觞政》的内容

《觞政》全文共16条，对饮酒的器具、品第、饮饰、掌故、典刑、姿容、佐酒的物事，以及适宜的景色与品酒取乐的方式等方面都做了简短却精辟的评论。

"一之吏"，提出饮酒时要建立纠察制度并且选定执行人，凡饮酒时，任命一个人为"明府"，主持斟酒、饮酒等诸般事宜。

"二之徒"，讲酒徒的选择，有12个标准，不但有言辞、气态的要求，而且须有一定的文化素质，听到酒令即刻解悟不再发问，分到诗题即能吟诗作赋。

"三之容"，讲饮酒者的仪态，核心是自我节制，饮酒饮至酣畅处应有所节制。

"四之宜"，认为醉酒应有醉酒的环境，比如时节、地点、方式、酒伴等。

"五之遇"，有5种适宜的情形或场合，同时也有10种不适宜的情形或场合。既有时令，又有气氛，尽兴而罢并不是一件容易的事情，需要主人、客人等各方面的条件。

"六之候"，其中饮酒欢快的征候有13种，而饮酒不欢快的征候又有

16 种。礼仪、规矩必不可少，要清除那些害群之马。

"七之战"，将饮酒比喻成战争，酒量大者凭实力、勇气、豪气，还有"趣饮"、"才饮"、"神饮"。但是他最欣赏的是"百战百胜，不如不战"。

"八之祭"，指出凡饮酒必须先祭祀始祖，这是礼的基本要求。需要祭祀的有四等人选：第一，以孔子为"酒圣"；第二，四个配享的是阮籍、陶渊明、王绩、邵雍；第三，另有"十哲"是历代饮酒名人；第四，山涛等人以下，则分别于主堂两侧的廊下祭祀。不在其列、姑且在门墙处设祠祭祀的是仪狄等酿酒之人。

"九之典刑"，"典刑"就是"典型"，列举了欢乐场上的楷模，饮者所应遵从的准绳，共 18 类。

"十之掌故"，认为凡"六经"、《论语》、《孟子》所说有关饮酒的规式，都可以视作酒的经典。这些经典之下则有汝阳王的《甘露经》等，再之下则是各家饮者流派所著有关酒的记、传、赋、诵等，可作为酒的"内典"。再之下，《庄子》、《离骚》等以及陶渊明等人的诗文集则可作为酒的"外典"。还有诗余、传奇等是散佚的典籍。作者特别强调典籍的重要，指出如果不熟悉这些典籍，就不是真正的喝酒人。

"十一之刑书"，设计出酒场上的各种刑罚，其中最重者是借发酒疯以虐待、驱使他人来逞能，又迫使其他的醉鬼来仿效者，要处以大辟的极刑。

"十二之品第"，给酒的等第做出划分，以颜色、味道为准列圣人、贤人、愚人三等，以酿造的原料和方式为准则可分君子、中人、小人三类。

"十三之杯杓"，评价酒器的优劣，以古玉制成及古代窑烧制的酒具为最好，其他的等而下之。

"十四之饮储"，排列佐酒食品，一清品，如鲜蛤、糟蚶、酒蟹之类，二异品，三腻品，四果品，五蔬品。同时强调，贫穷之士只用备下瓦盆、蔬菜，同样可以享有高雅的兴致。

"十五之饮饰"，对饮酒的环境和装饰提出要求，比如窗明几净、应时开放的鲜花和美好的林木等。

"十六之欢具"，开列了一个饮酒娱乐所需相关物品和器具的清单。

附录的《酒评》记一次与朋友的欢宴，评定各人饮酒的神态，文字夸张、幽默，极具风趣。

今人王赛时认为，《觞政》"把饮酒过程的各个环节以及注意事项都作了规定，条理分明，耐人寻味"。(《中国酒史》，山东大学出版社，2010年)

二

1.《胜饮编》的作者

《胜饮编》的作者郎廷极（1663~1715），字紫衡，一字紫垣，号北轩，家世显赫，清代隶汉军镶黄旗，奉天广宁（今辽宁北镇）人。湖南布政使、山东巡抚郎永清的儿子。郎姓，是满洲八大姓之一，载在《八旗满洲氏族通谱》，渊源有自。郎廷极19岁时即因为是官家子弟蒙受荫惠而授任江宁府同知，后经推荐升云南顺宁知府，并先后为官福建、江苏、山东、浙江等省。康熙四十四年（1705）四月，他由浙江布政使升江西巡抚，驻南昌。康熙五十一年（1712）三月至十一月期间，江苏巡抚张伯行参总督噶礼贿卖举人得银五十万两，命噶礼解任。郎廷极奉旨接替噶礼担任两江总督，成为清朝九位最高级的封疆大吏之一，调驻江宁（今南京）。

《清史稿》卷二七三《郎廷佐传》附有郎廷极的小传，很简略："（郎）永清子廷极、廷栋。廷极，字紫衡。初授江宁府同知，迁云南顺宁知府，有政声。累擢江西巡抚。江西多山，州县运粮盘兑，民间津贴夫船耗米五斗三升，载赋役全书，岁分给如法。户部初议驳减，总督范承勋以请，得如故。至是户部复议停给，并追前已给者，廷极累疏争之。寻兼理两江总督。五十一年，擢漕运总督。卒，谥温勤。"此传除了对郎廷极官职升迁的记载之外，主要叙说了他为江西争取保留民间津贴的事。

康熙五十一年五月，郎廷极曾到金陵署制府事，写有《舟次集唐诗》

廿七首。此时，曹雪芹的父亲曹寅在江宁织造任上，为郎诗作跋。可见郎廷极是一个有雅兴的人，诗歌也写得不错。此处列举其所撰《秀峰寺纪事》二首，以参见其对仗工整、用词严谨的诗歌风格：

庐峰天下秀，新号称禅林。宝墨龙章焕，雕文鹤驭临。飞云穿竹出，好鸟和松吟。入夜登台望，祥光满碧岑。

漱玉亭前立，悬流响若雷。真从银汉落，似转雪车来。激荡侵岩树，澄泓洗石苔。愿将泉作酒，长奉万年杯。

郎廷极对中国文化史上的贡献，还有一件值得提说的，那就是他所督造的瓷器。郎廷极自康熙四十四年至康熙五十一年任江西巡抚时，兼景德镇督陶官7年。当时正值清朝康熙皇帝在位，他除了文治武功以外，也十分喜爱古代瓷器，于是责成郎廷极为皇宫仿制古瓷器。郎廷极成功地烧制出另外一种别具一格的红釉瓷器，人们把这种瓷器以他的姓氏命名，叫"郎窑红"，或称"郎窑"。

清康熙年间的郎窑红观音尊

郎窑是怎样的瓷器，有什么价值？刘廷玑于康熙四十年至四十四年间（1701~1705）曾任江西按察使，与郎廷极在南昌共事一年，他于《在园杂记》卷四中特别记载了郎窑的瓷器："近复郎窑为贵，紫垣中丞公开府西江时所造也。仿古暗合，与真无二，其摹宣（德）成（化），釉水颜色，橘皮棕眼，款字酷肖，极难辨别。予初得描金五爪双龙酒杯一只，欣以为旧，后饶州司马许玠以十杯见贻，与前杯同，询之乃郎窑也。又于董妹倩斋头见青花白地盘一面，以为真宣也；次日，董妹倩复惠其八。曹织部子清始买得脱胎极薄白碗三只，甚为赏鉴，费价百二十金，后有人送四只，云是郎窑，与真成毫发不爽，诚可谓巧夺天工矣。"从这段记载中可知，郎窑产品在当时已经十分昂贵，关键是其高超的仿古技术，尤其是在仿制明代宣德、成化官窑方面，达到了"仿古暗合，与真无二"的程度。

郎窑的最大成就是恢复了明中期失传的铜红釉烧造技术。其特征一是颜色特别鲜艳，二是光洁度特别强，三是有碎纹，四是颜色有变化，一个作品从上到下的颜色逐渐加深。由于郎窑红色泽鲜艳，备受皇家的推崇，成为祭祀时使用的珍贵器具。郎窑的产品除郎窑红外，还有郎窑绿、郎窑蓝釉及描金、青花、五彩等。

郎廷极的著作除《胜饮编》外，还有《文庙从祀先贤先儒考》、《北轩集》、《师友诗传录》、《集唐要法》等。《八旗文经》采录其文。

2.《胜饮编》的内容

《胜饮编》，《四库全书》附入存目。据郎氏的《自叙》称"引申白之嘉宾；尝为置醴。不善饮而爱观人饮"，"爱录是编"。纪昀等《四库全书总目提要》著录《胜饮编》一卷（编修程晋芳家藏本）。提要有简短文字介绍："廷极有《文庙从祀先贤先儒考》，已著录。是书杂采经史中以酒为喻之语，汇辑成编。自序谓不饮而胜于饮，故名之曰胜饮。然所录仅数十条，简略太甚。如引祭酒挈壶氏之类，亦多牵率。"这指出《胜饮编》资料的来源，是杂采经史中凡是以酒为比喻的文字所汇集而成。说明为什么命名为"胜饮编"，是因为自序中说不饮酒要胜于饮酒，于是抽取核心词而成书名。《四库全书总目提要》的批评是：第一，太简略；第二，草率。

时人评此书："援引博而选择精，区分类别，体例简严，间采今昔名流及自撰秀句以相证佐，其用意归于导和遏流，不欲人之溺情欢伯，思深哉！"（杨颙《胜饮编序》）"博征往事，分晰门类，都为一书，凡有合于酒，与佐于酒，乐于酒者，无不录。而沉湎濡溺之过，亦毕书之以示戒，名曰《胜饮编》。使天下视古人为监史，奉先生于宾筵，必有得于此中妙理。"（查嗣瑮《胜饮编题辞》）可见，作者编辑此书的目的是通过对与酒有关的内容（酒文化）的叙述，以劝导人们适量饮酒，而不要狂欢乱饮，沉溺其中。

其实，古人对于"胜饮"二字有明确的认识，如明清之际知名学问家顾炎武《日知录》书中专有"禁酒篇"，回顾了我国自周代以来的禁酒史，明确指出："酒害"或"酒祸"是人自己造成的，不应归因于酒。白居易诗《谕友》："我今赠一言，胜饮酒千杯。其言虽甚鄙，可破恓恓怀。"

《胜饮编》共18卷。每卷内各有子目。全书搜罗整理了历代与酒有关的人物、故事、物品、习俗、著作等，虽然仅约5万字，但涉及面非常广泛，可以说几乎涉及了酒文化的各个方面，内容颇为丰富。

卷一《良时》劝诫趁着吉日良辰，有酒的聚会，能够增进饮酒的情趣。元旦、人日、探春之宴、花朝、踏青、守岁之日等都是饮酒的好时机。古人多有诗言此。

卷二《胜地》鼓吹风景名胜之处，是人们相聚饮酒的极佳之地。敞厅雅座，水榭亭堂，花前月下，山间林边，可得自然清静之野趣。而庐山半道、东篱、杭州西湖、醉翁亭、太白酒楼、赤壁等，因有名人足迹，成为聚饮之处。

《胜饮编》针对饮酒的环境，专设以上《良时》、《胜地》两卷，强调饮酒环境的美，一是着眼于时间，二是着眼于空间。

卷三《名人》说明了名人的标准："古来酒人多矣，第取其深得杯中趣而无爽德者。"只是选取那些深得杯中趣味而不失酒德的人。如陶渊明、李太白、白乐天、怀素等。另如扬子云、郑康成、孔融、嵇康、阮籍、刘伶、贺知章、张旭等也是酒中名人。

卷四《韵事》曰："曲君风致,已是不俗,周旋其间,举动必与相称。不则即以名人所为,亦无取焉。"饮酒必须与酒境相合,才称得上是高雅之事,举动必须与其身份相称,方为韵事。否则即使名人这样做,也毫无所取。列举陶渊明公田种秫事、孔融与虎贲同饮事、阮籍求为步兵校尉事等。

卷五《德量》告诫饮酒要自我节制,引用《尚书·周书·酒诰》说饮酒必须保持一定的界量。孔子认为饮酒不可使自己形态乱、思维乱。希望酒友以此为鉴。以下则举了"能饮不饮"的魏邴原、饮酒有定限的陶侃、为了保持礼仪"屈指甲掌中"的陈敬宗等人故事。

卷六《功效》强调酒能益人娱人,也能伤人害人,关键是要适度。此卷归纳酒的功效,比如酒能养真(张耒)、破恨(苏东坡)、消磨万事(欧阳文忠)、宽心陶性(杜甫)、祛愁使者(李白、杜甫、白居易、杨万里、张元幹等)、解忧消愁(魏武帝)等。

卷七《著撰》例举酒文献,只是列举成篇的著作,标其题目,意在使饮酒的人了解酒中之人没有不能撰文的。所举文献典籍有《酒诰》、《宾之初筵》、《断酒诫》等。

卷八《政令》讨论的同样是觞政,指出古人饮酒时,多设监史、觥使、军法行酒,行酒令以助饮。其要害在于巧不伤雅,严不入苛。此外,记载掷骰子赌酒、歌舞饮酒、禁言、抛球为令、战酒、斗酒等,也为酒席所常见。

卷九《制造》记载酒的酿造。记载酒的制作者有仪狄、杜康、刘白堕、焦革、裴氏姥、余杭姥、纪叟、仇家、窦家、乌家等。记载制酒的原料有六清、五齐、三酒、六物、酒材。记载酒的制作有调曲、缩水、九酝、抱瓮冬醪。记载所酿造的名酒有腊酿、霹雳酎、竹叶、文章酒、丁香酒、羊羔酒、石榴花、桂酒、莲花等。

卷十《出产》记产酒的名地,如中山、鄙渌、苍梧、荆南等,既有国内，也有国外，并且以文献为证，或者附录有名人诗词以为佐证。

卷十一《名号》记载酒的别号，计有黄流、从事、督邮、欢伯、曲秀才、曲居士、椒花雨、碧香、花露、荔枝绿、状元红、流香、酥酒、般若汤、琼瑶酒等。这些别号趣名的得来，各有故事，分别一一表述。

卷十二《器具》记载常用的酒器，但同时也提出一个观点，不必太在意酒器：与其玉杯无底，反不如田野人家的老瓦盆显得真率可喜。卷中例举了从古至今的许多酒具，如流光爵、照世杯、自暖杯、绿玉、红玉等。只是看到这些名称，就已经能够嗅到酒的香味，见到酒的形态，看到酒的色彩，从而感其质地，得其神韵，获得美的享受。

卷十三《箴规》说的仍然是酒的戒律，呼吁要牢记"甘酒嗜音"的警告，警惕酒与味色的可怕，略举数条，作为推崇酒的人的警戒。

卷十四《疵累》，指出饮酒中的缺点或过失，强调的仍然是礼仪、礼节和自我节制，和顺而有礼仪才是人们所尊重的。

卷十五《雅言》认为酒中意趣，难以用言语传达。出自高雅之人，便觉亲切有味。所列举的雅言有"痛饮读《骚》"、"引人著胜地"、"使人自远"、"形神不相亲"、"未知酒中趣"等。

卷十六《杂记》记载琐事闲谈，可以作为酒席中的谈资。所列基本上都是故事，倒也风趣幽默，有些人物机智隽永，启人心智。其中"唐时酒价"也说不定启发某一时期酒的价格探索的新途径呢。

卷十七《正喻》，以最直观的比喻激起读者的畅想，引导读者发现酒文化，欣赏酒文化。比如"如淮、如渑"是说酒水奔流直如淮河水、渑水，其他的对酒的比喻还有"如泉、如川"、"碧如江"、"绿如苔"等，想象十分丰富。有的从颜色上做比喻，如"鹅黄、鸭绿"、"色如鹅黐"、"金屑醅、玉色醪"。还有的比喻十分奇特，如"畏酒如畏虎"、"酒犹兵也"就将酒拟人化了，有声有色。中国美学中有"意味"、"韵味"、"趣味"、"品味"、"体味"等重要的范畴。其内涵和外延都远远超出了物质文化的范围，而上升到了精神文化的理性领域。欧阳修"醉翁之意不在酒"，其意就是要品味韵外之致，由单纯口感的美味升华为精神滋养的境界，是其极好的写照。《胜饮编》对此也有论述。如引述杜甫诗云"不有小舟能荡桨，百壶那送酒如泉"，北轩主人诗云"花钿人似月，翠瓮酒如川"，陆放翁诗云"夜暖酒波摇烛焰，舞回状粉铄花光"，李群玉诗云"酒花荡漾金樽里，棹影飘摇玉浪中"。

卷十八《借喻》。借喻是以喻体代替本体，直接把被比喻的事物说成是比喻的事物，不出现本体和喻词。构成借喻的基础是本体和喻体的相似性，它是借中有喻，重点在"喻"。比如本卷中"如饮醇醪"条：程普曰："与周公瑾交，如饮醇醪，不觉自醉。"此中所比喻的是二人交情的深厚，但是没有说交情到底如何，而只是一个比喻：如同饮了醇酒，不知不觉就醉了，是一种自然而然的沉醉。这样就将抽象的东西形象地表现出来了。这些条目都说明了胜饮者已经以饮酒为媒介，进入了更高的精神领域。

总之，美酒的色、香、味、形、器的完美统一构成了胜饮的小意境之美，而饮酒时的时、空、人、事的协调一致，肉体与精神的完全放松，则构成了胜饮的大意境之美。所以，饮酒环境在酒文化中占有重要地位。这些在《胜饮编》中都有论述。因此，认真对此解读，分析发掘其内容的合理之处，对于丰富和研究酒文化乃至中国饮食文化都有积极意义。

三

在中国酒文化史上，《觞政》是点，描述的是明代知识分子饮酒的情况；而《胜饮编》是线，将从古至今的有关酒的人物、典故、出产、酒器等方面分门别类地详细罗列。两部书交织起来，就是中国清代以前的酒与酒文化史。而对于中国酒文化来说，这两部书所描述的仅仅是沧海一粟。

中国的酒文化源远流长，发源早，流传广，影响深，酒已经成为中国传统文化的一个代表性的符号。一方面，酒是物质的饮料；另一方面，酒承载了中国人的精神的、心理的需求和诉说，酒文化因而成为中国文化的基本要素。酒与政治、经济、文学艺术、烹饪等结缘，丰富了中国人的精神生活和物质生活。酒文化具有特殊的意义，它成为学习和掌握中国文化的最好的切入点之一。

酒一开始就与政治结缘，成为上层建筑，它介入到政权的获得的过程。之所以这样说，是因为酒是祭祀祖先、神灵享用的，而在天授人权的时代——几乎从夏商周一直到皇权的灭亡，酒都是见证，是"天子"与上天沟通的神物。天是有灵性的，他享用了酒，就会高兴，"天子"就从"天"那里得到了统治人间的特权。历代王朝都把酿酒作为一件十分神圣的事业，王宫都会有专门的机构、专门的人才。

主持祭祀的人具有崇高的地位，他是祭祀仪式中第一个饮酒的人。饮酒之后进入一种精神状态，他就可以和上天直接对话，传达神的意志。这种人就是"巫"。"巫"字的写法，上面一横表示天，下面一横表示地，那一竖两边的"人"就是巫，他连通上面一横和下面一横。那竖的一画表示沟通。因此，"祭酒"一职只能由德高望重者担任。

楚王因酒薄而围邯郸，"杯酒释兵权"是酒在政治生活中的发酵，饮酒亡国的事例不胜枚举，也说明了酒深刻地影响着政治。

中国有一句古话说"礼始诸饮食"，就是说，礼仪的建立是从饮食开始的。而饮食的主角是酒。有酒的宴席才是正式的宴席、有气氛的宴席，而正是通过酒的摆放位置、饮酒时的长幼之序，显示礼仪，进行社会等级的确认。"为酒为醴，烝畀祖妣，以洽百礼。"《诗经·载芟》此句说的就是酒在祭祀祖先、成就礼仪中的作用。

酒渗透到中国人生活的方方面面，以至于有人说，没有了酒，简直不知道怎样叙述中国的历史。这句话一点都不夸张。西汉王莽时的鲁匡有一十分精彩的论述："酒者，天之美禄，帝王所以颐养天下，享祀祈福，扶衰养疾。百礼之会，非酒不行。"鲁匡指出酒是天赐给的美食，可以成为帝王的权柄，第一可以用来颐养天下，第二祭祀上苍，祈求降福，第三扶助衰弱，疗养疾病，强调了酒的医药用途。这是中国人对酒的功用的特别看法。第四是礼仪上的需要，百礼的举行，没有酒是不行的。鲁匡接下来的结论是，今天如果断绝了天下的酒，就没有什么东西可以行礼和将养；但是还有另外的一面，如果放开了没有限制，则花费财物伤害民众。这说明了中国人对酒的辩证看法。宋代朱肱的《北山酒经》则称："大哉，酒之于世也。礼天地，事鬼神，射乡之饮，《鹿鸣》之歌，宾主百拜，左右秩秩，上至缙绅，下逮闾里，诗人墨客，渔夫樵妇，无一可以缺此。"前后一以贯之，都认识到了酒对中国文化的影响。

酒在汉语言中有充分的反映，汉语中反映、记录酒文化的词语、成语、典故、谚语真是数不胜数，涉及各个方面，真可谓姹紫嫣红的一方文化苑。仅从酒的名称、别名和代称来看已是琳琅满目。如《胜饮编》提到的南北朝时称酒好者为"青州从事"，因此本为贵官之职；酒劣者称"平原督邮"，因此本为贱职而用以拟喻。唐代人常用"欢伯"言酒。另外酒又别称为"黄封"、"黄娇"、"曲居士"、"曲道士"、"曲秀才"、"曲生"、"曲君"、"玉友"、"郎官清"、"索郎"、"金盘露"、"椒花雨"、"玉液"、"琼浆"等。穷奢极欲，就用"酒池肉林"来比况；不会做事的人，晋有"酒瓮饭囊"，宋有"酒囊饭袋"之说；"敬酒不吃吃罚酒"，是指不识抬举；"酒香不怕巷子深"，则是对酒质量好的自负；"酒不醉人人自醉"，是说饮酒当掌握分寸；"烟酒不分家"，是酒在交际上的观照；如此等等。

酒与中国文学有着不同寻常的亲密关系。从《诗经》到汉魏乐府，再到唐诗宋词，进而宋元明清的曲牌、小说，当代的戏曲电影，无不借酒抒情。酒是风，酒是韵，酒既是主人又是客人，从而演化出一个个催人泪下的故事，刻画出无数跃然纸上的人物。试设想，如果中国的文学作品中不允许写酒，不允许有饮酒的场面，不允许以酒来刻画人物性格，那将是多么干涩而煞风景啊！

中国的文人参与了对酒文化的总结与推进，有关酒的著作源源不断。有的是关于酒箴、酒颂、酒德、酒歌的篇章，有的是关于酒史、制酒之法的记述与研讨，还有的则是有关酒仪、酒规、酒法、酒政、酒令的撰作与论列。仅《胜饮编》卷七《著撰》所列举的就有30多部有关酒的专门著述。《胜饮编》卷七没有提到的著述，还有宋代苏轼的《酒经》，元代曹绍的《安雅堂觥律》，明代屠本畯的《文字饮》、无怀山人的《酒史》、周履靖的《狂夫酒语》、高濂的《酝造品》、夏树芳的《酒颠》、陈继儒的《酒颠补》、张陆的《引胜小约》，清代金昭鉴的《酒箴》、沈中楹的《觞政》、程弘毅的《酒警》、张苊的《仿园酒评》、吴陈琰的《揽胜图》、吴彬的《酒政》、张揔的《南村觞政》、胡光岱的《酒史》、叶奕苞的《醉乡约法》、张潮的《饮中八仙令》、沈德潜的《畅叙谱》、汪兆麒的《集西厢酒筹》、无名氏的《西厢记酒令》和《唐诗酒令》、童叶庚的《合欢令》、俞敦培的《酒令丛钞》等，不敢说汗牛充栋，确已是琳琅满目了。

四

这两部书的价值前已涉及，此处对《胜饮编》再做如下补充：

《胜饮编》是一部分门别类的酒文化史，它将清代康熙以前的有关酒文化的文献爬梳整理，以己意贯之，具有很高的文献价值。

《胜饮编》中有许多统计，比如宋朝是中国历代王朝编撰酒经——制曲酿酒工艺理论最多的一个朝代。又如列举唐人以"春"名酒的，就有瓮头春、竹叶春、蓬莱春、洞庭春、浮玉春、万里春、软脚春等近20种，当然还只限于名酒。

《胜饮编》中亦有考证，比如对"监史"一职的考证："北轩主人曰：监史之设，本以在席之人，恐有懈倦失礼者，立司正以监之也。后人乐饮，遂以为主令之明府，则失礼意多矣。"

《胜饮编》中对文献的记载有稀缺性，因而更有价值，比如对隐士徐佺的记载："海棠巢　山谷诗：'徐老海棠巢。'自注：徐佺隐于药肆，家有海棠，结屋为巢，时饮其上。"根据《胜饮编》引黄庭坚诗句"徐老海棠巢"才知徐佺是北宋隐士。书中亦有对散佚文献的著录，比如卷七记载"酒史、酒戒　北轩主人曰：予幼时曾见此二书，作者姓名已忘之矣"。

其不足之处，方濬师《蕉轩随录》卷十二《绍兴酒》批评其没有记录绍兴酒法是一失误："山阴县西有投醪河，一名箪醪河，亦名劳师泽。相传句践栖会稽，有酒投池，民饮其流，战气百倍。今绍兴酒遍天下，殆权舆于此。郎北轩（廷极）《胜饮编》记酒之出产甚详，而不及绍兴酿法。"

还应该指出，卷七《著撰》所列芜杂，标准不一，如陶渊明《饮酒》诗、《饮中八仙歌》、《醉乡图记》、《醉学士歌》、《酒会诗》、《乞酒诗》、《酒中十吟》很难算作著撰，有的只是一首或几首诗歌。又有十分荒诞者，如卷十六《杂记》中"噀酒灭火"、"寿星临帝座"、"虹吸酒"、"华山酒妪"、"斗星化人饮酒"、"鬼醉"皆为神仙奇谭，子虚乌有，本应剔除。

《觞政》最早的刻本为明末绣水周应麐所刻，一卷收入《袁中郎十集》。今据钱伯城《袁宏道集笺校》卷四十八《觞政》本进行整理。钱伯城本的整理工作是可靠的，所以本书以其为底本，同时参校了其他版本。

《胜饮编》曾多次刻印，其版本情况较为复杂。最早收入《粤雅堂丛书》第十五集。该丛书由伍崇曜出资，谭莹校勘编订，于1850年至1875年在广州刊刻，汇辑魏至清代著述，凡3编30集，为清末最有影响的综合性大型丛书。当代亦有许多丛书收录《胜饮编》，如：《四库全书存目丛书》子部第154册杂家类，齐鲁书社，1995年；《笔记小说大观》第30册，江苏广陵古籍刻印社，1983年。此次标点所用版本即《粤雅堂丛书》本。此一版本是最早的刻本，较多地保留了原貌，有利于读者了解最初的流行情况。但是这一版本有清代文献常见的避讳字，这次整理时已径改，并出校。另外，作者引用文献间或有误，亦出校记改正或存疑，排列可能的原文用以参照。

本书注释对象一为字词，予以略注，生僻字词加上了注音；二为人名、地名、职官、典故、事件等，尽可能系统而简明地解释，对一些有歧义的专业术语等，简单予以考证，稍加叙述。

注释时按句为单位，一句一个编号。一句内需要注释多个词语时，则按照顺序排列，不再加编号。注释时因为体例所限，有时无法说明征引材料的出处，只好暂付阙如。

　　注释中有时补充资料以加深本书文字的理解，如卷九"松叶松花"一条：庾信诗："方欣松叶酒。"岑参诗："五粒松花酒，双溪道士家。"在注释时引明代高濂在《遵生八笺·饮馔服食笺》中记载松花酒做法："三月，取松花如鼠尾者，细挫一升，用绢袋盛之。造白酒，熟时，投袋于酒中心，井内浸三日，取出，漉酒饮之。其味清香甘美。"又如卷十"南燕酎"条冰堂酒的注释转引了滑县文化馆网页资料说明冰堂酒的来历、评价，又引资料说明其酿制方法。

　　《胜饮编》的作者为郎廷极，各家无异见。然而《清史稿》卷一四七《艺文志》杂家类杂纂之属，著录《胜饮编》一卷，郎廷枢撰。郎廷枢乃郎廷极之兄，恐有误，今不从。

觞政

[明] 袁宏道 编著

袁宏道画像

自 叙

余饮不能一蕉叶①，每闻垆声②，辄踊跃。遇酒客与留连，饮不竟夜不休③。非久相狎者④，不知余之无酒肠也⑤。社中近饶饮徒⑥，而觞容不习⑦，大觉卤莽。夫提衡糟丘⑧，而酒宪不修⑨，是亦令长之责也⑩。今采古科之简正者⑪，附以新条，名曰《觞政》⑫。凡为饮客者，各收一帙⑬，亦醉乡之甲令也⑭。楚人袁宏道题。

[注释]

①蕉叶：一种浅底外形像芭蕉叶子的酒具。宋胡仔《苕溪渔隐丛话后集》引宋陆元光《回仙录》："饮器中，惟钟鼎为大。屈卮螺杯次之，而梨花蕉叶最小。"　②垆（lú）：古指酒店安放酒瓮、酒坛的土台子。借指酒店。　③竟夜：终夜，通宵。　④相狎（xiá）：指相互陪伴游乐，或相互交往、狎玩。狎，亲近，亲热。　⑤酒肠：意指酒量。　⑥社：古指土地神即"社神"或祀社神之所，亦指地区单位之一。《管子·乘马》："方六里，名之曰社。"《左传·昭公二十五年》："请致千社。"杜预注："二十五家为社。"后世泛指村社、里社。　⑦觞容：酒态。觞，本为古代盛酒器，亦指向人敬酒或自饮。　⑧提衡：本指相等，相对。《管子·轻重》："以是与天子提衡，争秩于诸侯。"《韩非子·有度》："贵贱不相逾，愚智提衡而立，治之至也。"亦作"提珩"，见《盐铁论·论功》。后世引申为管理、负责之意。糟丘：指以酒糟堆成的小丘。《新序·节士》："桀为酒池，足以运舟；糟丘足以望七里。"　⑨酒宪：酒法，酒政。《汉书·萧望之传》："作宪垂法，为无穷之规。"　⑩令长：县令，县长，此泛指主管之官员、长吏。⑪科：古指法令条文、规则或事条。简正：简明切要，亦可引申为切要实用。　⑫觞政：本指酒令。《说苑·善说》："魏文侯与大夫饮酒，使公乘不仁为觞政。"此指有关酒的各种规则、知识和事条。　⑬帙（zhì）：本指包书的套子，用布帛制成。因即谓书一套为一帙。陆德明《经典释文序》："辄撰集《五典》、《孝经》、《论语》及《老》、《庄》、《尔雅》等音，合为三帙，三十卷。"即指此意。　⑭甲令：亦作"令甲"。《汉书·吴芮传赞》："著于甲令而称忠也。"注云："甲者，令篇之次也。"另参《汉书·宣帝纪》地节四年条。本意指朝廷所颁发的法令，或法令编次的首篇，后世引申为法令。

一之吏

凡饮以一人为明府^①，主斟酌之宜。酒懦为旷官^②，谓冷也；

酒猛为苛政③，谓热也。以一人为录事④，以纠坐人，须择有饮材者。材有三，谓善令、知音、大户也⑤。

[注释]

①明府：当时的酒令官称作"明府"。唐皇甫崧编写的《醉乡日月》中就提到"明府之职，前辈极为重难，盖二十人为饮，而一人为明府，所以观其斟酌之道，每一明府管骰子一双，酒杓一只"。原指汉代之郡守。《后汉书·张湛传》："明府位尊德重，不宜自轻。"李贤注："郡守所居曰府。明府者，尊高之称。《前书》韩延寿为东郡太守，门卒谓之明府，亦其义也。"《汉书》门卒谓："今旦明府早驾……适会明府登车。"唐代以后则多用以尊称或代指县令。洪迈《容斋随笔·赞公少公》："唐人呼县令为'明府'，丞为'赞府'，尉为'少府'。" ②旷官：指旷废职务，不能胜任其职位的官员。旷谓空缺、荒废。《三国志·魏书·曹植传》中记载求审举之义疏云："官旷无人，庶政不整者，三司之责也。" ③苛政：苛刻、横暴的统治。《礼记·檀弓下》："苛政猛于虎也。" ④录事：本指古代各官府、军府的辅佐官吏。两汉郡县有录事掾史，职掌文书等事，省称"录事"。此处的录事职责是"纠正非违"，负责按照酒场的规则进行监督、纠察等事。 ⑤善令：擅长、精通酒令者。知音：通晓音律、丝竹者。大户：指酒量大的人。白居易《久不见韩侍郎戏题四韵以寄之》诗："户大嫌甜酒，才高笑小诗。"

二之徒

酒徒之选，十有二：款于词而不佞者①，柔于气而不靡者②，无物为令而不涉重者③，令行而四座踊跃飞动者，闻令即解不再问者，善雅谑者④，持曲爵不分诉者⑤，当杯不议酒者，飞斝腾觚而仪不忿者⑥，宁酣沉而不倾泼者，分题能赋者⑦，不胜杯杓而长夜兴勃勃者⑧。

爵

[注释]

　　①款：诚恳，恳切。佞（nìng）：能说会道之意，引申为巧言谄媚。
②靡（mí）：颓废淫荡之意。　③重：重复。　④雅谑：幽默不俗的玩笑，
亦可理解为"诙谑"。　⑤曲爵（jué）：指持酒不公。爵为古代一种礼器，
亦通称酒器。《诗经·小雅·宾之初筵》："酌彼康爵，以奏尔时。"分诉：
分辩诉说。　⑥斝（jiǎ）：古代一种青铜酒器。有鋬（pàn，把手）、两柱、
三足、圆口，上有纹饰。觚（gū）：古代一种酒器。王充《论衡·语增
篇》："文王饮酒千钟，孔子百觚。"愆（qiān）：差错、差失。　⑦分题：
众人聚会，分探题目而赋诗，谓之分题。　⑧胜：能承担、能承受之意。杓
（sháo）：舀酒的勺子。

三之容

饮喜宜节，饮劳宜静，饮倦宜诙，饮礼法宜潇洒，饮乱宜绳约①，饮新知宜闲雅真率②，饮杂揉客宜逡巡却退③。

[注释]

①绳约：准绳，约束。此指酒规、酒法。　②新知：新结识的酒友。③杂揉客：亦即杂客，饮徒中掺杂了一些不熟悉的圈外的酒客。逡（qūn）巡：亦作"逡遁"，意为从容，语出《庄子·秋水》："于是逡巡而却。"

四之宜

凡醉有所宜。醉花宜昼，袭其光也①。醉雪宜夜，消其洁也②。醉得意宜唱，导其和也。醉将离宜击钵③，壮其神也。醉文人宜谨节奏章程④，畏其侮也。醉俊人宜加觥盂旗帜⑤，助其烈也。醉楼宜暑，资其清也。醉水宜秋，泛其爽也。一云：醉月宜楼，醉暑宜舟，醉山宜幽，醉佳人宜微酡⑥，醉文人宜妙令无苛酌，醉豪客宜挥觥发浩歌，醉知音宜吴儿清喉檀板⑦。

[注释]

①袭：因循，沿袭；继承，承受。　②消：消受，享受。　③钵：古代佛教徒盛饭的器具。　④章程：规章程式。此指酒法、酒规。　⑤俊人：指才智过人者。《春秋繁露·爵国》："十人者曰豪，百人者曰杰，千人者曰俊。"觥（gōng）盂：泛指酒器。觥，古代酒器，一般以青铜制，器腹椭

圆，有流及鋬，底有圆足。有兽头形器盖，也有整器作兽形的，并附有小勺。盂，古代盛饮食或其他液体的圆口器皿。　⑥酡（tuó）：饮酒脸红。　⑦吴儿：指籍出吴地的歌伎，明代几成歌伎的代称。檀板：檀木制成的绰板，亦称"拍板"，演奏音乐时打拍子用。

五之遇

　　饮有五合，有十乖①。凉月好风，快雨时雪，一合也。花开酿熟，二合也。偶尔欲饮，三合也。小饮成狂，四合也。初郁后畅，谈机乍利②，五合也。日炙风燥，一乖也。神情索莫，二乖也。特地排当③，饮户不称④，三乖也。宾主牵率⑤，四乖也。草草应付，如恐不竟，五乖也。强颜为欢，六乖也。革履板折⑥，誃言往复，七乖也。刻期登临⑦，浓阴恶雨，八乖也。饮场远缓，迫暮思归，九乖也。客佳而有他期，妓欢而有别促⑧，酒淳而易，炙美而冷，十乖也。

[注释]

　　①乖：字形为二人相背而立，意为违背、不协调、不适宜。　②谈机：谈吐。谈谓交谈，谈话；机谓机锋，本为佛教禅宗名词，指问答迅捷，不落迹象，含有深意的语句。　③排当：犹指排场，刻意地摆设某种场面或形式。　④称（chèn）：相称，合适，配得上。　⑤牵率：相互拉扯，过于粗率。　⑥革履：以皮革制成的鞋子。　⑦刻期：同于刻日。谓限定日期。⑧别促：别的、另外的催促、召唤。

六之候

　　欢之候，十有三：得其时，一也；宾主久间①，二也；酒醇而主严，三也；非觥罍不讴②，四也；不能令有耻，五也；方饮不重膳，六也；不动筵，七也；录事貌毅而法峻③，八也；明府不受请谒，九也；废卖律④，十也；废替律⑤，十一也；不恃酒，十二也；歌儿酒奴解人意，十三也。不欢之候，十有六：主人吝，一也；宾轻主，二也；铺陈杂而不序，三也；室暗灯晕，四也；乐涩而妓骄⑥，五也；议朝除家政⑦，六也；迭谑⑧，七也；兴居纷纭⑨，八也；附耳嗫嚅⑩，九也；蔑章程，十也；醉唠嘈⑪，十一也；坐驰⑫，十二也；平头盗瓮及偃蹇⑬，十三也；客子奴嚣不法，十四也；夜深逃席，十五也；狂花病叶，十六也。饮流以目睚者为狂花⑭，目睡者为病叶。其他欢场害马⑮，例当叱出。害马者，语言下俚，面貌粗浮之类。

[注释]

①久间：久未来往。间，指时间上的间断、间隔。 ②觥罍（léi）：泛指酒器。觥与罍，均指古代酒器。罍，青铜或陶制，有圆形或方形，小口、广肩、深腹、圆足，有盖，肩部有两环耳，腹下又有一鼻，用以盛酒或水。
③貌毅：相貌坚毅、威严。法峻：法令严厉，执法峻严。 ④卖律：枉法。 ⑤替律：代替、顶替律文、律条。 ⑥乐涩：酒乐枯涩、生硬、不流畅。 ⑦朝除：拜官授职事。朝，朝廷，朝中；除，宫殿的台阶或拜官授职。 ⑧迭谑：不断地戏谑开玩笑。 ⑨兴居：站起与坐下。兴，起来。
⑩嗫嚅（niè rú）：窃窃私语的样子。 ⑪唠嘈（láo cáo）：唠叨个不停。唠，指唠叨，说话啰唆不已。嘈，指嘈杂，声音嘈杂喧闹。 ⑫驰：思念他驰，心猿意马。 ⑬平头：古代头巾名。偃蹇：傲慢而随意。偃，本指仰卧，引申为倒下、卧倒的通称。蹇（jiǎn），指跛，引申为艰难。 ⑭睚（yá）：即睚眦，瞪眼睛、怒目而视。亦引申为小怨小忿。 ⑮害马：害群之马。此处借指俗气、粗鲁、浮游或不遵饮场规矩的人。

七之战

户饮者角觥兕①，气饮者角六博局戏②，趣饮者角谭锋③，才饮者角诗赋乐府④，神饮者角尽累⑤，是曰酒战。经云："百战百胜，不如不战。"无累之谓也。

[注释]

①户饮：凭自己的大酒量而饮酒。户，大户，酒量大的人。角（jué）：角逐，较量。觥兕（sì）：泛指酒器。兕，酒器。　②气饮：靠豪气而饮酒。六博：亦称"陆博"，古代博戏。共十二棋，各执六黑或六白，骰子也六枚，故名。　③趣饮：以情趣而饮酒。与凭借酒量和豪气与他人较量不同，是比谈机、语锋。谭锋：谈机，语锋。谭，通"谈"，谈话。　④才饮：以自身的才学与他人较量饮酒。乐府：古诗体名。乐府本指自秦代以来朝廷设立的管理音乐机构，汉武帝时期大规模扩建，负责从民间搜集诗歌，后人统称为汉乐府。后来乐府成为一种诗歌体裁。　⑤神饮：指以精神、计谋与人饮酒较量。尽累：尽瘁，竭尽心力。

八之祭

凡饮必祭所始，礼也。今祀宣父曰酒圣①，夫无量不及乱②，觞之祖也，是为饮宗。四配曰阮嗣宗、陶彭泽、王无功、邵尧夫③。十哲曰郑文渊、徐景山、嵇叔夜、刘伯伦、向子期、阮仲容、谢幼舆、孟万年、周伯仁、阮宣子④。而山巨源、胡母彦国、毕茂世、张季鹰、何次道、李元忠、贺知章、李太白以下⑤，祀两庑⑥。至

唐孙位《高逸图》

若仪狄、杜康、刘白堕、焦革辈⑦，皆以酝法得名，无关饮徒，姑祀之门垣⑧，以旌酿客，亦犹校宫之有土主⑨，梵宇之有伽蓝也⑩。

[注释]

①宣父：古代对孔子的尊称。唐太宗贞观十一年，下诏尊孔子为宣父。

②无量不及乱：《论语·乡党》："酒无量，不及乱。"喝多少酒，可没有什么定量，每个人的酒量是不同的，要根据各自的情况定量。但是有限度，就是"不及乱"。 ③配：配祭，配享，祭祀时附带被祭祀。阮嗣宗：阮籍（210~263），三国曹魏时人，字嗣宗，曾为步兵校尉，世亦称阮步兵。能长啸，善弹琴，博览群书，尤好《老》、《庄》。为当时"竹林七贤"之一，纵酒谈玄，十分有名。陶彭泽：陶渊明（365~427），一名潜，字元亮，浔阳柴桑（今江西九江西南）人，东晋大诗人。曾任彭泽令，故有此称。因不满现实，辞官归隐。长于诗文辞赋，其田园诗尤为有名。有《陶渊明集》。亦嗜酒。有《饮酒二十首》及《止酒》、《述酒》多篇。王无功：王

绩（约589~644），字无功，绛州龙门（今山西河津）人，唐初文人。善饮酒，至五斗不乱，时号"斗酒学士"。撰有《五斗先生传》、《酒经》、《酒谱》、《杜康庙碑》、《醉乡记》等。邵尧夫：邵雍（1011~1077），字尧夫，北宋文人，著名道学家。自号"安乐先生"。《宋史》本传记载其"旦则焚香燕坐，晡时酌酒三四瓯，微醺即止，常不及醉也，兴至辄哦诗自咏"。著《皇极经世》、《渔樵问对》、《伊川击壤集》。　④郑文渊：郑泉，汉末至三国吴时人，字文渊。孙权时曾官至郎中。博学有奇才，而性嗜酒。史载他闲居时常说："愿得美酒满五百斛船，以四时甘脆置两头，反覆没饮之，惫即住而啖肴膳。酒有斗升，减随即益之，不亦快乎！"毕生饮酒不倦，临死时还嘱酒友葬之于"陶家之侧"，死后在阴间还可随时取制陶者所作的酒壶畅饮。徐景山：徐邈（172~249），字景山，三国曹魏时人。特嗜酒。时有酒禁，而邈敢于"私饮"，甚至以"酒圣"自比。嵇叔夜：嵇康（224~263，一说223~262），字叔夜，三国曹魏时人，文学家，"竹林七贤"之一。以饮酒、任达为务，自言平生"浊酒一杯，弹琴一曲，吾老毕矣"。史载其醉时"如玉山之将颓"。刘伯伦：刘伶（约221~300），字伯伦，三国曹魏时人，"竹林七贤"之一。嗜酒、放达。史称其"形貌丑陋，饮酒不羁"，曾乘鹿车，携一壶酒，让人带上铁锸随之，自言："死便埋我!"又曾备上酒肉向神发誓："天生刘伶，以酒为名，一饮一斛，五斗解酲。妇人之言，慎不可听!"著有《酒德颂》一篇。向子期：向秀（约227～272），字子期，三国曹魏时人，"竹林七贤"之一，曾官至散骑常侍、黄门侍郎。嗜酒、放达。阮仲容：阮咸，字仲容，三国曹魏至西晋时人，阮籍兄之子，"竹林七贤"之一。饮酒、任达。史载其与宗人饮酒，"不复用杯酌，以大盆盛酒，团坐相向更饮"。谢幼舆：谢鲲（281～323），字幼舆，两晋时人。性通简，好《老子》、《周易》，善音乐，以琴书为业，东晋时曾官至豫章太守。甚嗜酒。孟万年：孟嘉，字万年，东晋时人。少以清操知名，嗜酒，饮多不乱。桓温曾问他："酒有何好，而卿嗜之?"嘉答曰："明公未得酒中趣尔。"参见后《胜饮编》卷二等。周伯仁：周颛（269～322），字伯仁，两晋时人，曾为吏部尚书。好饮酒。史载"能饮酒一石"，东晋时，每称饮酒无对手，每月只有三日醒，时人谓之"三日仆射"。阮宣子：阮修，字宣子，东晋时人。嗜酒，放任。史载：年至四十未有妻室，有人聚钱为之议婚，但他却将钱挂至杖头，径至酒店，独自酣饮，平日视酒为性命。 ⑤山巨源：山涛（205～283），字巨源，曹魏至西晋时人。少有器量。"竹林七贤"之一。曾官至吏部尚书、仆射、太子少傅、司徒。嗜酒，但能自我控制。史载其"饮酒至八斗，方醉。帝欲试之，以酒八斗饮之，密益其酒，涛极本量而止"。胡母彦国：胡母辅之，字彦国，两晋时人，曾官至湘州刺史。嗜酒、放任。母，读wú，又写作毋。毕茂世：毕卓，字茂世，两晋时人，官至吏部侍郎，曾因饮酒废职。史载其某次大醉，夜至他人宅取酒喝，主人以为是盗贼，执而缚之，始见为毕吏部，释之。但转身又至主人酒瓮，狂饮一通。他曾自言："一手持蟹螯，一手执酒梧，拍浮酒池中，便足了一生。"张季鹰：张翰，字季鹰，三国孙吴至西晋时人。吴郡大姓张氏子孙，博学善文，吴亡入晋，曾被齐王冏辟为大司马东曹掾，后辞官归乡。嗜酒、放诞。时称之为"江东步兵"。何次道：何充，字次道，两晋时人，官至会稽内史、侍中、骠骑将军、扬州刺史。嗜酒，尚玄学，好交友。李元忠：北魏时善酿酒者。北魏末至东魏、北齐初年人。官至仪同三司。《北齐书》卷二十二载：

"元忠虽居要任，初不以物务干怀，唯以声酒自娱，大率常醉，家事大小，了不关心。园庭之内，罗种果药，亲朋寻诣，必留连宴赏。每挟弹携壶，敖游里闬，遇会饮酌，萧然自得。"贺知章（659~约744）：唐武后、中宗至玄宗朝著名文人，曾官至集贤院学士、工部侍郎、太子宾客。性放旷，善谈笑，晚年尤加纵诞，无复规检，自号"四明狂客"。特嗜酒。工诗文。史载其"醉后属词，动成卷轴，文不加点，咸有可观"。李太白：李白（701~762），字太白，唐代著名诗人。唐玄宗时为翰林学士，风流蕴藉，为世所称。贺知章称之为"天上谪仙人"。史称他特嗜酒，"每醉为文章，未少差错，与不醉之人相对议事，皆不出其所见"。人谓之为"醉圣"、"酒仙"。又说他"日与饮徒醉于酒肆。……尝沉醉殿上，引足令高力士脱靴"。后浪迹江湖，终日沉饮。因饮酒过度，醉死于宣城。有大量诗篇传世。其中与酒有关者如《独酌》、《将进酒》、《襄阳歌》等，流传甚广。　⑥庑（wǔ）：堂下周围的走廊、廊屋。　⑦仪狄：传说夏禹时的造酒者。《战国策·魏策二》："昔者，帝女令仪狄作酒而美，进之禹，禹饮而甘之，遂疏仪狄，绝旨酒，曰：'后世必有以酒亡其国者。'"后世酒史、酒经遂以仪狄为始造酒醪者。杜康：传说中酿酒的发明者。《说文解字》"巾"字条："古者少康初作箕帚、秫酒。少康，杜康也。"刘白堕：北魏时善酿酒者。北魏杨衒之《洛阳伽蓝记》卷四"法云寺"条载："河东人刘白堕善能酿酒，季夏六月时暑赫晞，以瓮贮酒，暴于日中。经一旬，其酒不动，饮之香美，醉而经月不醒。京师朝贵多出郡登藩，远相饷馈，逾于千里。以其远至，号曰'鹤觞'，亦曰'骑驴酒'。"另据郦道元《水经注·河水注》："太和迁都，罢州置河东郡。郡多流离，谓之徙民。民有姓刘名堕者，宿擅工酿。……故酒得其名矣。"此刘堕与《洛阳伽蓝记》所称"刘白堕"应为同一人，或名堕，字白堕。时间为北魏孝文帝迁洛时。焦革：隋至唐初人，曾任太乐署史。史载其家"善酿"，有家传酒法。唐高祖武德年间，王绩曾追述其酒法为《酒经》，并立有"杜康祠"，以焦革配享。　⑧门垣（yuán）：门户垣墙。　⑨校宫：校舍。京师、州郡县学校的屋舍。土主：借指供奉的地祇等。　⑩梵宇：即佛寺，有时也称"梵宫"。伽（qié）蓝：梵文saṃghārāma的音译，僧伽蓝摩的略称，意译"众园"或"僧院"。佛教寺院的通称。

九之典刑

曹参、蒋琬①，饮国者也②。陆贾、陈遵③，饮达者也④。张师亮、寇平仲⑤，饮豪者也⑥。王元达、何承裕⑦，饮俊者也。蔡中郎⑧，饮而文；郑康成，饮而儒；淳于髡⑨，饮而俳⑩；广野君⑪，饮而辩；孔北海⑫，饮而肆。醉颠、法常⑬，禅饮者也。孔元、张志和⑭，仙饮者也。扬子云、管公明⑮，玄饮者也。白香山之饮适⑯，苏子美之饮愤⑰，陈暄之饮骏⑱，颜光禄之饮矜⑲，荆卿、灌夫之饮怒⑳，信陵、东阿之饮悲㉑。诸公皆非饮派，直以兴寄所托，一往摽誉㉒，触类广之，皆欢场之宗工㉓，饮家之绳尺也。

[注释]

①曹参：西汉初著名大臣，善饮酒。曾为沛县狱吏，秦末从刘邦起兵，屡立战功，汉朝建立，封平阳侯。继萧何为汉惠帝丞相，史称其"举事无所变更，一遵萧何约束"，有"萧规曹随"之称。蒋琬：三国时人，字公琰。初随刘备入蜀，后为诸葛亮所重，任丞相长史。诸葛亮攻魏，他主持兵源粮饷的供应。亮死，代亮执政，为大将军、录尚书事。 ②饮国者：治理国家以国而饮者。 ③陆贾：西汉初年人。曾从刘邦定天下，有辩才，官至太中大夫。嗜酒，轻财好侠。有《新语书》十二篇。陈遵：西汉末年人，字孟公。初任京兆史、郁夷令。王莽时，为校尉，封嘉威侯。后为河南太守、九江及河内都尉。更始年间，任大司马扩军，奉命前往匈奴，在朔方为人所杀。史载他"嗜酒，为公府掾吏，日出醉归，曹事数废"。每次会宾客宴饮，"辄关门，取客车辖投井中"，使不得去。辖是插在车轴两端孔内的小铁棍。 ④饮达：饮酒放达。 ⑤张师亮：张齐贤，字师亮。北宋政治家。官至同中书门下平章事、右仆射、左仆射。史载其"意甚阔适"，嗜

酒，致仕后"日与亲旧觞咏"。寇平仲：寇准，字平仲，北宋政治家。宋真宗时出任宰相。史称"性豪侈，喜剧饮，每宴宾客，多阖扉脱骖"。有《寇忠愍公诗集》。 ⑥饮豪：饮酒豪爽。 ⑦王元达：王忱，字元达，两晋时人。官至安州刺史。性嗜酒，史载其："一饮连月不醉。每曰：'三日不饮，便觉精神不相亲。'"何承裕：五代至北宋初人。官至著作佐郎、直史馆。有才华，好为歌诗，性率真，而嗜酒狂逸。史载其出为县令，"醉则露首跨牛趋府"；不拘小节，常与属吏共同畅饮。 ⑧蔡中郎：蔡邕（133～192），字伯喈，东汉著名文学家、书法家。汉末董卓专权，邕被任为侍御史，官左中郎将，故有"蔡中郎"之称。卓被诛后，邕为王允所捕，死于狱中。平生通经史、音律，善辞赋，以《述行赋》最知名，工篆、隶。邕亦好酒，但较文雅。 ⑨淳于髡：战国时齐国学者，赘婿出身，以博学著称。官至大夫，游说列国，滑稽多辩。史载其好饮酒，少则一斗，多则一石。可依场合不同而增减。 ⑩俳（pái）：杂戏、滑稽戏或演滑稽戏的人，引申为滑稽、幽默。 ⑪广野君：郦食其，秦末汉初人。刘邦起兵，引为谋士，号其"广野君"。甚有辩才，并嗜酒。 ⑫孔北海：孔融（153～208），字文举，号北海。东汉末年人，后被曹操所害。史称其"好饮酒，宾客盈门"。曾有诗云："归家酒债多，门客灿几行，高谈惊四座，一日倾千觞。"又云："座上客尝满，尊中酒不空，吾无忧矣。" ⑬法常：南宋画家，僧人。号牧溪。生卒年不详，活跃于13世纪60～80年代之际。蜀人。清彭蕴灿《历代画史汇传》说他："性英爽，酷嗜酒，寒暑风雨常醉，醉即熟，觉即朗吟。" ⑭张志和：字子同，始名龟龄，唐代文人。唐肃宗时授左金吾卫录事参军，后坐事贬南浦尉，后会赦还，不复出仕，遁于山湖修道，自称"烟波钓徒"。著有《玄真子》，并以此为号。好酒。 ⑮扬子云：扬雄，字子云，汉代学者、名士。嗜酒。史载其"嗜酒家贫，人希至其门"，曾有人载酒以惑之。撰有《酒箴》。其姓常被写成杨。管公明：管辂，字公明，三国曹魏时人。通《易》、善卜，尚玄。亦嗜酒。 ⑯白香山：白居易（772～846），字乐天，晚年自号"香山居士"，唐代著名诗人，性豁达，亦嗜酒，有《白居易集》）。与酒相关的篇章有《酒功赞》、《尝酒德听歌招客》、《桥亭卯饮》等。 ⑰苏子美：苏舜钦（1008～1049），字子美，宋代文人、词家。曾官大理评事、集贤校理。后遭罢职，居苏州，建沧浪亭隐居。《宋史》说他"时发愤懑于歌诗，其体豪放，往往惊人"。有《苏学士集》。嗜酒。　⑱陈喧：即陈喧，南朝陈代人。尤嗜酒，无节操，遍历王公门，终日痴迷于酒。

⑲颜光禄：颜延之，字延年，南朝刘宋时人，曾官中书侍郎，授金紫光禄大夫。故以"颜光禄"称之。嗜酒、放达。史载其"每骑马遨游里巷，遇旧知，辄据鞍索酒，得必倾尽"，"饮酒不护细行"。善诗文，时人谓："此人醉甚可畏，文章冠绝当时。"　⑳荆卿：荆轲，战国末卫国人。被燕太子丹尊为上卿，派他去刺秦王政，向秦王献图时，"图穷匕首见"，刺秦王不中，被杀。平生好酒。灌夫：西汉时人，字仲孺。官至太仆，因坐事免官。喜任侠，嗜酒，家财钱数千万，食客有数十百人。　㉑信陵：信陵君，即魏无忌。战国时魏贵族，号信陵君。春秋四公子之一，曾组织五国攻秦，大败之。后受猜疑，沉迷酒色而终。东阿：曹操之子曹植曾封于东阿，但被限制自由，心情郁闷，作有《酒赋》，其序中道："余览扬雄《酒赋》，词甚瑰玮，颇戏而不雅，聊作《酒赋》，粗追其终始。"　㉒一往：一时。摽：通"标"，指标榜、赞扬。　㉓宗工：指宗匠、先哲、楷模。下文之"绳尺"与此同义，指规矩、规范。

十之掌故

凡六经、《语》、《孟》所言饮式①，皆酒经也。其下则汝阳王《甘露经》、《酒谱》②，王绩《酒经》③，刘炫《酒孝经》、《贞元饮略》④，窦子野《酒谱》⑤，朱翼中《酒经》⑥，李保绩《北山酒经》⑦，胡氏《醉乡小略》⑧，皇甫崧《醉乡日月》⑨，侯白《酒律》诸饮流所著记传赋诵等为内典⑩。《蒙庄》、《离骚》、《史》、《汉》、《南北史》、《古今逸史》、《世说》、《颜氏家训》、陶靖节、李、杜、白香山、苏玉局、陆放翁诸集为外典⑪。诗余则柳舍人、辛稼轩等⑫，乐府则董解元、王实甫、马东篱、高则诚等⑬，传奇则《水浒传》、《金瓶梅》

等为逸典⑭。不熟此典者，保面瓷肠，非饮徒也。

[注释]

①六经：指六部儒家经典，即《诗》、《书》、《礼》、《易》、《春秋》、《乐》。　②汝阳王：李琎，唐睿宗孙子、寿春郡王李宪的儿子，封为汝阳郡王，历太仆卿。与当时文人贺知章、褚庭诲为诗酒之交。参见《胜饮编》卷五。　③《酒经》：《新唐书·王绩传》记：（王绩）"追述（焦）革酒法为经，又采杜康、仪狄以来善酒者为谱。" 但并未流传下来，今存世的《酒经》有多种，均为宋人所撰。王绩所撰存世者为《醉乡记》一篇。　④刘炫：唐人，撰《酒孝经》，《新唐书·艺文志》著录，今不存。　⑤窦子野：窦苹，字子野，生活在北宋仁宗时代。撰《酒谱》1卷，杂叙酒之故事，共15篇。今有《唐宋丛书》本、《说郛》本及《四库》本。　⑥朱翼中：名肱，自号为无求子、大隐先生，宋吴兴人。元祐戊辰（1088），李常宁榜登第，官至奉议郎直秘阁。贬达州，归寓杭州之大隐坊，著书酿酒。所著《北山酒经》，3卷，是一部制曲酿酒的专著，记述了当时酿酒工艺的发展和改进。书名"北山"，示不忘西湖旧隐之时。书中主旨谓："大哉，酒之于世也。礼天地，事鬼神，射乡之饮，《鹿鸣》之歌，宾主百拜，左右秩秩，上至缙绅，下逮闾里，诗人墨客，渔夫樵妇，无一可以缺此。"今有知不足斋丛书本、续古逸丛书本及随庵徐氏丛书本等。　⑦李保绩："绩"字衍。宋人，撰有《续北山酒经》1卷，接续朱肱之《北山酒经》。今有《说郛》本。　⑧胡氏《醉乡小略》：即胡节还《醉乡小略》，5卷。《崇文总目》小说家类、《宋史·艺文志》小说类皆有著录。　⑨皇甫崧：字子奇，号檀栾子，唐代睦州新安（今浙江建德）人。古文学家皇甫湜子。终身未仕。著有《大隐赋》、《续牛羊日历》及《醉乡日月》3卷。本书序作于会昌五年（845），自称为酒后戏作，录当时饮酒者之格及酒令、酒事风俗等，并借以寄寓与世乖违之情。原书佚失，今有《说郛》本、《唐人说荟》本。　⑩侯白：唐人，著有《启颜录》、《酒律》等。内典：佛教名词。佛教徒自称佛教的典籍为"内典"，佛教以外的典籍为"典"。此处是借用来比附专述酒的书籍。　⑪《蒙庄》：即《庄子》。庄子名庄周，因是宋国蒙地人，

又做过蒙地的漆园吏，故又称其为"蒙庄"。《南北史》：分别指《南史》和《北史》，均为唐初人李延寿撰。《古今逸史》：丛书名，明嘉靖中陆楫等辑，收 55 种书。全书分逸志、逸记两门，风土、地理、宫室入于志类，人物史实入于记类。《世说》：即《世说新语》，南朝刘宋时人刘义庆著。《颜氏家训》：南北朝晚期至隋代人颜之推撰，共 20 篇，是家族教育的教材，被视为家训之祖。《世说新语》、《颜氏家训》均记有时人饮酒故事。白香山：即白居易，自号香山居士。苏玉局：即苏轼。宋代著名词人。字子瞻，号东坡。宋徽宗时，曾提举玉局观，故有此称。酒量不大，然而喜欢观人饮酒。 ⑫柳舍人：唐代诗人柳宗元。贾岛有诗《寄柳舍人宗元》。辛稼轩：即辛弃疾（1140~1207），南宋词人，字幼安，号稼轩。 ⑬董解元：金代曲词作家，撰有《西厢记诸宫调》，代表了当时说唱文学的最高水平。王实甫：元代著名杂剧作家，名德信，字实甫。所创作的杂剧《西厢记》具有很高的艺术成就。马东篱：即马致远，元代人，杂剧家。代表作今存《汉宫秋》、《青衫泪》等。小令《天净沙　秋思》也流传甚广。高则诚：即高明，字则诚，元代杂剧家。 ⑭传奇：小说体裁之一。以其故事情节多奇特、神异，故名。一般用以指唐、宋人用文言写作的短篇小说。逸典：散逸的典籍。此处所说"逸典"指未列于"内典"、"外典"中而在民间广为流传的作品，包括诗词、杂剧、小说等。

十一之刑书

色骄者墨①，色媚者劓②，伺颐气者宫③，语含机颖者械④，沉思如负者鬼薪⑤，梗令者决递⑥。狂率出头者慁婴⑦罪人冠，惥仪者共艾毕⑧，欢未阑乞去者菲对屦⑨。皆罪人衣履。骂坐三等⑩：青城旦春⑪，故沙门岛⑫；浮托酒狂以虐使为高，又驱其党效尤者大辟⑬。

[注释]

　　①墨：古代刑罚名称之一，在脸上刺字后涂上墨。也叫"黥"。 ②劓

（yì）：古代刑罚名称之一，割鼻的刑罚。　③颐气：即"颐指气使"。颐，下巴。颐气，形容指使别人时的傲慢态度。宫：宫刑，古代刑罚名称之一，阉割男性生殖器的一种酷刑。　④械：指桎梏。亦可引申为拘系。　⑤负：担负，负重。鬼薪：秦汉时的一种徒刑。因最初为宗庙采薪而得名。从事官府杂役、手工业生产劳动以及其他各种重体力劳动等，刑期三年。　⑥梗令：阻滞酒令。决递：犹言"决遣"，指判案发落。　⑦狂率：气势猛烈，狂肆粗率。慅婴：指古代在罪犯冠上加草带，代替割鼻子的刑罚。慅，通"草"。婴，后世写作"缨"。传说古代治理天下没有肉刑而只有象征性的刑罚，比如给犯罪的人穿上不同颜色的服饰表示惩罚。　⑧艾（yì）毕：古代象征性刑罚之一。即割去犯人衣服上蔽膝的部分，作为代替宫刑的处罚。艾，通"刈"。

⑨菲：使犯人穿麻鞋代替砍断脚的刑罚。对：当为綳（běng），和屦（jù）均指麻鞋。《荀子·正论》："治古无肉刑，而有象刑：墨黥；慅婴；共，艾毕；菲，对屦；杀，赭衣而不纯。治古如是。"　⑩骂坐：辱骂同座的人。⑪城旦：城旦为秦汉时刑罚名称之一，刑期四年，主要从事筑城等役作。舂（chōng）：汉代的一种徒刑，称"舂者"，主要是妇人犯罪者服此刑，"不豫外徭，但舂作米"。　⑫沙门岛：地名，在今山东蓬莱西北海中，为宋元时期流放罪犯之处。　⑬大辟：古代死刑名，谓杀头。

十二之品第

凡酒以色清味洌为圣[①]，色如金而醇苦为贤，色黑味酸醨者为愚[②]。以糯酿醉人者为君子[③]，以腊酿醉人者为中人[④]，以巷醪烧酒醉人者为小人[⑤]。

[注释]

①洌：清香。　②醨（lí）：薄酒，味淡的酒。　③糯酿：以糯米酿造的酒。　④腊酿：腊月（阴历十二月）或冬天酿制的酒。另外，"腊"又谓

"极"，则"腊酿"又指极酿或精酿的酒。中人：被列于中间一等者。《汉书·古今人表》："可与为善，可与为不善，是谓中人。" ⑤巷：谓里巷、街巷。醪（lǎo）：本指汁滓混合的酒，亦引申为浊酒。烧酒：宋以前用低温加热处理而成的酒。宋人有火迫法。元朝以后，多指蒸馏酒，但既包括葡萄蒸馏酒，又指谷物蒸馏酒。明以后，专指蒸馏酒。小人：与"君子"相比，指地位低下者。

十三之杯杓

古玉及古窑器上，犀玛瑙次①，近代上好瓷又次。黄白金叵罗下②，螺形锐底数曲者最下。

[注释]

①犀：以犀牛角制成的酒具。 ②叵罗：酒器，敞口的浅杯。

北京万贵墓出土的明代青白玉杯

十四之饮储

下酒物色，谓之饮储①。一清品，如鲜蛤、糟蚶、酒蟹之类。二异品，如熊白、西施乳之类②。三腻品，如羔羊、子鹅炙之类。四果品，如松子、杏仁之类。五蔬品，如鲜笋、早韭之类。

以上二款，聊具色目③。下邑贫士④，安从办此⑤。政使瓦盆蔬具⑥，亦何损其高致也。

[注释]

①饮储：饮酒所备的菜肴或小吃，犹今所说的"下酒菜"。 ②熊白：熊背的白脂，珍味之一。西施乳：河豚腹内胰白的别称。 ③色目：种类，名目。 ④下邑：偏僻的角落。 ⑤安从办此：怎么能够如此办理。安，怎么。 ⑥政：正。

十五之饮饰

棐几明窗①，时花嘉木②，冬幕夏荫③，绣裙藤席④。

[注释]

①棐（fěi）：通"篚"。一种椭圆形的盛物竹器。棐几明窗，即今之窗明几净。 ②嘉木：美好的林木。 ③幕：帐幕、帐篷；窗帷。 ④裙：古代谓下裳为"裙"，男女同用，与今专指妇女的裙子不同。

十六之欢具

楸枰、高低壶、觥筹、骰子、古鼎、昆山纸牌、羯鼓、冶童、女侍史、鹦鹉、沉茶具以俟渴者、吴笺、宋砚、佳墨①。以俟诗赋者。

[注释]

①楸枰：棋盘的别称。因旧时多用楸木制棋盘，故称棋盘为"楸枰"。筹：古代计算用具，以木制成的小棍或小片。行酒令时须用筹子作为令具。1982 年在江苏丹徒县丁卯村出土的唐代酒令筹子的器形是长方形，切角边，下端收拢为细柄状；筹长 20.4 厘米，宽 1.4 厘米，厚 0.05 厘米。古时的筹子一般用竹、木或象牙制成，高档的也有用金银制成的。正面刻令词（四书、诗词一句，或花名），反面刻酒约。骰（tóu）子：俗称色子。唐代骰子多用硬质材料制成，各面各刻有不同的图案，俗称之为"采"。行令时，用手将骰子投到盘器上，待滚动停止后，视其顶面图案而定输赢或饮酒多少。骰子一般为多枚。本作"投子"，后来因改用骨制作，故称"骰子"。羯（jié）鼓：古代击乐器。南北朝时经西域传入内地，盛行于唐开元、天宝年间。其形制如漆桶，下面用小牙床承载，用两根小杖击打，所以又名"两杖鼓"。冶童：指相貌和装扮妖艳的小童。冶，喜好过分地装饰打扮。女侍史：侍女。吴笺：苏州所产的纸，号"吴笺"，自唐代以后便十分出名。

酒　评　附

丁未夏日①，与方子公诸友②，饮月张园，以饮户相角，论久不定，余为评曰：

刘元定如雨后鸣泉③，一往可观④，苦其易竟⑤。陶孝若如俊鹰猎兔⑥，击搏有时。方子公如游鱼狎浪⑦，喁喁终日。丘长孺如吴牛啮草⑧，不大利快，容受颇多。胡仲修如徐娘风情，追念其盛时。刘元质如蜀后主思乡⑨，非其本情。袁平子如武陵少年说剑⑩，未识战场。龙君超如德山未遇龙潭时⑪，自著胜地。袁小修如狄青破昆仑关⑫，以奇服众。

[注释]

①丁未：明万历三十五年，1607 年。　②方子公：方文僎，字子公，新安人。从潘之恒学诗，穷困落拓，九月还穿着练衣。为人质直，得金即治衣裘，置酒召客，不宿囊中。　③刘元定：刘戡之，字元定。张居正婿。夷陵人。以荫授郎中，任德州知州。　④一往：一向，向来。　⑤竟：终结。

⑥陶孝若：陶若曾，字孝若，东湖人。公安派诗人之一。明万历四十四年（1616）任新兴县（今属广东）知县，于国恩寺曾建浴身亭。　⑦狎浪：戏逐浪花。　⑧丘长孺：丘坦，字坦之，号长孺。麻城人。万历三十四年（1606）举武乡试第一，官至海州参将。吴牛啮草：形容其动作缓慢，不利索。江淮间的牛畏热，见月疑是日，所以见月则喘，有吴牛喘月的成语。

⑨刘元质：或刘戡之兄弟。蜀后主思乡：乐不思蜀之意。蜀后主，即三国蜀汉政权后主刘禅。司马文王（司马昭）与被扣押的刘禅游宴，为他演出蜀国的技艺，蜀国的来人皆为之感伤，而刘禅嬉笑自若，不思念蜀国。　⑩袁平子：袁简田，字寓庸，一字平子。宏道族弟。举人，以馆读为生。武陵：旧县名。隋改临沅县置。治所在今湖南常德。　⑪龙君超：龙襄，字君超。武陵人。明万历十年（1582）举人。著有《檀园集》。《武陵县志》卷二十一有传。德山：唐佛教禅宗宣鉴禅师别名，俗姓周。未悟道时，心愤愤，口悱悱，自视甚高。后遇龙潭法师指点，遂精通律藏，熟悉诸经，善解《金刚经》。　⑫狄青：北宋著名大将，字汉臣。平生前后二十五战，以皇祐四年（1052）以奇谋夜袭破昆仑关之战最著名。

胜饮编

[清] 郎廷极　编著

清姚文瀚《紫光阁赐宴图》

胜饮编题辞

《胜饮编》者，予友北轩先生之所寄兴也。予两人交有年，如元酒之味①，淡而耐久。第知先生常节饮②，而不知其得此中之胜情如此。昔曹参相齐③，终日不事事，惟饮醇酒，民有"清静宁一"之颂。今先生适官其地，和平宁静之政，不让昔人。然彼饮而醉，此饮而胜，则又不必尽同也。予羁迹燕台④，贫且善病，日需良醞数升⑤，为道养之助，而垆头价贵，不可恒得。每朝退杜门，手把先生此编，倚窗玩读，恍如置我名山水间，衔杯醑适⑥，觉一年四序中，令节佳辰，无一虚度，先生之贻我厚矣⑦，奚啻尊中百斛之赠而已哉⑧？爱书数语以报之⑨。长安贵游，同予好者不乏其人，曷急付之剞劂⑩，以广先生之惠何如？庚辰上巳日⑪，海昌同学弟查昇，书于燕邸静学斋⑫。

[注释]

①元酒：即玄酒，古代祭祀时当酒用的水。　②第：但，只。　③曹参相齐：曹参担任相国，日夜饮酒。客人见曹参不处理国家事务，想劝说他，他总是用醇酒劝客人喝，客人到底没有办法开口说事。　④羁迹：羁旅他乡。燕台：指战国时燕昭王所筑的黄金台。故址在今河北省易县东南。⑤良醞：好酒。醞，酒。　⑥衔杯：口含酒杯，意指饮酒。醑适：畅快舒适。　⑦贻（yí）：赠送。　⑧奚啻：何止。　⑨爱：于是。　⑩曷（hé）：何，怎么。剞劂（jī jué）：雕版，刻印。　⑪庚辰：清康熙三十九年，1700 年。上巳日：夏历三月的第一个巳日，即夏历三月初三。　⑫燕邸：燕京的官邸。燕京，即今北京。

胜饮编序

古来豪于饮而以著述传者，刘伯伦《酒德颂》、王无功《醉乡记》是已。至阮籍、陶潜辈吟咏间作，亦往往寓之于酒。若天下事举可遗弃①，惟此杯中物有不能须臾舍者，于是旷达之流，竞相则效，或至视为美谈。然以余观之，此数子者，要皆有托而逃，非真荒耽于是也。慨自《酒诰》不作②，有维俗之志者，莫若顺人之性而节其过差，斯善已。大中丞北轩先生③，政事余闲，雅耽撰述④。曩官东莱时⑤，偶辑酒史十八卷，名之曰《胜饮编》。暇日示余，披览循环⑥，陶陶然如坐我于太和之室也⑦。先生教令神明，世以拟之顾建康⑧，至与人交，又如公瑾醇醪⑨，不觉自醉。古所谓孔嘉令仪者⑩，喜当吾世见之。兹编援引博而选择精，区分类别，体例简严，间采今昔名流及自撰秀句以相证佐，其用意归于导和遏流，不欲人之溺情欢伯，思深哉！盖卫武《宾筵》之遗旨也。先生量止三焦⑪，蓄常百斛⑫，不饮而乐观人饮，往往与客同其醉醒。若余与先生游，时接文字之饮，不识兹编中将置我于何等耶？己丑清和月⑬，关西杨颙拜题⑭。

[注释]

①举：全。　②《酒诰》：指《尚书·周书·酒诰》，周武王所作，用以劝诫康叔的。《胜饮编》卷七有"酒诰"条。　③中丞：清时通常称巡抚为中丞。　④雅耽：喜好。　⑤曩：先前，以往。东莱：山东龙口（黄县）的古称。　⑥披览：阅读。　⑦陶陶然：逸乐自得，心情愉悦。太和：道家称阴阳冲合之气为太和。　⑧顾建康：即南朝齐的顾宪之。据《南史》记载：顾宪之担任建康令时，号称"神明"。于是人们将京城的醇酒称为"顾

建康"，言其清且美。见卷十七"顾建康"条。　⑨公瑾醇醪：《江表传》记载：三国吴的大将程普数次羞辱周瑜，瑜不和他计较。程普敬佩得心服口服，说道："与周公瑾交往，如同饮醇酒，不知不觉自己已经醉了。"见卷十八"如饮醇醪"条。　⑩孔嘉令仪：美好的仪式仪态。　⑪三焦：三焦叶的酒。焦，蕉叶，小酒器。　⑫斛：古代量器名，也是容量单位。一斛本为十斗，后来改为五斗。　⑬己丑：清康熙四十八年，1709年。清和月：四月。　⑭关西：指函谷关或潼关以西地区。

胜饮编题辞

　　饮酒之法，见于《周官》、《戴记》者①，皆礼饮也。自《酒史》申百罚之令，《滑稽》有一石之言②，而腾觥飞爵之政兴焉③。晋世七贤八达之徒④，流为豪荡，至效为囚饮鳖饮⑤，滥觞已甚⑥。于是反之者或以为岩墙⑦，或以为祸海，酒几不可近。仆谓两者均失之。大中丞北轩先生，性不嗜饮而乐观人饮，且虑饮者之过差也，置醴之余，博征往事，分晰门类，都为一书⑧，凡有合于酒，与佐于酒，乐于酒者，无不录。而沉湎濡溺之过，亦毕书之以示戒，名曰《胜饮编》。使天下视古人为监史，奉先生于宾筵，必有得于此中妙理，斯可为胜矣。昔曹继善之《觥律》、赵与时之《觞政》、何剡之《酒尔雅》、刘炫之《酒孝经》⑨，其书有传有不传，若《北山酒经》、《醉乡日月》⑩，直堪覆瓿耳⑪。岂如斯编采资不漏，取旨最深。既无减于胜情，仍不乖夫名教⑫，先生和平中正之德，涵育海内，读是书者，岂徒视为几谨之训哉⑬？庚寅四月⑭，浙西查嗣瑮书⑮。

[注释]
　　①《周官》：书名，又称《周礼》，全书的定型在战国时期，一部理想

中的政治制度与百官职守。相传为周公所作。《戴记》：即《小戴礼记》，又称《小戴记》，即《礼记》，是中国古代一部重要的典章制度书籍。该书由西汉礼学家戴德的侄子戴圣编订，共 49 篇。　②《滑稽》：指《史记·滑稽列传》。淳于髡对齐威王说：州闾之间聚会，日暮之时酒席将散，酒合一起，彼此坐得很近，男女同席，鞋子交错，杯盘狼藉，堂上的蜡烛熄灭，主人独自留下我而送走其余客人。女宾罗襦解开，轻轻地闻到香气。这个时候，我心最欢，能饮一石。　③腾觥飞爵：杯盘交接，气氛热烈。　④七贤八达：指晋代的社会名流，如阮籍等七人时称"竹林七贤"，阮孚与光逸等八友时称"八达"。　⑤囚饮：如同囚徒一般，仅仅露出头端坐着饮酒。鳖饮：用毛席裹严了身体，如同鳖一般伸出头饮酒，喝一口又缩回去。参见卷十四"鳖饮鹤饮"条。　⑥滥觞：溢出酒杯。原意指江河发源处水很小，仅可浮起酒杯。此处指发端、开启。　⑦岩墙：将要倒塌的墙。借指置身于危险之地。参见卷十三"酒亦岩墙"条。　⑧都：总集，编辑。　⑨《觥律》：宋襄东漫士曹继善作的有关酒令的书。《觞政》：即《觞政述》，宋代赵与时撰，内容多为唐宋酒令。　⑩《北山酒经》：宋朱翼中撰，3 卷。上卷为"经"，其中总结了历代酿酒的重要理论，并且对全书的酿酒、制曲作了提纲挈领的阐述。中卷论述制曲技术，并收录了十几种酒曲的配方及制法。下卷论述酿酒技术。卷七亦有"北山酒经"条。《醉乡日月》：唐代皇甫崧撰，3 卷，详载唐人饮酒令。参见卷七"醉乡日月"条。　⑪覆瓿(bù)：即"覆酱瓿"。喻著作毫无价值，只可用来覆盖酱缸。瓿，古代容器。　⑫乖：违背。　⑬几谨：慎于（饮酒）。　⑭庚寅：清康熙四十九年，1710 年。　⑮浙西：指今浙江省中西部的金华、衢州、严州三市。查嗣瑮（1652~1733），字德尹，号查浦。浙江海宁人。黄宗羲弟子。清朝翰林。官至侍讲。

自　叙

从来达士①，栖寓醉乡，亦有名贤，眷怀欢伯②，所谓天之美禄③，何妨我以久要④？然而沉湎贻讥，荒诞致诫，光阴几许，奚堪犯卯过申⑤？人事纷拏⑥，岂得枕糟藉曲⑦？即使醒来千日，兴会何存？果其了却一生，沉埋可惜，空有祛愁之号，绝无治疾之征。若夫窭谷长宵⑧，屋裈独处⑨，灌将军之使气⑩，一座皆惊；谢长史之同尘⑪，三骃太亵⑫，遂令狂花病叶⑬，咎作俑于仪康⑭；软脚扶头⑮，惩滥觞于刘阮⑯，亦云甚矣，盍少休乎？余量可三焦，蓄尝百斛。当春秋之好景，不废开樽，引申白之嘉宾⑰；尝为置醴。不善饮而爱观人饮，第陶情而毋取纵情⑱，爰录是编，无异把杯在手，以贻吾友，即如折柬相招矣⑲。北轩主人书⑳。

[注释]

①达士：放达潇洒人士。　②欢伯：酒的别名。汉焦赣《易林·坎之兑》："酒为欢伯，除忧来乐。"唐陆龟蒙《对酒》诗："后代称欢伯，前贤号圣人。"宋杨万里《题湘中馆》诗："愁边正无奈，欢伯一相开。"清钱谦益《次韵徐叟文虹七十自寿》："浮生作伴皆欢伯，白眼看人即睡乡。"
③天之美禄：上天赏赐的美好俸禄。参见卷六"帝王所以颐天下"条。
④要：同"邀"，邀请。　⑤犯卯过申：侵犯卯年，错过申年。古时用干支纪年，卯、申均为年序。此句意为荒废时日。　⑥纷拏（ná）：纷繁，纷乱。　⑦糟：酿制酒剩下来的渣滓。曲：酒曲。　⑧窭谷：《左传》郑伯有嗜酒，为窟室而夜饮，击钟犹未已。朝者问公焉在，曰："吾公在窭谷。"参见卷十四《疵累》。　⑨屋裈独处：把居室当成裤子，独自居处。魏晋人刘伶经常喝醉以后赤身裸体躺在地上酣睡。有人进屋去劝他穿上衣裤上床睡，他却说："天地就是我的床，房间就是我的裤子，你怎么钻进我的裤子里来啦！"参见卷十四《疵累》。　⑩灌将军：西汉时将军灌婴，参见卷十四《疵累》。　⑪谢长史：谢鲲（281～323），字幼舆。永嘉之初，谢鲲避地豫章，曾为王敦长史。善于清谈，为人放达。每次与毕卓、王尼、阮放、羊曼、桓彝、阮孚等人纵酒，王敦因其名高，雅相宾礼。同尘：如灰尘之混杂异物。比喻混一、统一。《老子》："和其光，同其尘，湛兮似或存。"

⑫三驺：谢几卿性通脱，尝预乐游苑宴，不得醉而还。因诣道边酒垆，停车褰幔，与车前三驺对饮。观者如堵，几卿自若。驺（zōu），骑马的侍从。此处意指身份不同，降下身段，与之同饮。参见卷十四《疵累》。　⑬狂花病叶：《醉乡日月》：或有勇于牛饮者，以巨觥沃之。既撼狂花，复凋病叶。饮流谓睚眦者为狂花，目睡者为病叶。参见卷十三"狂花病叶"条。⑭作俑：古代制造陪葬用的偶像。后指创始，首开先例。多用于贬义，人们用"作俑"比喻首开恶例的人。《孟子·梁惠王上》："仲尼曰：'始作俑者，其无后乎！'为其象人而用之也。"仪康：仪狄、杜康，都是传说中酿酒的发明者。　⑮扶头：将醉头扶起，早上饮用淡酒以解除宿醉。参见卷六"扶头、软脚"条。　⑯刘阮：刘伶、阮籍，魏晋时名士，都好酒。　⑰申白：申公和白生的并称。皆为鲁国人，受《诗》学于荀子门人浮丘伯，为楚元王中大夫。见《汉书·楚元王刘交传》。后借指贤才。　⑱陶情：陶冶性情。　⑲折柬：写信，发出请柬。　⑳北轩主人：即本书作者郎廷极，号北轩。

卷一　良　时

娱心景物，慰眼风光，合终岁而计之，寥寥无几。假非欢伯，何物堪酬？第须吾侪兴会，适与感触尔。次良时第一。

颂椒　元旦饮椒柏酒①。庾信诗②："正旦辟恶酒③，新年长命杯。柏叶随铭至，椒花逐颂来。"

[注释]

①椒柏酒：以花椒和柏叶浸泡的酒。椒酒，古人重椒香，用花椒浸泡而成的酒；柏酒，古人认为柏树为常青之树，采其叶浸酒，含有长寿之意。柏叶、椒花，均时令酒。　②庾信（513～581）：字子山，南北朝南阳新野

(今属河南）人。诗歌为唐诗的先驱。有《庾子山集》。　③正旦：正月初一，春节。

人日　清雪居士陶□①《人日与友人索饮》诗："一年今日独称人②，辛苦艰难六尺身。贴燕粘鸡姑阁置③，可余椒酒赏灵辰。"

[注释]

①陶□：名字不详，自称清雪居士。　②人：人日。古代相传农历正月初的几天与某种物种的繁茂与否有关，谓初一为鸡日，初二为狗日，初三为猪日，初四为羊日，初五为牛日，初六为马日，初七为人日。　③贴燕粘鸡：人日巧妇剪纸成燕子、鸡形，贴窗花。余延寿《人日剪彩》诗云："闺妇持刀坐，自怜裁剪新。叶催情缀色，花寄手成春。贴燕留妆户，粘鸡欲饷人。擎来问夫婿，何处不如真。"闺妇用自己的妙手持刀裁出彩燕来自己妆戴，裁出彩鸡来留待赠给心上人。阁置：搁置，放下。

灯宴　《上元记事》①：十三日为上灯宴，十八日为落灯宴。此数日间，家家多有宴会。唐人诗云："谁家见月能闲坐，何处闻灯不看来。"盖春气方舒，又值岁丰人乐，银花照室②，火树联衔③，固升平第一景象也。

[注释]

①上元：农历正月十五元宵节，又称为"上元节"。　②银花：银白色的花，指灯光雪亮。形容张灯结彩或大放焰火的灿烂夜景。　③火树：火红的树，指树上挂满灯彩。联衔：接连不断。

探春宴　《天宝遗事》①："长安士女，春时斗花，以奇多者为胜，皆以千金市花②，植于庭为探春之宴。"退之诗③："直把春偿酒，都将命乞花。"又清雪居士诗："看花那计日，得酒且浇春。"

[注释]

①《天宝遗事》：即《开元天宝遗事》，五代后周王仁裕（880～956）撰。王仁裕，字德辇，天水（今属甘肃）人。该书记述唐朝开元、天宝年间的逸闻遗事，以传说为主。　②市：购买。　③退之：韩愈（768～824），字退之，唐河内河阳（今河南孟州南）人。自谓郡望昌黎，世称韩昌黎。唐代古文运动的倡导者，宋代苏轼称他"文起八代之衰"。

花朝①　北轩主人《花朝戏以酒酬花词》②："花朝庭榭自秾华③，祝酒还浇几玉洼④。但愿花开长有酒，莫叫酒熟便无花。"

[注释]

①花朝：即花朝节，我国民间的岁时八节之一，也叫花神节，俗称百花生日。晋代在农历二月十五日，至宋以后，始渐改为二月十二日。　②酬：酬答，酬谢。　③秾华：繁盛艳丽的花朵。　④玉洼：玉杯。

踏青①　祝枝山书②："寒食前后，踏青郊外，藉草舠花，真春游乐事。"

[注释]

①踏青：又叫春游、探春、寻春。于花草返青的春季，结伴到郊外原野远足踏青，并进行各种游戏以及蹴鞠、荡秋千、放风筝等活动。　②祝枝山：祝允明（1460～1526），明代书法家，字希哲，号枝山，因右手多生一指，又自号枝指生。长洲（今江苏苏州）人，出生于七代为官的仕宦人家。与唐伯虎、文征明、徐祯卿并称"江南四大才子"（也称"吴中四才子"）。

社会①　春秋二社同。杜诗②："南翁巴曲醉。"注：晋隐者南翁，社日至众会上，愿听巴歌③，乞一日醉。

①社会：社日的聚会。社日，古代祭祀社稷的日子。立春后第五个戊日为春社，立秋后第五个戊日为秋社，正值春分、秋分前后。 ②杜诗：杜甫《社日两篇》。 ③巴：地名，指四川省东部和重庆市。此老翁为一隐者，恐为巴人，所以听取巴歌，求得一醉。

宴幄① 《天宝遗事》："长安贵游子弟②，每春时游宴诸名园，载以油幕③，遇雨即以覆之，尽欢而归。"

①宴幄：宴会用的帐幕。幄（wò），帐幕、帐篷。 ②贵游子弟：无官职的贵族或达官贵人的子弟。 ③油幕：用油涂饰的帐幕。

访花 梅、牡丹、芍药、荷、桂、菊及诸异种花。李义山诗①："寻芳不觉醉流霞，倚树沉眠日已斜。客散酒醒深夜后，更持红烛赏残花。"

①李义山（约813~约858）：即李商隐，晚唐诗人，字义山，号玉谿生、樊南生，怀州河内（今河南沁阳）人。诗作有名，与杜牧合称"小李杜"，与温庭筠合称为"温李"。诗句见《花下醉》。此诗自写为花痴，待到日落客人散尽，又秉持红烛欣赏残败的花。

庭花盛开 不拘何种花。岑嘉州诗①："朝回花底恒会客，花扑玉缸春酒香②。"又唐人诗："不向花前醉，花应解笑人。"《开元遗事》："学士许慎选春日与亲友宴花圃中，不张幄设坐，但使童仆聚落花座下，曰：'吾自有花裀③。'"

①岑嘉州（约715~770）：即岑参，唐代诗人，江陵（今属湖北）人。唐代著名的边塞诗人。曾任嘉州刺史，世称岑嘉州。作品有《岑嘉州诗集》。诗句见《韦员外家花树歌》。　②玉缸：酒瓮的别称。　③裀：通"茵"，坐垫。

修禊①　《月令广义》②："古时上巳，皆谓三月初第一巳日。魏以后但用三日，不复用巳，然仍沿上巳之名。"《阅耕余录》③："上巳禊饮，肇自古昔④，采兰祓除⑤，尤称佳事。不知废自何时，迄今遂莫之举也。余家水乡，胜地不乏，愿约一二同好，及此风日清美，驾言出游⑥。临绿波，藉碧草，览芳物，听嘤鸣，娱情觞咏之中，寄想烟霞之外，便觉兰亭诸贤⑦，去人不远⑧。"

①修禊（xì）：又称祓除，上古时为除灾祛病于每年阴历三月上巳日，人们在水边举行的种种仪式。汉代时已将祓除与踏青春游结合起来。魏以后

明仇英《兰亭图》

固定在每年农历三月初三，不一定是巳日。　②《月令广义》：明冯应京撰，戴任续成，25 卷。月令是上古一种文章体裁，按照一年 12 个月的时令，记述政府的祭祀礼仪、职务、法令、禁令，并把它们归纳在五行相生的系统中，现存《礼记》中有一篇。　③《阅耕余录》：明张所望撰。所望字叔翘，明万历进士，官至广东按察司副使。此书为随笔札记之文，并有所考证，而兼录谐谑果报等杂事。　④肇：开始。　⑤祓（fú）除：除灾去邪的祭祀活动。　⑥驾言出游：语本《诗·邶风·泉水》："驾言出游，以写我忧。"　⑦兰亭：原为驿亭，位于今浙江绍兴西南 14 公里处的兰渚山下，是东晋著名书法家王羲之的寄居处。东晋永和九年（353），王羲之邀请 41 位文人雅士在兰亭举行了曲水流觞的盛会，并写下了被誉为"天下第一行书"的《兰亭序》。　⑧去：距离。

听黄鹂声　《世说补》①："戴颙春日常携双柑斗酒②，往听黄鹂声。曰：'此俗耳针砭③，诗肠鼓吹。'"白居易诗："醉叫莺送酒，闲遣鹤看船。"秦观诗④："郊原春鸟鸣，来此动豪酌。"倪瓒诗⑤："酒温莺语烦三请，椹熟蚕筐已四眠。"

[注释]

①《世说补》：旧本题明代何良俊撰补刘义庆《世说新语》，王世贞删定。4 卷。　②戴颙（377~441）：字仲若，魏晋时谯郡铚县（今安徽濉溪西南）人。戴逵之子，曾拒为王门伶人，为世人所称道。善琴书，熟悉音律。唐代冯贽《云仙杂记》卷二引《高隐外书》同此。双柑：以柑子为原料酿的酒。斗：一大盏。一斗为十升。　③俗：庸俗。针砭：比喻发现或指出错误，以求改正。砭是古代用来治病的石针，使用方法已失传。　④秦观（1049~1100）：字少游，一字太虚，号淮海居士，别号邗沟居士。"苏门四学士"之一。扬州高邮（今属江苏）人。北宋文学家。　⑤倪瓒（1301~1374）：号云林居士、云林子，或云林散人，元代无锡（今属江苏）人。倪瓒博学好古，工诗画，画山水意境幽深。有《清閟阁集》，与黄公望、王蒙、

吴镇为元季四家。

送春　牧之诗①："怅望送春杯，殷勤扫花帚。"

[注释]

①牧之诗：杜牧（803～853），字牧之，京兆万年（今陕西西安）人，号樊川居士，唐代中叶宰相杜佑之孙。晚唐著名诗人。诗句见《惜春》。

新绿　北轩主人诗："莺啼树里迷浓绿，蝶舞樽前映嫩黄。"

泛蒲　五日饮菖蒲酒①，席间多设黍粽②。放翁诗③："已过浣花天④，行开解粽筵⑤。"

[注释]

①五日：五月初五，端午节。菖蒲酒：又称蒲酒。菖蒲是端午节令的吉祥植物，是名贵中药材，采集仅限于"小满"前后十日内，用之配酒，可以提神、化痰，避邪驱瘴。　②黍粽：黍米粽子。　③放翁诗：陆游《初夏诗》。　④浣花天：又称浣花日，成都旧时习俗，每年四月十九日，宴游于浣花溪畔，称"浣花日"。陆游《老学庵笔记》卷八："四月十九日，成都谓之浣花，邀头宴于杜子美草堂、沧浪亭。倾城皆出，锦绣夹道。自开岁宴游，至是而止，故最盛于他时。"　⑤解粽：剥食粽子。

观竞渡　《琐言》①："乐天诗：'龙头画舸衔明月②，鹢脚红旗蘸碧流。'水嬉之乐，莫逾于此。尔时挈伴携樽，正无拘招屈也③。"

[注释]

①琐言：记述逸闻、琐事的一种文章体裁。　②舸（gě）：大船。

③招屈:呼唤屈原。

避暑会　《开元遗事》:"长安富人,每至暑伏,各于林亭内植画栋,以锦结为凉棚,设坐具,招名姝①,转相邀请,为避暑会。"北轩主人曰:袁绍河朔之会②,《典论》言其"昼夜酣饮,极醉至于无知"③,反不若此雅韵矣。

[注释]

①姝(shū):歌妓。　②袁绍(?~202):字本初,汝南汝阳(今河南商水西北)人。出身名门望族,东汉末年群雄之一。袁绍"避暑会"事可参见卷十四"昼夜酣饮"条。河朔:泛指黄河以北的地区。时袁绍为冀州牧。　③《典论》:三国时代魏太子曹丕的一部学术批评著作。原有22篇,后大都亡佚,仅存《自叙》、《论文》、《论方术》三篇。

竹筱饮　《语林》①:"陆机在洛②,夏月忽思东头竹筱饮③,语刘实曰:'吾乡思转深矣。'"清雪居士诗:"占竹预期逃暑饮④,爱莲尝作泛湖游。"

[注释]

①《语林》:即《何氏语林》,简称《语林》,30卷,明代何良俊编撰。《何氏语林》书名因袭裴启《语林》,采辑两汉至元代文人的言行。全书分38门,其中36门全依《世说新语》之旧例,意在模仿《世说新语》,仅增"言志"、"博识"二门。　②陆机(261~303):字士衡,吴郡吴县华亭(今上海松江区)人,西晋文学家、书法家,与其弟陆云合称"二陆"。曾历任平原内史、祭酒、著作郎等职。南人北迁,故有家乡风物之思。　③竹筱:小竹,细竹。　④占竹:占取竹林,用以避暑。宋代文同诗:"小庭幽圃绝清佳,爱此常教放吏衙。雨后双禽来占竹,秋深一蝶下寻花。"

喜雨　北轩主人曰：亢旸之际①，骤得甘澍②，见中庭卉木蔚然菁葱③，便知农畴亦复如是④。或遇暑天毒热，一雨生凉，是皆宜以酒贺。

[注释]

①亢旸：干旱。亢，极度，非常；旸，太阳升起。　②甘澍：甘甜的雨水，时雨。　③中庭：庭院中。　④农畴：农田。

巧夕①　《玉镯宝典》②："洛阳人家，七夕使蜘蛛结万字，装同心脍③，造明星酒。"姚叔祥书④："灵驾渡河，清飙扇席⑤，瓜果之筵，莫谓儿女事也。"

[注释]

①巧夕：即下文的"七夕"，七夕节。因七夕有乞巧的风俗，故称。②《玉镯宝典》：隋代杜台卿撰写。　③同心脍：旧时七夕节所制脍肉。相传七夕牛郎织女相会，故名。　④姚叔祥：明人，著有《见只编》。　⑤清飙：清风。

迎秋宴　乐天诗："因思望月侣，好卜迎秋宴①。"

[注释]

①迎秋宴：夏末时迎接秋天来到的酒宴。白居易诗见《苦热喜凉》。

新涨　《北轩笔记》①："丝柳垂堤，钿萍贴水②，宜乎春。掠波翠翦，迎棹红衣③，宜乎夏。雁屿云飞，鸥汀月朗，宜乎秋。观水之乐，此三时为最矣。"

[注释]

①《北轩笔记》：元陈世隆撰。世隆字彦高，钱塘人，宋末书商陈思之从孙，顺帝至正中，开馆于嘉兴陶氏，死于兵灾。 ②钿（diàn）萍：如金翠珠宝一般的萍草。钿，用金翠珠宝等制成的花朵形首饰。 ③棹（zhào）：划船的一种工具，形状和桨差不多。

中秋　陈仲醇曰①："是日即天阴无月，亦宜设酌以待。"《石林诗话》②："晏元献守南都③，直中秋隐晦，金判王琪函诗以入曰④：'只在浮云最高处，试凭弦管一吹开。'公喜，即治具⑤，召客，至夜分，月果出，乐饮达旦。"

[注释]

①陈仲醇：即陈继儒（1558～1639），字仲醇，号眉公，华亭（今上海松江区）人。明代文学家和书画家。 ②《石林诗话》：又作《叶先生诗话》，作者叶梦得（1077～1148），宋代词人。字少蕴，吴县（今江苏苏州）人。晚年隐居湖州弁山玲珑山石林，故号石林居士。本书主要记录北宋诗坛掌故、轶事，同时也有作者的审美评价。 ③晏元献：晏殊，字同叔，因其死后谥"元献"，故世称"晏元献"。北宋前期婉约派词人之一。守南都：做南都的地方长官。南都应天府，今河南商丘。 ④金判：即签判，签书判官厅公事的简称。为宋代各州幕职，协助州长官处理政务及文书案牍。函诗：将诗装入函套。 ⑤治具：准备饭食。具，饮食。

登高①　东坡《与李公择书》②："秋色佳哉，想有以为乐，人生惟寒食重九，慎不可虚掷。四时之景，无如此节。"清雪居士曰："一年嘉序，惟上巳重阳。寒暖适宜，风光最胜，昔人所以有展上巳、展重阳也。"杜诗："旧日重阳日，传杯不放杯。"

①登高：古人有农历九月九日登高的习俗，每年的九月初九举办登高节，二九相重，称为"重九"。又因为在我国古代，六为阴数，九是阳数，因此，重九就叫重阳。所以登高节又名重阳节。　②东坡：即苏东坡，苏轼。东坡是一个地名，在当时黄州州治黄冈（今属湖北）城东。宋神宗元丰初年，苏轼被贬官到黄州，对一片撂荒的旧营地加以整治，躬耕其中，亲自写了"东坡雪堂"四个大字，并自称东坡居士。李公择：苏东坡任杭州通判时，李公择是湖州知县，二人多有往来。

红叶　北轩主人诗："玉醅浓似酪①，丹叶灿如花。"又《北轩诗话》②："新绿红叶，古来雅集无传。予筮仕江宁郡司马③，地胜官闲，每遇斯时景，即偕一二知己，寻眺郊原，流连觞咏，迄今二十余年。鸡笼山畔，桃叶渡边，追忆旧游，宛然在目。而酬唱之作，已什无一存矣。"

①玉醅：美酒。醅，没有过滤的酒。　②《北轩诗话》：本书作者郎廷极的诗话。　③筮仕：出任做官。江宁郡：唐至德二载（757）置，治江宁县（今江苏南京）。辖境相当今江苏南京、句容等市县及安徽当涂县地。属江南东道。司马：官职，是州刺史的别称。

好月　不拘何时①。李白诗："唯愿当歌对酒时，月光常照金樽里。"又李绅诗②："醉筵多向月中开。"

①拘：拘泥。　②李绅（772~846）：字公垂，无锡（今属江苏）人。唐代诗人。官至尚书右仆射。

暖寒会　《霏雪录》①："王仁裕冬寒时②，拥篲扫径③，迎客饮酒，谓之暖寒会。"乐天诗："越调管吹留客曲，吴吟诗送暖寒筵。"李君实曰④："仲冬之月⑤，甜薰炽炭⑥，处乎帷中。山茶蜡梅，聊资瓶玩。得深堂邃阁，团坐而谋欢适，不妨稍入夜。"

[注释]

①《霏雪录》：镏绩撰。镏绩字孟熙，明末山阴（今浙江绍兴）人。该书分上、下两卷，主要记录先世传闻、梦幻诙谐之事和对旧诗词进行辨核疑义等。　②王仁裕（880~956）：字德辇，天水人。五代汉时任翰林学士承旨，迁户部尚书。有诗集《西江集》。　③篲（huì）：扫帚。　④李君实：明代书画家，生卒年不详。崇祯二年（1629），与著名书画家董其昌、邢侗、冯震等相往还。　⑤仲冬：冬季的第二个月，即农历十一月。　⑥甜薰：点燃了香草。

雪朝雪夜　清雪居士曰："赏雪宜泛湖，宜登山，宜野亭僧阁。不尔①，如党家姬所云②，于销金帐中③，浅斟低唱，饮羊羔儿酒，亦自不恶。"

[注释]

①不尔：不如此，不这样。　②党家姬：南朝宋陶穀得到了党太尉的歌女，有一天下了大雪，陶穀就取来雪水沏茶喝，问党家姬："党家的人也知道这样的味道吗？"党家姬回答说："他乃一介武夫，只知道销金帐中饮羊羔儿酒。"　③销金帐：嵌金色线的精美的帷幔、床帐。

守岁　杜诗："守岁阿戎家①，椒盘已颂花②。盍簪喧枥马③，列炬散林鸦。四十明朝是④，飞腾暮景斜。谁能更拘束，烂醉是生涯。"

①阿戎：晋宋间，人多呼弟为阿戎。诗中指杜甫的同族兄弟杜位。本诗诗名《杜位宅守岁》。　②椒盘已颂花：旧时风俗，春节时用盘子盛花椒，饮酒时放入酒中。　③盍簪：群朋合聚，疾速而来。《周易·豫卦》："勿疑朋盍簪。"盍，合聚；簪，疾速。此诗"盍簪"对"列炬"，取朋友聚合之意。枥马：关在马棚里的马。枥，马槽。　④四十：《礼记》以四十岁为强壮之年。

卷二　胜　地

柏梁之会在朝①，曲江之游登第②，遭遇良不易③，且亦非酒场也。悲惨至易水、新亭④，又将掉臂去之⑤。若乃一时良聚，千古美谈，樽俎风流⑥，实所欣慕。次胜地第二。

[注释]

①柏梁之会：汉元封三年，汉武帝在长安未央宫内的柏梁台与群臣赋七言诗，每人一句，句句押平声韵。于是，后世模仿此体而作的诗，便被称为"柏梁体"。柏梁台是在汉元鼎二年建造的，因为以香柏之木为横梁而得名。柏梁体的古体诗，其实就是每句押韵的七古。　②曲江之游：也称作曲江宴、曲江会。唐时考中的进士，放榜后大宴于长安南郊的曲江亭，谓之曲江会。唐代新科进士正式放榜之日恰好就在上巳之前，上巳为唐代三大节日之一，这种游宴，皇帝亲自参加，与宴者也经皇帝"钦点"。登第：即古代考试中举登科。第，指科举考试录取列榜的甲乙次第。　③良：实在。　④易水：河流名。在今河北省西部。源出易县境，入南拒马河。荆轲入秦行刺秦王，燕太子丹饯别于此。此去再无还日。《战国策·燕策三》载荆轲之歌："风萧萧兮易水寒，壮士一去兮不复还。"新亭：古亭名，故址在今南京市的南面，长江边。吴国旧亭。南朝宋刘义庆《世说新语·言语》记载：从北方南渡过长江来的东晋各位人士，每遇到美好的日子，就互相邀请在新亭

这个地方聚集，边赏花边饮酒作乐。周侯在中间坐着，叹道："风景跟往昔一样，江山却换了主人。"大家听了都相视流泪。　⑤掉臂：即掉臂不顾，摆动着手臂，头也不回。形容毫无眷顾。掉，摆动。　⑥樽俎：古代盛酒肉的器皿。樽以盛酒，俎以盛肉。后来常用做宴席的代称。

　　竹林　《一统志》[①]："河南获嘉县有七贤乡，相传即嵇、阮诸人竹林游宴处。"北轩主人曰："竹林七贤，惟刘伯伦乃神于酒者[②]，其次当推二阮[③]，若嵇、向便不可以酒人目之[④]，山、王更无论矣[⑤]。"

[注释]

　　①《一统志》：记载全国舆地的总志。　②刘伯伦：刘伶。　③二阮：阮籍、阮咸。　④向：向秀。目之：看待。　⑤山：山涛。王：王戎。无论：不要说，更不必说。

　　兰亭　兰亭禊会[①]，羲之与谢安、孙绰、许询辈[②]，凡四十一人，各赋诗，羊、刘等诗不成[③]，罚酒。朱竹垞《上巳宴集》诗[④]："我若当年居末座[⑤]，便应罚酒似羊刘。"

明文征明《兰亭修禊图》

[注释]

①兰亭禊会：东晋穆帝永和九年（353）三月三日，王羲之与谢安、孙绰等41人，在山阴（今浙江绍兴）兰亭举行仪式，被除灾病，会上各人作诗。 ②谢安（320~385）：字安石，东晋名士、宰相，今浙江绍兴人，祖籍陈郡阳夏（今河南太康）。孙绰（314~371）：字兴公，东晋中都（今山西平遥）人。为廷尉卿，领著作郎。许询：东晋文学家。字玄度。高阳（今河北蠡县）人。生卒年不详。有才藻，善属文，与王羲之、孙绰、支遁等皆以文冠于世。 ③羊：羊模，任职行参军。据宋代桑世昌《兰亭考》卷一载《兰亭诗》："右将军会稽内史王羲之、司徒谢安、司徒左西属谢万、左司马孙绰、行参军徐丰之、前余姚令孙统、王凝之、王宿之、王彬之、王徽之、陈郡袁峤之，已上十一人各成四言五言诗一首。散骑常侍郗昙、前参军王丰之、前上虞令华茂、颍川庾友、镇军司马虞说、郡功曹魏滂、郡五官佐谢怿、颍川庾蕴、前中军参军孙嗣、行参军曹茂之、徐州西平曹华、荥阳桓伟、王元之、王蕴之、王涣之，已上一十五人一篇成。侍郎谢瑰、镇国大将军掾卞迪、行参军事印丘髦、王献之、行参军羊模、参军孔炽、参军刘密、山阴令虞谷、府功曹劳夷、府主簿后绵、前长岑令华耆、前余姚令谢滕、府主簿任儗、任城吕系、任城吕本、彭城曹礼，已上一十六人诗不成，罚酒三巨觥。"刘：刘密。任职参军。 ④朱竹垞：朱彝尊（1629~1709），字锡鬯，号竹垞。秀水（今浙江嘉兴北）人。博经通史，工诗能词，词开浙西一派，诗与王士禛南北齐名。著有《经义考》、《日下旧闻》等。 ⑤末座：座次的末尾。也指地位卑小，居于末座的人。

滕王阁　王勃作序事①。

[注释]

①王勃（649或650~676或675）：字子安，唐代绛州龙门（今山西河津）人。诗人，与杨炯、卢照邻、骆宾王称"初唐四杰"。所作《滕王阁序》最为有名。

东都门祖饯^①　汉太傅疏广与兄子少傅受事^②。

[注释]

①东都门：汉代长安城东门之一，即宣平门。祖饯（jiàn）：饯行。　②太傅：太子太傅，从一品掌以道德辅导太子，而谨加护翼。疏广（？～前45）：字仲翁，祖籍东海兰陵，其曾祖迁于泰山郡钜平（今山东省泰安市磁窑镇）。西汉名臣。上疏请求退休，与侄子一起回家。皇上因为他年老，特别允许。公卿大夫故人邑子饯别于东都门外，送者车数百辆，辞决而去。那些道路观者都说："贤人哪，二位大夫！"有的人叹息为之流泪。少傅：辅导太子的宫官。受：疏受，疏广的侄子。疏广汉宣帝时为太傅，兄子受同时为少傅。

金谷园^①　石崇别业在河阳^②，崇与潘岳辈为二十四友^③，尝饮宴园中赋诗。诗不成者，罚酒三斗^④。钱牧斋诗^⑤："酒依金谷数，诗拟《丽人行》^⑥。"

[注释]

①金谷园：西晋石崇的别墅，遗址在今洛阳老城东北七里处的金谷洞内。石崇是有名的大富翁。他因与贵族大地主王恺争富，修筑了金谷别墅，即称"金谷园"。　②石崇：字季伦，父亲是西晋开国元勋石苞。初为修武令，累迁至侍中。后出为荆州刺史。别业：与"别庄"、"别宅"同，指正屋之外，建于他处的另一所宅第园林。河阳：黄河北岸。此处的"河"，专指黄河。　③潘岳（247～300）：字安仁，后人常称其为潘安，西晋文学家。祖籍荥阳中牟（今属河南）。但有人认为，从他父亲一辈起，他家实际居住在巩县（今河南巩义）。　④斗：盛酒器。　⑤钱牧斋：钱谦益（1582～1664），字受之，号牧斋，晚号蒙叟、东涧老人。学者称虞山先生。清初诗坛的盟主之一。常熟人。著名文学家、藏书家，善书画。　⑥《丽人行》：诗人杜甫名作，约作于753年（唐天宝十二载）或次年。诗的主人公是杨贵妃的姐妹等。

唐墓室壁画《宴饮图》

　　东阁　《梁书》："何逊为扬州法曹①，官廨东有梅花一株②，尝赋诗其下。后居洛，思之不置③，因请再任。至日，花适盛开，即日延诸名士于东阁，醉赏之。"

[注释]

　　①何逊：字仲言，南朝梁东海郯（今山东郯城北）人。官至尚书水部郎。诗与阴铿齐名，世号"阴何"。明人辑有《何水部集》1卷。法曹：古代司法机关或司法官员的称谓。　②官廨（xiè）：官署，旧时官吏办公处所的通称。　③思之不置：思念它，怎么也放不下。置，置放。

　　西园　《北轩笔记》："顾长康画《清夜游西园图》①，则邺中诸子也②。李伯时画《西园雅集图》③，则东坡、元章诸子也④。"

南宋马远《西园雅集图》（局部）

[注释]

　　①顾长康：顾恺之（约345～409），字长康，小字虎头，晋陵无锡（今属江苏）人。博学有才气，工诗赋、书法，尤善绘画。　②邺中：即晋都城邺城。古邺城在漳水之北，今河北临漳。　③李伯时：名公麟，号龙眠居士，宋代庐州舒城（今属安徽）人。进士，拜御史大夫。博学好古，尤善画山水、佛像。　④元章：米芾（fú），初名黻，字元章，号襄阳漫士、海岳外史等，祖籍太原，后迁居襄阳。任校书郎、书画博士、礼部员外郎。善诗，工书法，擅篆、隶、楷、行、草等书体，长于临摹古人书法，达到乱真程度。

　　河朔　袁绍事，入《疵累》①。

[注释]

　　①疵累：瑕疵，牵累，过失。参见卷十四《疵累》。

庐山半道　《陶渊明传》①："江州刺史王宏②，欲识渊明，探其往庐山，命渊明故人庞通之赍酒具③，于半道栗里之间邀之④。渊明既至，便共欣然饮酌。俄顷，宏来，亦无忤也⑤。"

[注释]

①《陶渊明传》：萧统撰写。萧统（501～531），字德施，小字维摩，南朝梁代南兰陵（今江苏常州西北）人。梁武帝萧衍长子，被立为太子，谥号"昭明"，故后世又称昭明太子。主持编撰《文选》，又称《昭明文选》。　②江州：今江西省九江市。刺史：职官名。汉武帝元封五年（前106）始置，"刺"，检核问事之意。王莽称帝时期刺史改称州牧，职权进一步扩大，由监察官变为地方军事行政长官。王宏：一作王弘。　③赍（jī）：带着。　④栗里：在庐山温泉北面一里许，是陶渊明故乡。　⑤无忤：不抵触，不违逆。

东篱①　渊明事。

[注释]

①东篱：陶渊明《饮酒》诗："采菊东篱下，悠然见南山。"因而以"东篱"指种菊花的地方。"东篱"为陶渊明名句，即以之代其饮酒事。

晚香亭　在大名府城西旧府治①。韩魏公留守时②，重九日宴诸监司于后圃③。有诗云："莫嫌老圃秋容淡，且看黄花晚节香。"其后，代者谓公能全晚节，遂以"晚香"名其亭。

[注释]

①大名府：宋仁宗时于今冀鲁豫三省交界处的大名县建陪都，史称"北京大名府"。址在今河北大名。　②韩魏公：即韩琦（1008～1075），字

稚圭，自号赣叟，相州安阳（今属河南）人。北宋政治家、名将。拜同中书门下平章事、右仆射，封魏国公。　③监司：有监察州县之权的地方长官之简称。后圃：后花园。

燕市　《史记》①："高渐离与荆轲善②，尝饮燕市中③。酒酣，渐离击筑④，轲和而歌。"

[注释]

①《史记》：故事见《史记·刺客列传》。　②高渐离：战国末燕（今河北定兴）人，荆轲的好友。荆轲刺秦王时，高渐离与太子丹送之于易水河畔，高渐离击筑，荆轲和其节奏，高歌"风萧萧兮易水寒，壮士一去兮不复还"。荆轲（？～前227）：姜姓，庆氏。秦时涿县（今河北涿州）人，战国时期著名刺客。战国末期卫国人也称庆卿、荆卿、庆轲，是春秋时期齐国大夫庆封的后代。受燕太子丹之托入刺秦王，失败被杀。　③燕：周代诸侯国，又称北燕。姬姓，召公之后。在今河北省北部和辽宁省西端，建都蓟（今北京城西南隅）。战国时为七雄之一，后为秦所灭。　④筑：古代的一种击弦乐器，颈细肩圆，中空，十三弦。

习家池　山简事①，入《疵累》。

[注释]

①山简（253～312）：字季伦，河内怀县（今河南武陟西）人，山涛第五子。生于曹魏齐王曹芳嘉平五年，卒于晋怀帝永嘉六年，终年60岁。

香山　《唐诗纪事》①："白乐天以刑部尚书致仕②，集年高七旬以上者，饮于履道宅③，为九老会。时游香山之龙门寺④，各有歌诗。僧如满⑤，亦其一也。时秘书监狄兼谟、河南尹卢贞以年未七十⑥，虽在会而不及列。"

南宋马兴祖《香山九老图》

①《唐诗纪事》：唐代诗歌集，共81卷，南宋计有功编。计有功，生卒年不详，字敏夫，号灌园居士，临邛（今四川邛崃）人，累官左承议郎，充行都督府书写机宜文字。　②致仕：退休。　③履道宅：白居易寓所，在履道里。白有《归履道宅》诗。会昌五年乙丑（845），白居易74岁。三月，于洛阳履道里宅为"七老会"。夏，又合僧如满、李元爽为《九老图》。　④香山之龙门寺：寺在今洛阳。白居易曾常住寺内，自号"香山居士"，和胡杲、吉旼、郑据、刘真、卢真、张浑、李元爽、僧如满等结为"香山九老"。　⑤僧如满：嵩山僧人。唐会昌二年（842），白居易71岁时，他与香山寺僧如满，结香火社。白居易《醉吟先生传》记载，他在晚年间，就曾"与嵩山僧如满为空友，平泉客韦楚为山水友，彭城刘梦得为诗友，安定皇甫为酒友"。⑥秘书监：职官名。典司图籍。狄兼谟：字汝谐，唐河东太原（今属山西）人，卒于会昌年间（841~846），是武则天时名臣狄仁杰的族曾孙。曾任东都秘书监。河南尹：洛阳为唐代陪都，河南尹治河南府事。

洛社　《霏雪录》："文潞公以太尉留守西京①，值富韩公致仕②，慕乐天香山之会，乃集洛中年德高者，为耆英会③。就资圣院，建耆英堂，命闽人郑奂图像堂中，共一十二人。时司马温公年未七十④，潞公素重之，用香山狄兼谟故事，请温公入会。"

①文潞公：文彦博（1006~1097），北宋汾州介休（今属山西）人，事仁、英、神、哲四朝，居官近70年，历同中书门下平章事、枢密使等职，拜太尉，封潞国公，故称文潞公。享年92岁。是西昆派后期作家。　②富韩公：富弼（1004~1083），字彦国，洛阳（今属河南）人。天圣八年（1030）以茂才异等科及第，历官知县、开封府推官、知谏院。封郑国公。享年80岁，与文彦博同为长寿宰相。　③耆（qí）英会：指年高有德者的集会。耆，古称60岁曰耆。亦泛指寿考。　④司马温公：即司马光（1019~1086），北宋著名

政治家、史学家、散文家。北宋陕州夏县（今属山西）涑水乡人，字君实，号迂叟，世称涑水先生。死后追赠温国公，故有此称。编写《资治通鉴》。

黄楼　在徐州，东坡知州事时建①。落成之日，适故人王巩造访，乘月觞之楼上。谓巩曰："李白死后，世无此乐三百年矣。"

[注释]

①知州事：担任知州。苏轼任徐州知州一年又十一个月。

西湖　杭州西湖，至唐始著。乐天、东坡游宴诗，多不胜记。宋末，周公谨邀赵子固放舟湖上①，饮酣，子固脱帽，以酒晞发②，箕踞歌《离骚》③，旁若无人。薄暮入西泠，掠孤山，舣茂树间④，指林木最幽处，瞪目绝叫曰："此是洪谷子、董北苑得意笔也⑤。"邻舟数十皆惊叹，以为真谪仙人。

[注释]

①周公谨：周密（1232～约1298），字公谨，号草窗，又号四水潜夫、弁阳老人、华不注山人。南宋词人、文学家。祖籍济南，流寓吴兴（今浙江湖州）。著述颇丰，有《齐东野语》、《武林旧事》、《癸辛杂识》，又编有南宋词集《绝妙好词》。赵子固：书画家。　②晞（xī）发：晒发使干。此处指以酒洗发。　③箕踞（jī jù）：两脚张开，两膝微曲地坐着，形状像箕。这是一种轻慢傲视对方的姿态。此处指随意、放松的姿势。　④舣（yǐ）：停船靠岸。　⑤董北苑：即董源，字叔达，钟陵（今江西进贤西北）人。曾任南唐北苑副使，所以人称"董北苑"。南派山水画创始人。

龙门赏雪　《世说补》：钱文僖惟演守西都①，谢绛、欧阳修俱在幕下②。一日游嵩山，自颍阳归③。将暮，抵龙门④，雪作，忽于烟霭中有车马渡伊水来⑤。既至，则文僖遣厨传歌妓⑥，传语曰：

"山行良佳，少留龙门赏雪，无遽归也。"其高旷爱才如此。

［注释］

①钱文僖惟演：钱惟演（977～1034），字希圣，北宋钱塘（今浙江杭州）人。吴越忠懿王钱俶第十四子。从俶归宋，累迁工部尚书，拜枢密使，官终崇信军节度使，卒谥文僖。预修《册府元龟》，所著今存《家王故事》、《金坡遗事》。西昆体骨干诗人。钱惟演任西京（洛阳）留守是在宋仁宗天圣九年（1031）一月至明道二年（1033）九月。　②谢绛（995～1039）：西京留守通判谢绛。不仅是西京幕府的实际执政者，也是洛阳文坛的实际主盟者。欧阳修（1007～1073）：字永叔，号醉翁，又号六一居士。自称庐陵（今江西永丰）人。北宋卓越的文学家、史学家。幕下：幕府中。　③颍阳：在今河南登封境内，因在颍河之北而得名。　④龙门：在河南洛阳南10公里，古称伊阙。　⑤伊水：发源于熊耳山南麓的栾川，流经嵩县、伊川，穿伊阙而入洛阳，东北至偃师注入洛水。　⑥厨传：古代供应过客食宿、车马的地方。

　　岘山　《世说》①：羊太傅镇襄阳②，每风景必造岘山置酒③，言咏终日不倦。尝慨然叹息，顾谓从事邹湛曰④："自有宇宙，便有此山。贤达胜士，登此远望，如我与卿者多矣，皆湮没无闻，使人悲伤。如百岁后有知，吾魂魄犹应登此！"

［注释］

①《世说》：查《世说新语》未见此事的记载，所记或有差误。此故事见《晋书》卷三十四《羊祜传》，又见习凿齿《襄阳耆旧传》艺文卷三十五《人部十九·泣》征引，其文简略。　②羊太傅：羊祜（221～278），字叔子，泰山南城（今山东费县西南）人。西晋开国元勋。晋武帝太始五年（269），坐镇襄阳，为太傅，都督荆州诸军事。　③岘山：襄阳岘山，俗称三岘，包括岘首山（下岘）、望楚山（中岘）、万山（上岘），峰岩直插滔

滔汉水，雄踞一方。　④从事：官职名。主要职责是主管文书、察举非法。

邹湛（？~299?）：字润甫，南阳新野人。生年不详，约卒于晋武帝元康末年。少以才学知名。仕魏历通事郎太学博士。

南楼　《晋书》①：庾亮镇武昌时②，佐吏殷浩辈乘月登南楼③。俄而亮至，将避之，亮曰："诸君少住，老子于此，兴复不浅。"因据胡床④，与浩辈酣咏达旦。

[注释]

①《晋书》：唐代房玄龄等撰，130卷。记载了从司马懿开始到晋恭帝元熙二年为止，包括西晋和东晋的历史。二十四史之一。　②庾亮（289~340）：东晋政治家、文学家。字符规。颍川鄢陵（今属河南）人。晋明帝妻庾后之兄。任丞相参军，封为都亭侯。传见《晋书》卷七十三。　③殷浩：字渊源，东晋陈郡长平（今河南西华东北）人。征西将军庾亮引为记室参军，累迁司徒左长史。　④胡床：又称交床、交椅、绳床、马扎，是古时一种可以折叠的轻便坐具。从西域传入，故有此名。

梁园　在今归德府城东①，一名梁苑，或云即兔园。梁孝王集诸游士于此②，尝于忘忧馆设宴，使枚乘赋柳③，路侨如赋鹤，公孙诡赋文鹿④，邹阳赋酒⑤，公孙乘赋月⑥，羊胜赋屏风⑦。韩安国赋几不成⑧，邹阳代之，因罚酒。枚乘诸人，各赐绢五匹。

[注释]

①归德府：府治今河南商丘。　②梁孝王：即刘武（前184?~前144）：汉文帝嫡次子。封为梁王，谥号为孝，故号梁孝王。　③枚乘（？~前140）：字叔，西汉辞赋家。秦时为古淮阴人。　④公孙诡（？~前148）：西汉时人，多奇邪计。初见梁孝王，赐千金，官至中尉，号曰公孙将军。　⑤邹阳：散文家，齐人，西汉时期有名的文学家。　⑥公孙乘：约汉武帝建

元初年前后在世。　⑦羊胜：齐国人。因被追究刺杀袁盎事，自杀于汉景帝中元二年（前148）。　⑧韩安国（？～前127）：西汉大臣，字长孺。梁国成安人，迁居睢阳。官至御史大夫。

郎官湖　李白诗序：尚书郎张谓①，出使夏口②，牧宰舣于江城南湖③。方夜，水月如练④，清光可掇⑤。张公殊有胜概，四望超然，乃顾白曰："此湖古来贤豪游者非一，而枉践佳景，寂寞无闻。请为我标以佳名，俾传不朽⑥。"白因举酒酌水，号之曰"郎官湖"，亦郑圃之有仆射陂也⑦。

[注释]

①张谓（？～777）：字正言，唐代河内（今河南沁阳）人。官至礼部侍郎，三典贡举。其诗多饮宴送别之作。李白在流放夜郎途中遇大赦，得到放还，逆江而上。当时李白的故友尚书张谓巡视汉阳，特邀李白来汉阳。这年八月中秋节，张谓在汉阳的湖亭上设宴招待李白。李白诗名《泛沔州城南郎官湖》。　②夏口：古地名，位于汉水下游入长江处，由于汉水自沔阳以下古称夏水，故名。　③牧宰：泛指州县长官。州官称牧，县官称宰。为迎接流放归来的李白，沔州牧杜公、汉阳令王公都来捧场。　④练：白绢。　⑤掇（duō）：拾取，摘取。　⑥俾（bǐ）：使。　⑦郑圃：古地名，郑之圃田在今河南中牟西南。相传为先秦思想家列子所居。仆射：魏晋南北朝至宋尚书省的长官。陂（bēi）：池塘，湖。

绛雪堂　在湖广彝陵①。欧阳公曾知是州②，堂下红梨花盛开，公常造饮焉，以有"绛雪尊前舞"句③，因名。

[注释]

①湖广彝陵：今湖北宜昌。　②欧阳公：欧阳修（1007～1072），北宋仁宗景祐三年（1036），因直言论事贬知彝陵。知是州：做这个州的知州。

③绛雪：红色的红梨树花。红梨树是类似蔷薇、海棠的乔木树种，树干高大，枝叶繁茂，初夏时节绽开殷红的花。欧阳修诗句见《千叶红梨花》。

醉翁亭　北轩主人曰：欧阳文忠知滁州①，明不及察②，宽不至纵③，吏民安之，郡以大治。自号醉翁，特其寓托，真醉翁之意不在酒也。

[注释]

①欧阳文忠：欧阳修。谥号文忠，世称欧阳文忠公。滁州：今属安徽。欧阳修庆历五年（1045）十月二十二日到滁州任太守，庆历八年（1048）闰正月朝廷诏徙知扬州，二月离开滁州，前后在滁州计约两年零四个月的时间。　②明不及察：明辨而不至于过分。察，察察，明辨、清楚、洁净的样子。　③宽不至纵：宽容而不至于放纵。

平山堂　欧阳公知扬州时建，上据蜀冈①，下临江，壮丽为淮南第一。夏月，公每携客堂中，遣人走邵伯②，折荷花百朵，插四座，命妓以花传客饮酒，往往载月而归。堂左右竹树参天，坐者忘暑。

[注释]

①蜀冈：地名，在今江苏扬州市区西北。　②邵伯：地名，在今江苏江都市仙女镇北。

龙山　《世说》①：孟嘉为桓温参军②，九日，温宴龙山，僚佐毕集③。风吹嘉帽落，不觉，温令孙盛作文嘲之④。嘉请笔作答，了不经思⑤，文辞超卓，四座叹服。

[注释]

①《世说》：此处所记乃《世说新语》佚文。　②孟嘉：字万年，东晋

江夏人。吴司空宗曾孙也。历官从事中郎、长史。桓温（312～373）：字元子，谯国龙亢（今安徽怀远）人。东晋重要将领及权臣、军事家。官至大司马、录尚书事。参军："参谋军务"的简称，最初是丞相的军事参谋。③僚佐：属官，属吏。 ④孙盛（302～373）：字安国，晋代太原中都（今山西平遥）人。著《魏氏春秋》20卷，《魏氏春秋异同》8卷，《晋阳秋》32卷。 ⑤了不经思：完全不用思索。了，完全。

乐游苑　在今江宁府覆舟山南①。汉、唐上巳、重阳俱于此禊饮。亦称乐游园。

[注释]

①江宁府：府治在今江苏南京。

辋川别业　《唐诗纪事》：王维得宋之问蓝田别墅①，在辋川谷口，有竹洲花坞。日与裴秀才迪②，浮舟赋诗。斋中惟茶铛、酒臼、经案、绳床而已③。

[注释]

①王维（692？～761）：字摩诘，祖籍祁（今山西祁县），迁至蒲州（今山西永济）。唐朝诗人，外号"诗佛"。官至尚书右丞，世称"王右丞"。今存诗400余首。宋之问（约656～约713）：一名少连，字延清。汾州（今山西汾阳）人，一说虢州弘农（今河南灵宝）人。唐代诗人。历官洛州参军、尚方监丞、左奉宸内供奉等。蓝田：今属西安市。王维辋川别墅在县城南几里，终南山下，此处水流交会如辋，故名。 ②裴秀才迪：名叫裴迪的当地秀才，王维有诗《辋川闲居赠裴秀才迪》。 ③茶铛：煎茶用的釜。酒臼：酒坛。经案：摆放经书的案台。绳床：唐代自印度传入的坐具，有靠背，可垂足。如椅子也可称绳床。

太白酒楼　李白游任城时①，贺知章为令，觞白于此②。任城即今之济宁也。

[注释]

①任城：地名，今为山东济宁的一个区。　②觞：此处用作动词，以酒筵招待。

聚星堂　在颍州①，欧阳永叔建。东坡尝于雪夜宴客堂中，忽忆欧公守颍日②，雪中约客赋禁体诗③，叹曰："四十年无有继者，仆以老门生继公后，而公之二子又适在郡，亦奇事也。"因举前令④，各赋一篇，以为汝南故事。

苏轼像

①颍州：地名，今为安徽阜阳的一个区。　②守颍：欧阳修43岁时任颍州太守。　③禁体诗：一种遵守特定禁例写作的诗。　④举前令：效仿欧阳修先前的禁令。北宋皇祐二年（1050），欧阳修在颍州任上与客作《雪》诗，约定禁用一些常见的语汇和意象，如玉、月、梅、练、絮等。欧阳修并且把这件事情记载在诗序中。若干年后，苏轼效仿欧阳修的禁令，先后写下两首雪诗：《江上值雪》与《聚星堂雪》。

赤壁　东坡与客泛舟游此。又东坡生日，置酒赤壁下①，酒酣，笛声起岸上。使人问之，乃进士李委，闻坡生日，作《鹤南飞曲》以献。奏曲嘹唳②，有穿云裂石之声。

[注释]

①赤壁：苏轼被贬为黄州（今湖北黄冈）团练副使的1082年秋、冬，先后两次游览了黄州附近长江边的赤壁。　②嘹唳（liáo lì）：形容声音响亮凄清。

稻孙楼　在无为州城上①。米元章曾知是州，秋日登楼宴集，见田禾青青可爱，问之，老农曰：稻孙也。稻已获，得雨复抽余穗。因喜而名其楼。

[注释]

①无为州：今安徽无为县。元代降无为路为州，治无为县。宋崇宁三年（1104），米芾受命任无为州权知军州事，暂时主持地方军队与民政事务。

桃李园　李白有《春夜宴桃李园序》①。

[注释]

①《春夜宴桃李园序》：李白与堂兄弟们在春夜宴饮赋诗，并为之作了

清黄慎《春夜宴桃李园图》

这篇序文。文曰："浮生若梦，为欢几何？"因而应当"秉烛夜游"，"飞羽觞而醉月"。

云山阁　在扬州府城西，宋守吕公著建①。值中秋落成，宴客其上。秦观以举子入谒②，吕素闻其才，请即席题句。秦诗末云③："二十四桥人望处④，台星已在广寒宫⑤。"一座叹赏。

[注释]

①吕公著（1018~1089）：字晦叔，北宋大臣，吕夷简之子，下蔡（今安徽凤台）人。拜尚书右仆射，兼中书侍郎，与司马光同心辅政。宋神宗元丰七年（1084），吕公著以资政殿大学士的身份出任扬州太守。　②举子：古代被推荐参加考试的读书人。　③秦诗：秦观赋诗《中秋口号》："云山檐楯接

低空，公宴初开气郁葱。照海旌幢秋色里，激天鼓吹月明中。香槽旋滴珠千颗，歌扇惊围玉一丛。二十四桥人望处，台星正在广寒宫。"本文所引与之稍异。　④二十四桥：指扬州。唐代杜牧有《寄扬州韩绰判官》："二十四桥明月夜，玉人何处教吹箫。"　⑤台星：三台星。《晋书·天文志上》："三台六星，两两而居，起文昌，列抵太微。一曰天柱，三台之位也。在人曰三公，在天曰三台，主开德宣符也。"因以喻指宰辅。此处喻指宰辅吕公著。广寒宫：神话传说中将嫦娥奔月后所居住的屋舍命名为广寒宫。

竹溪　《南部新书》①：李白少有逸才，志气宏放，飘然有超世之心，与鲁中诸生孔巢父、韩准、裴政、张叔明、陶沔隐于徂徕山②。日沉饮，号"竹溪六逸"。

[注释]

①《南部新书》：是北宋初钱易编撰成的一部小说选集，其内容和文字绝大部分来源于唐代的小说、杂史、杂传以及正史等书籍。钱易，生卒年不详，字希白，钱塘（今属浙江）人。钱惟演之从弟，吴越王钱镠之子。历官左司郎中、翰林学士。有《金闺集》、《瀛州集》、《西垣制集》、《青云总录》、《青雪新录》、《洞微志》。　②鲁中：今山东中部一带。孔巢父（？～784）：字弱翁，孔如次子，孔子三十七代孙，唐冀州（今河北衡水市冀州区）人。累官至给事中，河中、陕、华等州招讨使，兼御史大夫。徂徕山：又称龙徕山、驮来山，是泰山的姊妹山，位于今山东泰安岱岳区徂徕镇。

戏马台　在徐州。项羽尝戏马于此，因名。谢灵运、谢瞻并有《九日从宋公戏马台集送孔令》诗①。

[注释]

①谢灵运（385～433）：小名"客"，又称谢康公、谢康乐，会稽（今浙江绍兴）人，原为陈郡谢氏士族，东晋名将谢玄之孙。著名山水诗人，主要

徐州戏马台

创作活动在刘宋时代，中国文学史上山水诗派的开创者。谢瞻（383～421）：字宣远，一名檐，字通远，陈郡阳夏（今河南太康）人。曾任太子舍人、秘书丞。

　　南皮之游　曹丕《与吴质书》①："泛甘瓜于清泉，沉朱李于寒水。忆昔南皮之游②，不可忘也。"

[注释]

　　①曹丕（187～226）：曹魏高祖文皇帝，字子桓，沛国谯（今安徽亳州）人。三国时期著名的政治家、文学家，曹魏的开国皇帝，220～226年在位。吴质（177～230）：字季重，定陶人，三国时著名文学家，曹魏大臣，四友之一，在曹丕被立为太子的过程中，吴质出谋划策，立下大功。曹丕《与吴质书》追念旧情："二月三日，丕白：岁月易得，别来行复四年。三

年不见，东山犹叹其远；况乃过之，思何可支！虽书疏往返，未足解其劳结。"　　②南皮：地名，南皮之名起于春秋，今有南皮县，位于河北省东南部。

东山　在今江宁府城东南。谢安思会稽东山^①，于城东筑土以拟之。一名土山营。立楼馆，植林木甚盛。每携中外子姓^②，往来游集，肴馔日费百金^③。

[注释]

①会稽：郡名。会稽因浙江绍兴会稽山得名。相传夏禹大会诸侯于此计功，故名。　　②中外子姓：本族与近亲的众子孙。子姓，谓众子孙。　　③肴馔：丰盛的饭菜。

历下亭　少陵有《陪李北海宴历下亭》诗^①。

[注释]

①少陵：杜少陵，即杜甫。李北海：李邕。时任北海郡太守。文学家、书法家。历下亭：在今山东济南。本诗中名句有"海右此亭古，济南名士多"。

旗亭画壁　王之涣与王昌龄、高适事^①。

[注释]

①王之涣（688～742）：字季凌，晋阳（今山西太原西南），其高祖迁今山西绛县。盛唐时期诗人。担任文安县尉。王昌龄（690?～756?）：字少伯，京兆长安（今陕西西安）人。盛唐著名边塞诗人，后人誉为"七绝圣手"。任秘书省校书郎、汜水尉、江宁丞。高适（700～765）：字达夫、仲武，唐代蓨（今河北景县）人，居住在宋中（今河南商丘一带）。为唐代著

名的边塞诗人，与岑参并称"高岑"。《燕歌行》为其代表作。有《高常侍集》、《中兴间气集》。

据《集异记》记载"旗亭画壁"故事：

开元中，诗人王昌龄、高适、王之涣齐名。时风尘未偶，而游处略同。一日，天寒微雪，三人共诣旗亭，贳酒小饮，忽有梨园伶官十数人，登楼会宴。三诗人因避席偎映，拥炉火以观焉。俄有妙妓四辈，寻续而至，奢华艳曳，都冶颇极。旋则奏乐，皆当时之名部也。昌龄等私相约曰："我辈各擅诗名，每不自定其甲乙。今者，可以密观诸伶所讴，若诗人歌词之多者，则为优矣。"俄而，一伶拊节而唱曰："寒雨连江夜入吴，平明送客楚山孤。洛阳亲友如相问，一片冰心在玉壶。"昌龄则引手画壁曰："一绝句！"寻又一伶讴之曰："开箧泪沾臆，见君前日书。夜台何寂寞，犹是子云居。"适则引手画壁曰："一绝句！"寻又一伶讴曰："奉帚平明金殿开，且将团扇共徘徊。玉颜不及寒鸦色，犹带昭阳日影来。"昌龄则又引手画壁曰："二绝句！"之涣自以得名已久，因谓诸人曰："此辈皆潦倒乐官，所唱皆巴人下里之词耳！岂阳春白雪之曲，俗物敢近哉？"因指诸妓之中最佳者曰："待此子所唱，如非我诗，吾即终身不敢与子争衡矣！脱是吾诗，子等当须列拜床下，奉吾为师！"因欢笑而俟之。须臾，次至双鬟发声，则曰："黄河远上白云间，一片孤城万仞山。羌笛何须怨杨柳，春风不度玉门关。"之涣即揶揄二子，曰："田舍奴！我岂妄哉？"因大谐笑。诸伶不喻其故，皆起诣曰："不知诸郎君，何此欢噱？"昌龄等因话其事。诸伶竟拜曰："俗眼不识神仙，乞降清重，俯就筵席！"三子从之，饮醉竟日。

玉山佳处　　《松江府志》[①]：顾阿瑛少轻财结客[②]，豪宕自许[③]。年三十，始折节读书[④]，筑别业于茜泾西，曰玉山佳处，日宴客赋诗其中。若河东张翥、会稽杨维桢、天台柯九思、方外张伯雨辈[⑤]，皆乐与之游。其园亭图史[⑥]，及饩馆声伎[⑦]，并甲一时。

[注释]

①松江：古称华亭，别称云间，今上海市松江区，位于市区西南，黄浦

江上游。　②顾阿瑛（1310～1369）：名瑛，一名仲瑛，字德辉，号金粟道人，曾授会稽教谕，不就。其才性高旷，精于音律，筑别业于茜泽西（今江苏昆山正仪镇东亭），建筑群总称为"玉山佳处"，而这些聚会被称为"玉山雅集"。　③豪宕：气魄大，直爽痛快。自许：自己称许自己。④折节：改变原来的志趣行为。　⑤河东：代指今山西。因山西在黄河以东，故有此称。张翥（1287～1368）：字仲举，元代晋宁（今山西临汾）人。诗文甚有名气。任国子助教、翰林学士承旨。杨维桢（1296～1370）：字廉夫，号铁崖、铁笛道人，又号铁心道人、铁冠道人、铁龙道人、梅花道人等，晚年自号老铁、抱遗老人、东维子，诸暨（今属浙江）枫桥全堂人。与陆居仁、钱惟善合称为"元末三高士"。历任天台县尹、杭州四务提举、建德路总管推官，后隐居。元末明初著名文学家、书画家。有《东维子文集》、《铁崖先生古乐府》行世。柯九思（1290～1343）：字敬仲，号丹丘生、五云阁吏，元代台州仙居（今属浙江）人，著名书画家。方外：世俗之外，旧时指神仙居住的地方。此处指方外之人，指代修道者或僧人。张伯雨：元代时的神仙道教人物。他做道士后更加仰慕齐梁"华阳隐居"陶弘景的风范，因而自号"句曲外史"，以明自己仿隐居高蹈、效弘景真风之志趣。　⑥图史：图书和史籍。　⑦饩馆：餐饮招待场所。饩，赠送食物。声伎：旧时宫廷及贵族家中的歌姬舞女。

黄公垆①　嵇阮辈多醉此。

[注释]

①黄公垆："黄公酒垆"的略称，晋代名士嵇康、阮籍等人的纵饮场所。

杏花村　在池州府秀山门外①。杜牧之诗②："借问酒家何处有，牧童遥指杏花村。"即此。

[注释]

①池州：今属安徽，位于安徽省西南部。　②杜牧之诗：《清明》。诗中“杏花村”何指，本处是一说，另有山西汾阳、湖北麻城均称是本地。汾阳最早注册“杏花村”商标。

卷三　名　人

古来酒人多矣，第取其深得杯中趣而无爽德者①。“我有旨酒”②，呼之欲出。次名人第三。

[注释]

①第：只是。爽德：失德。　②我有旨酒：《诗经·小雅·鹿鸣》：“我有旨酒，以燕乐嘉宾之心。”旨酒，美酒。

陶渊明　《北轩诗话》：渊明于酒，无事不韵，即其诗中言酒者甚多，皆天真流溢。觞酌之外，别有领会。虽属笃嗜，竟若偶尔寄情者。东坡诗：“琴里谁能知贺若①，酒中自合爱陶潜②。”明高逊志诗③：“莫道先生浑不醒④，醉中犹记义熙年⑤。”洵千古酒人第一⑥。

[注释]

①贺若：琴曲名。相传出于唐代琴师贺若夷，或云出于隋代贺若弼，故名。②自合：自应，本该。陶潜：即陶渊明。此二句诗见苏轼《听武道士弹贺若》。他本此二句作“琴里若能知贺若，诗中定合爱陶潜”。　③高逊志：字士敏，萧县（今属安徽，位于安徽省最北部）人，乔寓嘉兴（今属浙江）。约1383年前后在世。元末，为郧山书院山长。入明，征修元史，入翰林，召为太常少卿。有《啬斋集》2卷。　④浑：全，整个。　⑤义熙：东晋安帝司马德宗使用的年号（405~418）。此处指陶渊明犹然不忘记自己生活的时代，关切着政治。　⑥洵：诚实，实在。

明王仲玉《陶渊明像》

杨子云^①　　《抱朴子》^②：扬雄酒不离口，而《太玄》乃就^③。

[注释]

①杨子云：即扬雄。　　②《抱朴子》：东晋葛洪撰。葛洪（约281～341），字稚川，两晋时学者、文学家。丹阳句容（今属江苏）人。曾为司徒王导主簿，又被征为散骑常侍、领大著作，不就。后赴广州，在罗浮山炼丹。本书总结了战国以来神仙家的理论，从此确立了道教神仙理论体系；又继承魏伯阳炼丹理论，集魏晋炼丹术之大成；它也是研究我国晋代以前道教史及思想史的宝贵材料。　　③《太玄》：西汉扬雄比照《周易》而作，谈论哲学问题。玄，原作"元"，是避讳改字，今已径改。

郑康成　　北轩主人曰：康成，东汉醇儒^①。其饮酒事止于袁绍饯行^②，见其德量。士君子亦务为学耳^③，何必以酒名哉？

[注释]

①醇儒：学识精粹纯正的儒者。　　②袁绍饯行：袁绍为郑玄（康成）饯行，从早上到傍晚，郑玄饮300多杯，而始终温和自持，没有醉态。《世说新语·文学》"郑玄在马融门下"刘孝标注引《郑玄别传》："袁绍辟玄，及去，饯之城东。欲玄必醉，会者三百余人，皆离席奉觞，自旦及莫，度玄饮三百余杯，而温克之容，终日无怠。"　　③士君子：士人君子，有学问而品德高尚的人。

孔融　　字文举，为北海相^①。陆龟蒙诗^②："思量北海徐刘辈，枉向人间号酒龙。"北海谓融；徐，徐邈；刘，刘伶也。清雪居士诗："延龄已觅西山药^③，爱客还飞北海觞。"

①北海：北海郡，指现在的山东潍坊。相：地方长官。 ②陆龟蒙（？～881）：字鲁望，别号天随子、江湖散人、甫里先生，唐吴县（今江苏苏州）人。曾任湖州、苏州刺史幕僚，后隐居松江甫里，编著有《甫里先生文集》等。 ③延龄：延年益寿。

徐邈 清雪居士曰：景山学博而行洁，虽有中圣人之好①，未可与沉缅者一例论也。

[注释]

①中圣人之好：饮酒的嗜好。中圣人，典出《三国志·魏志·徐邈传》：曹操严禁饮酒。徐邈身为尚书郎，私自饮酒，违犯禁令。当下属问询官署事务时，他竟然说"中圣人"，意思是自己饮了酒。因当时人讳说"酒"字，把清酒叫圣人、浊酒叫贤人。

嵇康 《北轩诗话》："山涛称嵇叔夜：'其醉也，傀俄若玉山之将颓然①。'其醉事竟无考，盖非荒于酒者。颜延之诗②：'中散不偶世③，本是餐霞人④。'观其生平，诚飘飘乎欲仙也。"

[注释]

①傀俄：即"巍峨"，高耸的样子。颓：崩塌。《世说新语·容止》：嵇康（叔夜）身长七尺八寸，风姿特秀。见者叹曰："萧萧肃肃，爽朗清举。"或云："肃肃如松下风，高而徐引。"山公曰："嵇叔夜之为人也，岩岩若孤松之独立；其醉也，傀俄若玉山之将崩。" ②颜延之（384～456）：字延年，南朝宋文学家。祖籍琅邪临沂（今属山东）。文章之美，冠绝当时，与谢灵运并称"颜谢"。嗜酒。有诗《嵇中散》："中散不偶世，本自（一作是）餐霞人。形解验默仙，吐论知凝神。立俗迕流议，寻山洽隐沦。鸾翮有时铩，龙性谁能驯。" ③中散：嵇康因曾做过中散大夫，故世称嵇中

散。不偶世：不合于时世。　④餐霞：餐食日霞。指修仙学道。

阮籍　刘弇诗①："业诗何水部②，耽酒阮兵曹③。"北轩主人曰：嗣宗辞曹爽之召④，却晋武之婚⑤，其胸中有介然不苟者⑥，饮酒特其寄耳。

[注释]

①刘弇（1048～1102）：字伟明，号云龙，宋代安福（今属江西）人。任著作佐郎、实录检讨官。著有《龙云集》、《云龙先生乐府》。　②业诗何水部：即南朝梁诗人何逊。因其曾兼任尚书水部郎，后世因称之为何水部。字仲言，东海郯（今山东郯城北）人，何承天曾孙，官至尚书水部郎。诗与阴铿齐名，世号"阴何"。文与刘孝绰齐名，世称"何刘"。明人辑有《何水部集》1卷。　③阮兵曹：即阮籍。　④嗣宗辞句：辅佐朝政的曹爽曾召阮籍为参军，他托病辞官归里。嗣宗，阮籍的字。　⑤却晋武之婚：司马昭开始想为司马炎（晋武帝）向阮籍提亲，阮籍连续醉了六十日，没法提说，只好算了。　⑥介然不苟：做事有主见，不附和别人。介然，耿介、高洁。不苟，不随便、不马虎。

刘伶　字伯伦。颜延之诗①：刘伶善闭关，怀情灭闻见②。鼓钟不足欢，荣色岂能眩③。韬精日沉饮④，谁知非荒宴。《颂酒》虽短章⑤，深衷自此见⑥。

[注释]

①颜延之诗：《五君咏五首》，其三为"刘参军"，即刘伶。收入《文选》卷二一。　②怀情灭闻见：《文选·颜延之》李周翰注："言（刘）伶怀情不发，以灭闻见，犹闭关却扫而无事也。"意谓闭门谢客，断绝与外界来往，不闻不见。　③荣色：比喻美好的容颜。眩：迷惑，迷乱。　④韬精：深藏精明。韬，藏匿。　⑤《颂酒》：刘伶的《酒德颂》。短章：指篇

南朝横印砖画《竹林七贤图》（局部）

幅较短的诗文篇章。　⑥深衷：内心深处。见：同"现"，出现，显露。

何充　字次道，能饮酒。雅为刘真长所赏①，每云"见次道，欲倾家酿"。言其温克也②。

[注释]

①雅：素常，向来。刘真长：即刘惔（约345年前后在世），字真长，世称"刘尹"，沛国相县（今安徽濉溪西北）人。卒年36岁。累迁丹阳尹。有文集2卷。　②温克：指喝醉酒后能温和地控制自己。

孔群　字敬修，事别见①。

[注释]

①事别见：《胜饮编》卷十三"消肠酒"条、卷十五"糟肉更堪久"条皆为孔群嗜酒事，可参看。

阮修①　字宣子。北轩主人曰：王衍尝与论《易》②，言约而旨畅。其于酒中，定得深趣。

①阮修（270~311）：字宣子，陈留尉氏（今属河南）人。好《周易》、《老子》，善于清言。　②王衍（256~311）：字夷甫，西晋琅邪临沂（今属山东）人。任中书令、司徒、太尉等要职，是著名的清谈家、魏晋名士，喜老庄。王衍在《周易》研究中有未透彻之处，在和阮修交谈之后，言简而意畅，深为解悟，对阮修十分敬佩。

孟嘉　字万年，北轩主人曰：此君小异，自是隽流①，不必于落帽时见其风韵也。

[注释]

①隽流：风雅之人。孟嘉落帽事，参见《胜饮编》卷二之"龙山"条。

张翰　字季鹰，时称"江东步兵"①。李白诗②："八月枚乘笔③，三吴张翰杯。"

[注释]

①江东步兵：阮籍好酒，曾为步兵校尉，人称"阮步兵"，因称张翰为"江东步兵"。张翰为江东（今江苏苏州吴江区）人。张翰纵酒自适，有人劝他："卿乃可纵适一时，独不为身后名邪?"张翰回答说："使我有身后名，不如即时一杯酒。"　②李白诗：《送友人寻越中山水》。　③八月枚乘笔：枚乘《七发》谓"将以八月之望，与诸侯远方交游兄弟，并往观涛乎广陵之曲江"，此时此情与李白送诸朋友往越地同。

阮孚①　字遥集。陈仲醇曰②：孚，八达中人③，虽狂于酒，仍有林下风味④。

①阮孚（278？～326？）：字遥集，阮咸第二子、阮籍的侄孙。东晋朝历任显官。与阮放、郗鉴、胡毋辅之、卞壸、蔡谟、刘绥及羊曼合称兖州八伯，阮孚为"诞伯"。　②陈仲醇（1558～1639）：号眉公、麋公。明代华亭（今上海松江区）人。文学家、书画家。隐居小昆山，后居东佘山，杜门著述，工诗。　③八达：原指三国魏诸葛诞等八位闻达之士，此处意为天下闻名人士。　④林下：林中幽僻之境，此处指退隐或退隐之处。

孔颙① 字思远。《宋书》："颙为府长史②，虽醉日居多，而晓明政事，醒时判决，未尝有壅③。众咸云：'孔公一月二十九日醉，胜世人二十九日醒也。'"

①孔颙：字思远，南朝宋会稽山阴（今浙江绍兴）人。历官至御史中丞。　②府长史：孔颙为安陆王冠军长史，又隋府转后军长史，共两次做府长史。　③壅：拥堵，停滞。

李元忠① 沈景倩曰②：声、酒之乐，二者难兼。此公求之即得，真幸事也。

①李元忠：见《觞政·八之祭》注释。　②沈景倩：沈德符，字景倩，又字虎臣，明秀水（今浙江嘉兴北）人。文学家。撰《万历野获编》，又有《飞凫语略》1卷、《敝帚轩剩语》4卷、《顾曲杂言》1卷，及《秦玺始末》1卷。

王绩 字无功，别号东皋子。初待诏门下省①，官给酒，例日给三升^②。陈叔达闻之^③，日给一斗，因号斗酒学士。

[注释]

①待诏：等待诏命，即随时听候皇帝的诏令。门下省：官署名称，魏晋至宋的中央最高政府机构之一。 ②升：折合成现行容量单位，一升约合今0.6升。 ③陈叔达（573~635）：字子聪，南朝陈吴兴长城（今浙江长兴）人，陈宣帝顼之子。封为义阳王。有文集15卷。

李太白 太白《自答湖州迦叶司马问白是何人》诗^①："青莲居士谪仙人^②，酒肆藏名三十春。湖州司马何须问，金粟如来是后身^③。"醉后文尤奇，称"醉圣"。

[注释]

①湖州：今属浙江，地处浙江省北部。迦叶司马：姓迦叶氏的司马。唐时湖州隶江南东道为上州，上州之佐职有司马一人，迦叶，即迦叶氏，西域天竺人，唐贞观中有泾原大将试太常卿迦叶济，这位湖州司马可能是其后裔。 ②青莲居士：李白自号。居士，在家修道者、居家道士。谪仙人：李白初到京城长安，遇著名诗人贺知章，贺知章一见李白，惊叹为"谪仙人"，谓是天上贬谪下来的神仙，气度非凡。见《唐诗纪事》卷十八李白《对酒忆贺监》序。 ③金粟如来：即佛教中之维摩诘大士。《维摩诘经》中说他是耶离城中一位大乘居士，和释迦牟尼同时，善于应机化导，为佛典中现身说法、辩才无碍的代表人物。后身：佛教有"三世"的说法，谓转世之身为"后身"。

清苏六朋《太白醉酒图》

贺知章　字季真，自号"四明狂客"①。事别见。

[注释]

①四明：四明山，在今浙江宁波一带。贺知章曾隐居于宁波月湖。传说他在此与老农樵叟为伍，与朗月清风做伴，赋诗饮酒，悠闲自适。《胜饮编》多处载贺知章事。为"饮中八仙"之一。

苏晋①　北轩主人曰：酒者，慈氏所戒②，晋能于醉中逃禅③，拈花秘旨④，如是如是⑤。

[注释]

①苏晋（676~734）：为吏部侍郎，终太子左庶子。数岁能属文，作《八卦论》。参见《胜饮编》卷四《韵事》相关条目。　②慈氏：即菩萨。菩萨旧称弥勒，梵语 Maitreya 音译，翻译为慈，故称慈氏。戒：佛教律条，泛指禁止做的事。　③逃禅：指借助于酒而逃出禅机。④拈花：佛教用语，指对禅理有了透彻的理解。宋·释普济《五灯会元·七佛·释迦牟尼佛》记载：释迦牟尼佛在灵山会上，拈花示众，这时众人皆默然不知其意，唯独迦叶尊者破颜微笑，心领神会。秘旨：深奥的含义、隐秘的意旨。　⑤如是如是：就是这样的，就是这样的。佛经中所用此语"如是如是"，意为这个世界所发生的一切都在佛的知解之中。

张旭①　字伯高，时称张颠，官长史。事别见。

[注释]

①张旭（675~750?）：字伯高，一字季明，唐朝吴（今江苏苏州）人。曾官常熟县尉、金吾长史。善草书，性好酒，世称张颠，也是"饮中八仙"之一。

崔宗之① 陈仲醇《题饮中八仙图》：安仁、叔宝②，无善饮名。如宗之美少年，酒间固不可少也。

[注释]

　　①崔宗之：名成辅，以字行。日用之子，袭封齐国公。历左司郎中、侍御史，谪官金陵。与李白诗酒唱和，常月夜乘舟，自采石达金陵。　②安仁：潘岳（247~300），字安仁，后人常称其为潘安，西晋文学家。祖籍荥阳中牟（今属河南）。美姿仪，为古代美男子之一。叔宝：卫玠（285~312），字叔宝，河东安邑（今山西夏县）人。魏晋之际著名的清谈名士和玄理学家。貌美如玉，时以"卫璧人"称之。

明唐寅《临李公麟饮中八仙图》（局部）

白乐天 清雪居士曰：乐天历仕皆以醉为号。为河南尹曰醉尹，谪江州司马曰醉司马①，及为太傅曰醉傅②，而总曰醉吟先生。有我家栗里之高情③，无竹林诸人之狂态。较之沉冥醉乡者④，清浊固自悬殊也。

[注释]

①江州：今江西九江。元和十年（815），两河藩镇割据势力联合叛唐，派人刺杀主张讨伐藩镇割据的宰相武元衡。白居易率先上疏请急捕凶手，以雪国耻。却被攻击为越职言事，遂以"伤名教"的罪名，将他贬为江州司马。任河南尹为830年。 ②太傅：白居易曾任太子太傅。太子太傅，古代职官，责任是以道德辅导太子，而谨慎地加以护翼。 ③栗里：地名。在今江西九江西南。晋陶潜曾居于此。 ④醉乡：唐王绩《醉乡记》所描绘喝醉之后昏昏沉沉、迷迷糊糊的境界。

焦遂 杜诗注①：焦遂口吃②，对客不能出一言。醉后酬对如注③，时目为"酒吃"。

[注释]

①杜诗：杜甫的诗。此处指《饮中八仙歌》："焦遂五斗方卓然，高谈雄辩惊四筵。" ②焦遂：唐朝一平民，以嗜酒闻名，与李白、贺知章、李适之、李琎、崔宗之、苏晋、张旭等人为酒友，并称"饮中八仙"。杜诗谓其饮酒五斗之后卓然超群，全然不再口吃，高谈阔论惊动四座。 ③酬对：应酬答对。如注：形容像大雨一样喷射浇灌。注，灌下。

元结① 字次山，官道州刺史。布衣居樊上时②，自号"酒民"。

[注释]

①元结（719～772）：字次山，号漫郎、聱叟。唐代河南（治今河南洛

阳）人。曾参与抗击史思明叛军，立有战功。明人辑有《元次山文集》。
②布衣：指平民百姓的最普通的廉价衣服，此处指普通人。樊上：元结隐居
在鄂州郎亭山下、樊水岸边的退谷中。

皮日休^①　字袭美，居襄阳，自号"醉士"。

[注释]

　　①皮日休（约838~约883）：字逸少，晚唐襄阳（今属湖北）人。诗
人、散文家，与陆龟蒙并称"皮陆"，有唱和集《松陵集》。

种放^①　《澄怀录》：放字明逸，至性嗜酒，尝种秫自酿^②。每
曰："空山清寂，聊以养和。"自号"云溪醉侯"。

[注释]

　　①种放（955~1015）：宋洛阳（今属河南）人。道士、画家。累拜给
事中，迁工部侍郎，召为左司谏。　②秫：黏性较大、出酒率较高的糯米。

段继昌　《三余杂记》：元段继昌能诗好饮，家甚贫而世事不
以挂口。以钱遗之者^①，尽送酒家。名酒曰黄娇。

[注释]

　　①遗（wèi）：给予，赠送。

许碏^①　《五色线》："唐末羽流许碏^②，游江淮间。尝醉吟曰：
'阆苑花前是醉乡^③，踏翻王母九霞觞。群仙拍手嫌轻薄，谪向人
间作酒狂。'后不知所终。"北轩主人曰：方外之人^④，其隽雅者最
宜作酒伴，第不可多得耳。

①许碏（què）：自称高阳人。少年为进士，多次举荐没有考中。晚年学道于王屋山，周游五岳名山洞府。后从峨眉山经两京，复自荆襄汴宋抵江淮，茅山天台、四明仙都、委羽武夷、霍桐罗浮，无不遍历。　②羽流：指道士。也作"羽客"。　③阆苑：也称阆风苑、阆风之苑，传说中在昆仑山之巅，是西王母居住的地方。在诗词中常用来泛指神仙居住的地方，有时也代指帝王宫苑。　④方外：世俗之外，旧时指神仙居住的地方。

张酒酒　《仙史》：道士张酒酒，得钱即以沽酒①，后入王屋山成仙②。

[注释]

①沽（gū）：买。　②王屋山：位于河南省西北部的济源市，东依太行，西接中条，北连太岳，南临黄河，是中国九大古代名山，也是道教十大洞天之首。

怀素①　唐僧，善草书者，醉后尤工。东坡诗："当有好事人，敲门求醉帖。"

[注释]

①怀素（725~785）：字藏真，僧名怀素，俗姓钱，唐代永州零陵（今属湖南）人。幼年好佛，出家为僧。书法史上领一代风骚的草书家。

可朋　《僧史》：诗僧可朋①，善酒，自号"酒朋"，又称"醉髡"②。

[注释]

①可朋（896?~963）：唐代眉州丹棱县（今属四川）人。幼年聪慧过

人，晚年出家于丹棱县城南九龙山竹林寺。世称"醉酒诗僧"。曾积酒债无以偿还，常借诗朋好友之资以度岁月。与卢延让、欧阳炯、方干、齐己、贯休为诗友。所写诗千余首，汇编成书，名为《玉垒集》。　②髡（kūn）：古代一种剃去头发的刑罚，此处指削发的僧尼。可朋自嘲为"醉髡"。

法常　《霏雪录》：河阳释法常①，性英爽，酷嗜酒。无寒暑风雨常醉，醉即熟寝，觉即朗吟曰："优游曲世界②，烂漫枕神仙③。"谓人曰："酒人虚无，酒地绵邈④。酒国安恬⑤，无君臣贵贱之拘，无财利之图，无刑罚之避。陶陶焉⑥，荡荡焉⑦，其乐不可得而量也。转而入于飞蝶都⑧，则又蒙腾浩淼而不思觉也⑨。"

[注释]

①河阳：今河南孟州西。法常：号牧溪。生卒年不详，活跃于13世纪60~80年代之际。画家、僧人。南宋蜀人。曾因反对奸相贾似道而遭通缉。

②曲：酒曲。此处指酒。　③烂漫：放浪。　④绵邈：辽远。　⑤安恬：安逸恬适。　⑥陶陶：欢乐怡情的样子。　⑦荡荡：宽广无边的样子。⑧飞蝶：蝴蝶。　⑨蒙腾：懵懂、神志不清醒的样子。

卷四　韵　事

曲君风致①，已是不俗，周旋其间，举动必与相称②。不则即以名人所为③，亦无取焉。次韵事第四。

[注释]

①曲君：有酒瘾的人。　②相称：相配合。　③不（fǒu）则：否则。

公田种秫　《世说》："陶潜为彭泽令①，公田三百亩②，悉令吏种秫。妻子固请种粳③，乃使二顷五十亩种秫，五十亩种粳。"张耒诗④："何当共有种秫田⑤，免向官垆走书帖⑥。"

[注释]

①彭泽：县名，今属江西省九江市。　②公田：国家直接控制的土地。③粳（jīng）：一种黏性较小的稻。适合做饭食用。　④张耒（1054~1114）：字文潜，号柯山，祖籍亳州谯县（今安徽亳州谯城区），后迁居楚州淮阴（今江苏淮安淮阴区西南）。为苏门四学士之一。有《柯山集》50 卷、《拾遗》12卷、《续拾遗》1 卷。本文所引出自《对雪呈仲车》诗，诗中有酒："囊空甑倒谁复救，典衣买酒将空箧。人间万事苦难齐，以醉驱愁最奇捷。丈夫未死谁能测，幽忧何自同儿妾。饮酣耳热诗兴豪，直上虚空恣凌蹑。饥喉冻噤谁与解，正藉醺酣得嚅嗫。少年举白未尝辞，渐老深杯见还怯。何当共有种秫田，免向官垆走书帖。"　⑤何当：何妨，何如。　⑥官垆：官家的酒店。书帖：书札，柬帖。

钱送酒家　《渊明本传》："颜延之为始安郡①，经过浔阳②，日造渊明酣饮③。临别，留二万钱，渊明悉遣送酒家，稍就取酒④。"放翁诗："好事时供沽酒费，拥途争笑插花颠⑤。"

[注释]

①始安郡：治所在始安（今广西桂林）。宋少帝时颜延之出京任始安郡太守。　②浔阳：今江西九江。　③造：前往。　④稍：随即，随后。就：前往，前去。　⑤拥途：拥挤于道途，路上挤满了人。插花颠：头上插花。古人重阳节有簪菊的风俗，但老翁头上插花却不合时宜，作者借这种不入俗眼的举止，写出一种不服老的气概。此处诗句出自陆游《杂兴》。

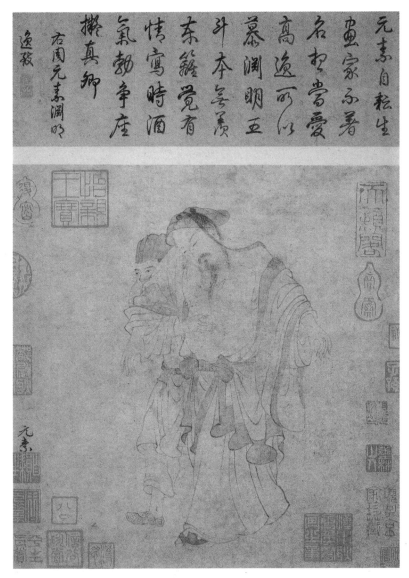

明周位《渊明逸致图》

野饮 《靖节集》：渊明家贫，不能常饮，亲友置酒招之，造饮辄尽。既醉而退，曾不吝情去留②。所与饮，多田野渔樵之人，班坐其间③。

[注释]

　　①《靖节集》：陶渊明的文集，渊明谥号靖节先生。　②吝情：顾惜，顾念。　③班：同"斑"，杂色。

　　菊边共饮　《续晋阳秋》①：陶潜重阳日无酒，坐菊花中。见白衣人担酒至，乃王宏送酒也，遂于菊边共饮。

[注释]

　　①《续晋阳秋》：一作《晋阳秋》（《旧唐志》），20卷。南朝宋檀道鸾撰。檀道鸾，字万安，高平金乡（今属山东）人，为国子博士，官至永嘉太守。该书记述东晋一代史事，久佚。今有黄奭辑本。

　　我醉欲眠　《渊明别传》：人造潜①，有酒辄设。潜若先醉，便曰："我醉欲眠，卿且去。"北轩主人曰：此惟渊明则可。

元钱选《扶醉图》

①造：造访，拜访。

葛巾漉酒^①　　亦渊明事。杜诗："谢氏寻山屐^②，陶公漉酒巾。"王绩诗："野觞浮郑酌^③，山酒漉陶巾。"

[注释]

①葛巾：古时用葛布做的头巾。漉（lù）：过滤。晋朝人酿造的酒还很浑浊，需要使用器皿工具过滤。陶渊明为了快捷而饮，摘下头巾当过滤网。②谢氏：谢安（320~385），东晋杰出的政治家、著名军事家和文人，字安石。谢安在淝水之战中指挥若定，胜利之后，尽力掩饰内心的激动，但是过门槛的时候，将木屐齿折断了却浑然不知。　③郑酌：谓像郑玄那样狂饮。郑指郑玄。袁绍送别时，郑玄饮 300 余杯，而温克自持，终日不曾懈怠。

与虎贲饮　《世说》：孔融与蔡邕善^①，邕卒，有虎贲貌类邕^②，每引与同饮曰^③："虽无老成人^④，尚有典型^⑤。"

[注释]

①蔡邕（133~192）：字伯喈，陈留圉（今河南杞县西南）人，东汉文学家、书法家。汉献帝时曾拜左中郎将，故后人也称他"蔡中郎"。善：友善，交好。　②虎贲：卫士，勇士。类：（面貌）相像。　③引：招来，邀请。　④老成人：特指旧臣，此处指老朋友。典出《诗·大雅·荡》："虽无老成人，尚有典刑。"　⑤典型：旧法，常规。

求为步兵校尉　《世说》：阮籍闻步兵营人善酿，尝贮酒三百斛，乃求为步兵校尉^①。

①步兵校尉：官名，掌领宿卫兵。

求为太常卿① 《北齐书》②：李元忠为太常时，惟以声酒自娱。后自中书令③，复求为太常卿，以其有音乐而多美酒也。

[注释]

①太常卿：古代官名，掌宗庙礼仪。 ②《北齐书》：唐朝史家李百药撰，属纪传体断代史，共 50 卷，记载北魏分裂前十年左右下讫北齐亡国，前后 50 余年史实，而以记北齐历史为主。 ③中书令：官名，帮助皇帝在宫廷处理政务，负责直接承转"封事"（加封的密件）。

求为太乐丞① 《王绩传》②：绩闻太乐署有吏焦革，善酝酒③，求为丞。吏部以非流不许④，绩固请曰："有深意。"竟除之，自是太乐丞为清流⑤。

[注释]

①太乐丞：古代官名，掌音乐之官，负责礼乐方面事宜。下文的太乐署是执掌音乐的政府机关。 ②《王绩传》：《新唐书·王绩传》，卷一百九十六。 ③酝酒：酿酒。 ④非流：流外之官，也即冗滥之职。古代官制，九品以内为流内，九品以外为流外，由流外进入流内为"入流"。 ⑤清流：喻指德行高洁负有名望的士大夫。

金貂换酒① 《晋书》②：阮孚为散骑常侍③，以金貂换酒，帝特宥之。

[注释]

①金貂：汉以后皇帝左右侍臣帽子上的装饰物。 ②《晋书》：《晋书》

卷四十九《阮孚传》。阮孚为饮酒史上"兖州八伯"之一，人称"诞伯"。

③散骑常侍：官名，为皇帝侍从，以士人任职。入则规谏过失，备皇帝顾问，出则骑马散从。

金龟换酒　《青莲集》：贺知章于长安紫极宫，一见李白，呼为"谪仙人"，因解金龟换酒为乐①。杜诗："银甲弹筝用②，金鱼换酒来。"

[注释]

①金龟：袋名，唐代官员的一种佩饰。　②银甲：银制的假指甲，套于指上，用以弹筝或琵琶等弦乐器。

卷两褥质酒①　《北史》②：李元忠位仪同三司③。孙腾、司马子如诣之④，正坐树下，引壶独酌⑤。使婢卷两褥质酒，二人大叹息，各饷以米绢⑥，元忠受而散之。

[注释]

①质：抵押。　②《北史》：唐代李延寿汇合并删节记载北朝历史的《魏书》、《北齐书》、《周书》而编成的纪传体史书。　③李元忠：北魏邢州柏人县（治今河北隆尧西）人。袭爵平棘子。曾拜南赵郡太守，好酒，无政绩。仪同三司：谓虽然不是三司而仪制相同于三公，可以建公府，自选僚属。汉称太尉、司徒、司空为三司。　④孙腾：字龙雀，咸阳（今属陕西）人。官至侍中。司马子如：字遵业，河内温（今河南温县）人。官至司空、太尉。诣（yì）：前往，到。　⑤壶：古人所谓的"壶"和今人称之为"瓶"的形象相似，无壶把。　⑥饷：赠送。

鹔鹴裘贳酒①　司马相如事②。

　　①鹔鹴（sù shuāng）裘：相传为汉代司马相如所穿着的裘衣。用鹔鹴鸟的皮制成。一说，用鹔鹴飞鼠的皮制成。鹔鹴，古代传说中的西方神鸟。贳（shì）：赊欠（换取）。　②司马相如事：《史记·司马相如列传》：家贫，以鹔鹴裘贳酒。

　　贳袍还酒债　《江表传》①：孙权叔济嗜酒②，尝曰："寻常行坐处③，欠人酒债，欲贳此缊袍偿之④。"杜诗"酒债寻常行处有"本此⑤。乐天诗："占花租野寺，定酒典朝衣。"又梅圣俞诗："脱袍准酒不惜醉。"

[注释]

　　①《江表传》：西晋人虞溥著，已散逸，仅存于裴松之注《三国志》中。　②孙权（182~252）：字仲谋，祖籍吴郡富春（今浙江富阳），生于下邳（治今江苏睢宁北）。三国时期吴国的开国皇帝。济：孙济，孙权的叔父。　③行坐：或行或坐，指所到的地方。　④缊（yùn）：新旧混合的丝绵。　⑤杜诗：杜甫的《曲江》其二："朝回日日典春衣，每日江头尽醉归。酒债寻常行处有，人生七十古来稀。穿花蛱蝶深深见，点水蜻蜓款款飞。传语风光共流转，暂时相赏莫相违。"行处：所到之处。

　　祠部还酒债①　《石林诗话》②：俞澹晓音律③，荆公喜之④。一日云："欲为浮屠⑤，无钱买祠部。"公欣然为买之。约日祝发⑥，过期寂然⑦。公问之，澹曰："僧亦不易为，祠部已送酒家还债矣。"

[注释]

　　①祠部：官署名，执掌有关祭祀的事务。此处所指实为祠部牒，祠部所颁发的度牒。唐宋以后，祠部发给或售给出家人以凭证，可免地税及徭役。

②《石林诗话》：作者叶梦得，是宋诗话中一部重要诗话，又称《叶先生诗话》。主要记录北宋诗坛掌故、轶事，同时也有作者的审美评价。③俞澹：字清老，金华（今属浙江）人。紫芝弟。晓音律，能歌好酒，曾欲为僧，不遂而止。与兄皆不娶，晚年作《渔家傲》等词。　④荆公：王安石曾被封为荆国公，号荆公。　⑤浮屠："佛陀"的异译。佛教为佛所创，古人因称佛教徒为浮屠。　⑥祝发：削发出家为僧尼。　⑦寂然：悄无声息，没有动静。

　　载酒问奇　扬雄事①。刘克庄诗②：幸然不识聱牙字③，省得闲人载酒来。

[注释]

　　①扬雄事：汉代扬雄家十分贫穷，嗜好饮酒，人们很少上门拜访他。有时有好事者用车载着酒肴跟从他游学。后来就以"载酒问奇字"谓人勤奋好学。　②刘克庄（1187～1269）：字潜夫，号后村。南宋莆田（今属福建）人。官至权工部尚书，升兼侍读。诗人、词人、诗论家。　③聱（áo）牙字：艰涩难读的文辞。聱牙，文句别扭，读不上口。唐韩愈《进学解》："周《诰》殷《盘》，佶屈聱牙。"是说《尚书》中的《周诰》、《殷盘》文字艰涩难懂，十分拗口。

　　投辖①　陈遵事②。

[注释]

　　①投辖：抽去车轴的键。辖：车轴的键，抽去客人的车辖则车不能行，客人不得去。比喻主人留客的殷勤。《汉书·游侠传·陈遵》："遵耆酒，每大饮，宾客满堂，辄关门，取客车辖投井中，虽有急，终不得去。"　②陈遵：字孟公，西汉杜陵（今陕西西安）人。封嘉威侯。嗜酒，善书法，任河南太守，复为九江及河内都尉。

置驿^①　郑当时事^②。

[注释]

①置驿：设置迎宾之所，比喻好客。驿，驿站，旧时供传递公文的人中途休息、换马的地方。据《史记·汲黯郑当时列传》，郑当时每五天休假的时候，常在长安的城郊朋友之处存放马匹，以邀请和酬谢宾客，夜以继日，直至次日凌晨，还常恐怕应酬不周。　②郑当时：字庄，西汉景帝、武帝时人，居陈（今河南淮阳）。以任侠闻名。官至大司农。

刻烛赋诗^①　齐竟陵王萧子良事^②。

[注释]

①刻烛赋诗：用刀在蜡烛上刻痕，限定蜡烛烧的时间，同时提笔作诗定时完成。形容才思敏捷。典出《南史·王僧孺传》：南齐竟陵王萧子良，常常在夜间邀集文人学士，刻烛赋诗，规定烛烧一寸，诗成四韵。　②萧子良（460~494）：字云英，南朝齐南兰陵（治今常州西北）人，封竟陵文宣王。为齐武帝萧赜的次子。

据地歌^①　《史记》：东方朔为郎^②，酒酣，据地歌曰："陆沉于俗^③，避世金马门^④。何必深山之中，蒿芦之下^⑤。"

[注释]

①据地：趴在地上。　②东方朔（前161或前162~前93）：字曼倩，平原厌次（今山东省德州市陵城区东北，一说今山东省惠民县东）。上书自荐，诏拜为郎。后任常侍郎、太中大夫等职。性格诙谐，言词敏捷，滑稽多智，常在武帝前谈笑取乐，直言切谏。东方朔事《史记》记载在《滑稽列传》中。　③陆沉：陆地无水而下沉。喻沦落。　④金马门：宦者衙署的

门，大门旁边有铜马，所以叫作"金马门"。 ⑤蒿芦：当作蒿庐，草屋茅舍。

名姬佐酒 《唐诗纪事》：刘禹锡以集贤学士至京①，司空李绅罢镇归②，禹锡过之③，出名姬佐酒。酒酣，禹锡赋诗云："高髻云鬟宫样妆④，春风一曲杜韦娘⑤。司空见惯浑无事⑥，恼乱苏州刺史肠⑦。"一作杜鸿渐镇洛，禹锡为苏州刺史，过之，出二妓为宴。酒酣，命妓乞诗，因有是作。张说诗⑧："寄目云中雁⑨，留欢酒上歌。"乐天诗："过酒玉纤纤⑩。"又："客听歌送十分杯。"欧阳永叔诗："艳舞回腰飞玉盏⑪，清吟拥鼻对冰蝉⑫。"东坡诗："试问高吟三十韵，何如低唱两三杯。"

[注释]

①刘禹锡（772～842）：字梦得，彭城（今江苏徐州）人，唐代中期诗人、文学家和哲学家。政治上主张革新，是王叔文派政治革新活动的中心人物之一。官至检校礼部尚书。后被贬为朗州司马、连州刺史。有《天论》，诗文都收存在《刘宾客集》。集贤学士：集贤院学士。唐代中书省下设集贤院，设学士（或称大学士），负责修撰、整理、校勘经籍图书。 ②司空：官职名。隋唐虽设司空，为三公之一，但仅是一种崇高的虚衔。李绅（772～846）：字公垂，唐代润州无锡（今属江苏）人。任尚书右仆射门下侍郎，封赵国公。居相位四年。作有《乐府新题》20首，已佚。罢镇归：从淮南节度使任上罢归，做集贤学士。 ③过：拜访，拜见。 ④高髻（jì）：古代妇女发式，又称"峨髻"，是指髻式相对高耸的称谓。髻，在头顶或脑后盘成各种形状的头发。云鬟：高耸的环形发髻。 ⑤杜韦娘：词牌名。⑥司空见惯：李司空对这样的事情，已经见惯，不觉得奇怪了。 ⑦苏州刺史：刘禹锡自指。这时刘禹锡正在苏州刺史的任上。 ⑧张说（667～731）：字道济，一字说之。原籍范阳（今河北涿州），世居河东（今山西永济），徙家洛阳。任兵部尚书，知政事，后为集贤院学士、尚书左丞相。有文集

30 卷。 ⑨寄目：观看，注视。 ⑩过酒：使酒液与沉淀物分离所做的净酒程序。玉纤纤：形容美人的手洁白纤细的样子。 ⑪回腰：转动身腰。⑫拥鼻：即"拥鼻吟"，指用雅音曼声吟咏。冰蝉：指月亮。

杖头钱 《世说》：阮修尝步行，以百钱挂杖头，至酒店，便独酣畅。刘后村诗①："水郭烟村谁是伴，孔方兄与竹方兄②。"

[注释]

①刘后村：即刘克庄（1187～1269），初名灼，字潜夫，号后村居士，莆田（今属福建）人。累官龙图阁学士。有《后村大全集》。 ②孔方兄：即钱的戏谑称号。古代的铜钱是一种辅助货币，一千个为一贯。在铸造时为了方便加工，常将铜钱穿在一根棒上，铜钱当中开成方孔方便固定。后来人们就称钱为"孔方兄"。竹方兄：挂钱的竹杖。

醉中逃禅 杜诗注：苏晋学浮屠术，得胡僧绣弥勒佛①，曰："是佛好饮米汁，正与吾性合，他佛吾不爱也。"往往于醉中逃禅。

[注释]

①弥勒佛：弥勒菩萨（梵语音译 Maitreya），佛教八大菩萨之一，是释迦牟尼佛的继任者，被尊称为弥勒佛。

倒著接䍦 山简事。杜诗："醉把青荷叶①，狂遗白接䍦②。"

[注释]

①青荷叶：用绿色荷叶制成的酒杯。 ②遗：遗失，掉落。白接䍦：用白鹭身上的长羽毛做装饰的白帽子。䍦，帽子。参见《胜饮编》卷十四"高阳池"条山简事。

头濡墨　《画谱》①：张旭善草书，称草圣。嗜饮，每大醉，呼叫狂走，乃下笔。或以头濡墨而书②，既醒，自视以为神。苏长公曰③："张长史草书，必俟醉，或以为奇，醒即天真不全，此乃长史未妙处，犹有醉醒之辨。若逸少何尝寄于酒乎④？仆亦未免此事。"又曰："吾醉后能作大草，醒后自以为不及。然醉中亦能作小楷，此乃为奇耳。"又曰："仆醉后尝作草书十数行，觉酒气拂拂从十指间出也。"《三余杂记》："张颠、怀素草书⑤，作于醉后犹得意。东坡不善饮，亦然。太白斗酒诗百篇，文亦多于醉后称奇。王勃属文，则酣饮引被覆卧，起即迅笔成之。又唐胡楚宾每作文⑥，半酣然后下笔。咄咄曲生⑦，果能助人笔兴乎？"

[注释]

①《画谱》：北宋宣和中《宣和画谱》，为宋徽宗内廷所藏历代名画的著录，下载图画。　②头濡墨：将头发蘸墨写字或作画。　③苏长公：苏轼。　④逸少：王羲之字逸少。　⑤张颠：张旭。　⑥胡楚宾（？～688？）：唐宣州秋浦（今安徽石台）人。与元万顷等被召入禁中，专任修撰，前后撰《列女传》等凡千余卷。高宗每令作文，必以金银杯盛酒令饮，便以杯赐之。终日宴饮，家无所贮。生性谨慎，醉后也不肯泄露禁中事。　⑦曲生：酒的别称。

好观人酣兴　《三余杂记》："后周长孙澄好客①，己不善饮，而好观人酣兴。每宴，常恐客归，别进异馔②。"《东坡集》："予饮酒终日，不过五合③，然性喜人饮酒。见客举杯徐引，则予胸中为之浩浩焉、落落焉④。酣适之味，乃过于客。或曰：'子无病而多蓄药，不饮而多酿酒，劳己以为人，何也？'予笑曰：'病者得药，吾为之体轻；饮者困于酒，吾为之酣适，盖专以自为也。'"素心子陶曰："明杨文毅守陈⑤，自言'平昔才无半斗而勤作文，饮仅数合而喜与客宴，行不能里许而好游'。隽人雅致⑥，亦自可见。"

[注释]

①长孙澄：字士亮，北朝时河南洛阳人。北周时拜大将军，封义门公，为玉壁总管。 ②异馔（zhuàn）：特别的饭食。馔，饭食。 ③五合：约半斤。 ④落落：坦率、开朗的样子。 ⑤杨文毅：杨绳武（1595~1641），字念尔，号翠屏人。官至翰林院庶吉士。有《鸱鸹集》、《淮游草集》、《茶花百韵》、《杨文毅公文集》。 ⑥隽人：杰出人物。隽，通"俊"，古时称千人为俊。

真率会　《霏雪录》：司马温公为真率会①，约酒不过数行②，食不过五味③，惟菜无限。

[注释]

①司马温公：司马光。真率：真诚坦率。 ②行：轮，巡。每人一杯轮流一过为一巡。 ③五味：五个品种。

德星聚　《世说》①：陈太丘诣荀朗陵②，无仆役。使子元方将车③，季方持杖。长文尚少，载著后车。既至，荀使叔慈应门④，慈明行酒⑤，余六龙下食⑥。文若亦小⑦，坐著膝前。其夜德星聚⑧。

[注释]

①《世说》：见《世说新语·德行》。 ②陈太丘：陈实，字仲弓，东汉河南颍川许昌（今属河南）人，当过太丘长，世称陈太丘公。陈实有六个儿子，长子陈纪（元方）与陈谌（季方）最为贤能。丘，本书讳作邱。荀朗陵：即荀淑，也是颍川人，曾在朗陵做过事，人称荀朗陵，也以德行著称于世。他有八个孩子，因教子有方，个个都很有出息，人称"八龙"。

③将车：驾车。　④叔慈：即荀靖，荀淑第三子，称荀三龙。不仕，号曰玄行先生。应门：在门口接待。　⑤慈明：即荀爽（128～190），字慈明，是"荀氏八龙"中的第六位。行酒：斟酒。　⑥六龙：六个儿子。下食：端菜上饭。　⑦文若：荀彧，字文若，是曹操部下著名的谋士。　⑧德星：古人以景星、岁星等为德星，认为国家有道有福或有贤人出现，则德星出现。

立杜康祠　《晋书·王绩传》：绩所居有盘石，立杜康祠祭之，而以己所善焦革配焉①。

[注释]

①配：配享。以功臣名义袝祀于杜康。

海棠巢　山谷诗①："徐老海棠巢。"自注：徐佺隐于药肆，家有海棠，结屋为巢②，时饮其上。

[注释]

①山谷：黄山谷，即黄庭坚。字鲁直，号山谷道人、涪翁，北宋分宁（今江西修水）人。其诗、书、画号称"三绝"，与当时苏东坡齐名，人称"苏黄"。历官集贤校理、著作郎、秘书丞、涪州别驾、吏部员外郎。与秦观、张耒、晁补之号称苏（轼）门四学士。为江西诗派之宗。有《山谷集》。　②结屋为巢：海棠之上架木构屋。

雪堂义樽　《东坡外集》①：东坡在黄州②，临近四五州送酒，合置一器，谓之雪堂义樽。

[注释]

①《东坡外集》：南宋人所编苏轼文集，专为《东坡集》及《后集》拾遗补阙。明万历年间刊有《重编东坡先生外集》。　②黄州：宋神宗元丰

初年，苏轼贬官到黄州，整治旧营地，命名"雪堂"，亲自写了"东坡雪堂"四个大字。

墙头过浊醪　《语林》：陶侃家贫①，客至，不能备礼，邻人于墙头送以浊醪只鸡②，遂成终日之欢。杜诗："密沽斗酒谐终宴。"东坡诗："墙头过春酒③，绿泛田家盆④。"

[注释]

①陶侃（259～334）：字士行（或作士衡），东晋鄱阳（今属江西）人，官至大司马。　②浊醪：浊酒。浊原作胶，径改。　③春酒：即冻醪，寒冬酿造以备春天饮用的酒。　④绿：绿酒。酒呈绿色，为古代的贵酒。盆：瓦盆，田家粗糙的盛酒器。

无车公不乐　《世说》：车胤善于赏会①，每有盛坐②，而胤不在，皆云无车公不乐。

[注释]

①车胤（约333～约401）：字武子，东晋南平郡江安县西辛里（今湖北公安曾埠头乡）人。自幼聪颖好学，家境贫寒，常无油点灯，夏夜就捕捉萤火虫，用以照明夜读。赏会：玩赏聚会，活跃气氛。　②盛坐：盛会。

荷锸　刘伶事。乐天诗："卧将琴作枕，行以锸随身。"又石湖诗①："荷锸携壶似醉刘②。"

[注释]

①石湖：南宋范成大晚年归居苏州石湖，人称范石湖。范成大（1126～1193），字致能，号石湖居士。南宋平江吴郡（治今江苏苏州）人。与杨万里、陆游、尤袤合称南宋"中兴四大诗人"。　②荷锸：扛着铁锹。据《晋

书·刘伶传》），刘伶常乘坐鹿拉车，携带一壶酒，使人扛着铁锹跟随着，对扛锹的人说："死在哪里，便在哪里埋了我。"

辄饮以醇酒　《史记》①："曹参为相国，日夜饮酒。客见参不事事②，欲有言，辄饮以醇酒，莫得关说③。"唐阳城事同④。

[注释]

①《史记》：见《史记·曹相国世家》。　②事事：处理国家事务。前一"事"，动词，处理。　③关说：开口劝谏。　④阳城：字亢宗，唐代北平（今北京）人。迁任谏议大夫。这时皇帝因为谏官事无巨细什么都报告，很不耐烦。于是阳城整天与二弟及客人日夜痛饮，有人来劝说，阳城望风知其意，便勉强他一起喝酒。客人有时先醉席上，阳城有时先醉卧客怀中，不能听客言说。

歌呼相应①　《史记》②：曹参为相，见人细过③，相掩匿盖覆④。舍后园近吏舍，日夜饮呼，从吏患之。引参游园，幸相国召按之⑤。乃反取酒张坐饮⑥，亦歌呼相应。

[注释]

①歌呼相应：一歌一呼，彼此响应。　②《史记》：见《史记·曹相国世家》。　③细过：细小的过失。　④掩匿盖覆：掩盖包瞒。　⑤幸：希望。按：查问处理。　⑥张坐：张设坐席。

为花洗妆　《唐余录》①：洛阳人家梨花开时，多携酒树下，曰为梨花洗妆②。

[注释]

①《唐余录》：宋代王子融作，60卷。芟《五代旧史》繁杂之文，采

诸家之说，仿裴松之《三国志注》体例附注之。因为宋朝应当承汉、唐之盛，五代则为闰，故名之曰《唐余录》。　②洗妆：梳洗打扮。韩愈《华山女》："洗妆拭面著冠帔。"

藏酒妇　《赤壁赋》中语[1]。戴复古诗[2]：已无藏酒妇，幸有读书儿。

[注释]

①《赤壁赋》中语：《后赤壁赋》：已而叹曰："有客无酒，有酒无肴；月白风清，如此良夜何！"客曰："今日薄暮，举网得鱼，巨口细鳞，状如松江之鲈。顾安何得酒乎？"归而谋诸妇。妇曰："我有斗酒，藏之久矣，以待子不时之需。"　②戴复古（1167~？）：字式之，常居南塘石屏山，故自号石屏、石屏樵隐。南宋天台黄岩（今浙江台州市黄岩区）人。著名江湖派诗人。一生不仕，浪游江湖。

洗泥[1]　东坡诗："多买黄封作洗泥[2]。"谓饮远归者。犹言洗尘也。

[注释]

①洗泥：洗尘。　②黄封：用黄罗帕封起来，也叫作黄封酒。是御酒，光禄寺内酒坊专门生产供皇帝饮用的酒。黄色为皇家专用。

酒隐　《高士传》[1]：薛公隐于卖醪[2]。放翁诗[3]：酒隐人间已半生。

[注释]

①《高士传》：晋皇甫谧著，3卷。皇甫谧字士安，自号玄晏先生，安定朝那（今宁夏固原东南）人。传主人物大部分为隐士。　②薛公隐于卖

醪:《高士传》记载与此略有不同:毛公、薛公,都是赵国人。遭遇战国之乱,二人俱以处士隐居于邯郸市。毛公隐为赌博之徒,薛公隐于卖胶市场。

③放翁诗:陆游《野外剧饮示座中》:"悲歌流涕遣谁听,酒隐人间已半生。"

遇士呼饮 《世说》:袁尹粲疏放好酒①,尝步屐白杨郊野间②,道遇一士人,便呼与酣饮。明日,此人谓被知遇,诣门求通③。袁曰:"昨日饮酒无耦④,聊相邀耳,勿复为烦。"北轩主人曰:此与刘公荣杂秽匪类⑤,谢几卿驺人对饮⑥,便觉有隽致。惜此士人自无当袁意耳,次日之辞,未可谓寡情也。

[注释]

①袁尹粲:即府尹袁粲,粲原名愍孙,南朝宋人。为人"清整有风操,自遇甚厚",尝著《妙德先生传》以自况。疏放:不加雕琢、放纵率意。②屐(xiè):木底鞋。 ③通:通报,传达。 ④耦:伙伴。 ⑤此与句:谓刘公荣所与饮酒的人,污秽而杂乱,包括行为不端的人。匪类,行为不端正的人。 ⑥谢几卿句:参见《胜饮编》卷十四"三驺对饮"条。

祝神自誓① 刘伶事。

[注释]

①祝神自誓:在神明前发誓戒酒。据《晋书·刘伶传》,妻子劝刘伶戒酒,刘伶回答说:"好呀!可是靠我自己的力量是没法戒酒的,必须在神明前发誓,才能戒得掉。就烦你准备酒肉祭神吧。"他的妻子信以为真,听从了他的吩咐。于是刘伶把酒肉供在神桌前,跪下来祝告说:"老天生了我刘伶,因为爱酒才有大名声,一次要喝一斛,五斗哪里够用?妇道人家的话,可千万不能听!"说完,取过酒肉,结果又喝得大醉了。

运酒舫　见元次山诗①。北轩主人曰：酒中韵事，尽有古人诗句可参者。如乐天诗：“酒熟凭花劝，诗成倩鸟吟。”“袖中吴郡新诗本，襟上杭州旧酒痕。”“应将笔砚随诗主，定有笙歌伴酒仙。”“林间暖酒烧红叶，石上题诗扫绿苔。”“犹残半月芸香俸，不作归粮作酒赀。”元微之诗：“坐无拘忌人，勿限醉与醒。”谭用之诗②：“碧玉蜉蝣迎客酒③，黄金毂辘钓鱼车。”皮日休诗：“酒坊吏到常先见④，鹤料符来每探支⑤。”“尽日留蚕母⑥，移时祭曲王⑦。”胡宿诗：“一春酒费知多少，探尽囊中换赋金⑧。”李义山诗：“传书两行雁⑨，取酒一封驼⑩。”罗邺诗⑪：“鱼市酒村相识遍，短船歌月醉方归。”方干诗⑫：“封匏寄酒提携远⑬，织笼盛梅答赠迟。”韩琦诗：“草湿漫铺留醉席，榆寒难掷买春钱。”梅圣俞诗⑭：“只宜醉梦轻为蝶⑮，苦怕酬诗密似蚕。”沈与求诗⑯：“酒地定能容胜践，墨畦终拟过平生⑰。”杨万里诗⑱：“花劝莺酬酒自消。”放翁诗：“酒材已遣门生致，菜把仍叨地主恩⑲。”“醉帽簪花舞，渔舟听雨眠。”“旗亭人熟容赊酒，野寺僧闲得对棋。”“赤脚婢沽村酿去⑳，平头奴驭草驴归㉑。”“唤客喜尝新熟酒，读书贪趁欲残灯。”“学经妻问生疏字，尝酒儿斟潋滟杯㉒。”“老僧遣信分茶串㉓，隐士敲门致酒瓶㉔。”“清吟微变旧诗律，细字闲抄新酒方。”刘得仁诗㉕：“把笔还诗债，将琴当酒资。”皆不用故实㉖，亦自风韵。

[注释]

①元次山：元结（719~772），字次山，号漫叟、聱叟，唐代河南（治今河南洛阳）人。安禄山反，曾率族人避难猗玕洞（今湖北大冶境内），因号猗玕子。任山南东道节度使史翙幕参谋，抗击史思明叛军。代宗时，任道州刺史，调容州，加封容州都督充本管经略守捉使。文学家。元结《石鱼湖上醉歌并序》：“长风连日作大浪，不能废人运酒舫。”　②谭用之：字藏用，五代末人。善为诗，而官不达。有诗1卷。　③蜉蝣：即浮蚁。浮于

酒面上的泡沫。　④酒坊吏：唐代负责征收酒税的官名。　⑤鹤料符：官府催缴赋税的凭证。探支：预支。　⑥蚕母：蚕神。　⑦移时：一段时间。⑧赋金：交纳税金。　⑨传书：雁足传书。　⑩一封驼：一只单峰的骆驼。封，骆驼的计数单位。　⑪罗邺（825～?）：余杭人，有"诗虎"之称。约唐僖宗乾符中在世。父为盐铁吏，家赀巨万。子二人俱有文学名，罗邺尤长律诗。　⑫方干（809～888）：字雄飞，号玄英，唐代睦州青溪（今浙江淳安）人。有《方干诗集》。　⑬封匏（páo）：封好酒葫芦。匏，葫芦。⑭梅圣俞：梅尧臣（1002～1060），字圣俞，北宋宣州宣城（今属安徽）人。宣城古称宛陵，世称宛陵先生。50岁后，赐同进士出身，为太常博士，累迁尚书都官员外郎。参与编撰《新唐书》，有《宛陵先生集》60卷。⑮醉梦轻为蝶：典出《庄子》，庄周做梦梦见自己变成一只又大又美的蝴蝶，飞舞在万花丛中，好不自在快活。不一会，庄周醒了，起初还迷迷糊糊地以为自己是一只蝴蝶，可完全清醒后，才意识到自己还是睡梦前的那个庄周。他疑问这一梦一醉的变化之中，不知是我庄周做梦为蝴蝶呢，还是蝴蝶做梦为我庄周？　⑯沈与求（1086～1137）：字必先，号龟溪，宋代湖州德清（今属浙江）人。政和五年进士。历官吏部尚书参知政事、明州知府、知枢密院事。著有《龟溪集》。　⑰墨畦：笔墨畦，犹言笔墨畦径，即今日所说"笔耕"。　⑱杨万里（1127～1206）：字廷秀，号诚斋，宋代吉州吉水（今属江西）人。历任枢密院检详官、秘书监、江东转运副使。有《诚斋集》。　⑲叨（tāo）：承受。地主：一个地方的主人。　⑳村酿：乡野民间酿的粗酒。　㉑平头：齐头，也称平头，一种发式。此处代指奴仆。㉒潋滟杯：满满的酒杯。潋滟，酒满的样子。　㉓茶串：茶叶蒸焙以后研磨，然后成为茶饼，就叫作一串。茶饼、茶串必须要用煮茶茶具煎煮后才能饮用。　㉔甗（yǎn）：蒸食用具，可分为两部分，下半部是鬲，用于煮水，上半部是甑，两者之间有镂空的箅，用来放置食物，可通蒸气。　㉕刘得仁：约838年前后在世，出入举场30年，竟无所成。有诗集1卷。　㉖故实：出处，典故。

偷酒不拜　《世说》：锺毓兄弟小时①，值父疁昼寝②，因共偷服药酒③。其父时觉④，因托寐以观之。毓拜而后饮，会饮而不拜⑤。既而问毓何以拜，曰："酒以成礼，不敢不拜。"又问会何以不拜，曰："偷本非礼，所以不拜。"

[注释]

①锺毓（？～263）：字稚叔，三国时期魏颍川长社（今河南长葛东）人。太傅锺繇的儿子，锺会的哥哥。锺毓为人机敏，有其父锺繇的遗风。14岁时成为散骑侍郎，后因军功加为青州刺史，都督徐州、荆州诸军事。有文集5卷。故事见《世说新语·言语》。　②繇：锺繇（151～230），字元常，官至太傅，魏文帝时与当时的名士华歆、王朗并为三公。书法方面颇有造诣，据传是楷书（小楷）的创始人。昼寝：白天睡觉。　③药酒：五服散之类的酒。　④时觉：忽然醒来。　⑤会：锺会（225～264），字士季，太傅锺繇之幼子，锺毓之弟。与邓艾分兵灭蜀汉。后死于部将兵变。

卷五　德　量

射以观德①，惟酒亦然。《书》曰②："德将无醉③。"孔子惟酒无量不及乱④。愿我樽友，尚其鉴诸⑤。次德量第五。

[注释]

①射以观德：君子射箭的时候，内心态度端正，外表身体站直，拿着弓箭瞄准，这样才可以射中靶子。所以古人通过射箭来观察一个人的品德。品德，是从内心中体现出来的。语出《论语》："古者射以观德，但主于中，而不主于贯革，盖以人之力有强弱，不同等也。"　②《书》：《尚书》，为一部多体裁文献汇编，是中国现存最早的史书。分为《虞书》、《夏书》、《商书》、《周书》。战国时期总称《书》，汉代改称《尚书》，即"上古之

书"。因是儒家五经之一，又称《书经》。现存版本中真伪参半。本处引文见《尚书·周书·酒诰》："无彝酒。越庶国：饮惟祀，德将无醉。惟曰我民迪。"　③德将无醉：要用道德约束饮酒，不要轻易喝醉。谓饮酒必须保持一定的界量。将，统领，约束。　④惟酒无量不及乱：饮酒多少，不能一刀切，故而饮酒应"无量"，不要有"量"的限制，喝多喝少，全凭自身情况而定。但不可使自己形态乱、思维乱。　⑤尚其鉴：以此为借鉴。

能饮不饮　《劝学编》：魏邴原寻师远游①，八九年间，酒不向口。临归，谓送者曰："本能饮，但以荒思废业断之。今远别，当尽饮。"乃饮，终日不醉。

[注释]

①魏邴原：魏国的邴原，字根矩，三国魏北海朱虚（今山东临朐）人。少年与管宁俱以操尚称，州府辟命皆不就。为五官将长史。《三国志·魏书·邴原传》注引《原别传》事迹稍详于此。

百觚百榼　《孔丛子》①：平原君强子高饮酒②，曰："昔有遗谚：'尧舜千钟③，孔子百觚④，子路嗑嗑⑤，尚饮百榼⑥。'古之圣贤，无不能饮，子何辞焉？"子高曰："此生于嗜酒者劝厉之辞⑦，非实然也。"

[注释]

①《孔丛子》：旧题作者孔鲋，3卷，21篇。内容主要记叙孔子及子思、子上、子高、子顺、子鱼（即孔鲋）等人的言行，书末又附缀孔臧所著之赋和书上下两篇，而别名为《连丛》。　②平原君（？～前253）：嬴姓，赵氏，名胜，战国东武（今山东武城）人。赵国宗室大臣，赵武灵王之子，赵惠文王之弟，封于东武，号平原君。和齐国孟尝君田文、魏国信陵君魏无忌、楚国春申君黄歇合称战国四公子。子高：春秋末楚国令尹。芈

姓，沈氏，名诸梁，字子高。楚司马沈尹戌之子。　③尧舜：上古传说时代的君主，儒家所认定的明君。钟：大容量的酒器。传说尧舜饮酒量大，可以千钟。　④觚（gū）：古代酒器，青铜制，盛行于中国商代和西周初期，喇叭形口，细腰，高圈足。　⑤嗑嗑：话多的样子。　⑥榼（kē）：榼是古代酒瓶的另一名称，瓶和壶在用于盛酒时也被称为"榼"，还可以分别称为"瓶榼"或"壶榼"。　⑦劝厉：劝说勉励。

　　饮不言盏数　《东坡题跋》^①：张安道饮酒^②，初不言盏数，时与刘潜、石曼卿饮^③，但言当饮几日而已。欧公盛年时能饮百盏^④，然常为安道所困^⑤。圣俞亦能饮百许盏，醉后高叉手而语弥温谨。

[注释]

　　①《东坡题跋》：此处指《书渊明诗二首》之二。题跋，写在书籍、碑帖、字画等前面的文字叫题，写在后面的叫跋，总称题跋。　②张安道：张方平字安道，官至参知政事，于三苏为恩公。有《张文潜粥记》。　③刘潜：石曼卿在京城开封时认识的布衣酒友。石曼卿（994～1041）：名延年，字曼卿，一字安仁，别号葆老子。北宋宋城（在今河南商丘南）人。官至大理寺丞。有《石曼卿诗集》。　④欧公：欧阳修。　⑤困：被整得很惨。言酒量不及张安道，常被他灌得烂醉。

　　酒户　唐诗："久随萍梗乡音改^①，因奉王侯酒户加。"北轩主人曰：酒户犹然酒量，量之小者曰小户，大者曰大户，亦曰高户。乐天诗："犹嫌小户长先醒，不得多时住醉乡。"清雪居士诗："快饮千觞真大户，精研五字号长城^②。""当杯未敢称高户，把卷犹能过小年^③。"

[注释]

　　①萍梗：比喻行踪如浮萍断梗一样漂泊不定，故以喻人行止无定。乡音

改：唐代诗人贺知章名篇《回乡偶书》："乡音无改鬓毛衰。" ②精研五字号长城：指唐代诗人刘长卿，专工近体诗，尤善五律，曾自诩"五言长城"。五言，五言律诗。长城，比喻最高水平。 ③把卷：展卷（读书）。小年：农历腊月廿四日（或廿三日），是祭祀灶君的日子。言说自己喝酒不行，但读书属文还凑合。

灭烛留髡，能饮一石 《史记》：淳于髡谓威王曰①："赐酒大王之前，执法在傍，御史在后②，髡惧，俯伏而饮，不过一斗③，径醉矣。若亲有严客④，髡帣鞲鞠跽⑤，侍酒于前，时赐余沥⑥，奉觞上寿，数起，饮不过二斗，径醉矣。若乃州闾之会⑦，日暮酒阑⑧，合尊促坐⑨，男女同席，履舄交错⑩，杯盘狼籍，堂上灭烛，主人留髡而送客。罗襦襟解⑪，微闻芗泽⑫。当此之时，髡心最欢，能饮一石⑬。"时威王为长夜之饮，髡盖以谏讽也。

[注释]

①威王：齐威王。战国时期齐国国君。妫姓，田氏，名因齐，齐桓公田午之子。公元前 356 年继位，在位 36 年。以善于纳谏用能、励志图强而名著史册。事见《史记·滑稽列传》。 ②御史：古代一种官名。先秦时期，天子、诸侯、大夫、邑宰皆置，是负责记录的史官、秘书官。 ③一斗：即一大盏，十升。升为最小的酒器。 ④亲：父亲。严客：尊贵的客人。⑤帣鞲（juǎn gōu）：扎起袖子。帣，束扎。鞲，袖套。鞠跽（jì）：弯腰跪着。跽，长跪。 ⑥余沥：剩余的酒。沥，液体的点滴。 ⑦州闾：乡间。⑧酒阑：酒筵将尽。阑，稀，指吃酒的人走了一半留着一半。 ⑨合尊：把酒合在一酒器里。尊，即樽。促坐：大家靠近坐在一起。 ⑩履舄（xì）交错：男女的鞋子交错地放在一起。男女本来不同席，现在则错杂地坐在一起，所以鞋子也乱放着。舄，木底鞋。 ⑪罗襦（rú）：女子的薄罗短衣。罗，有花纹而轻薄的丝织品。襟解：解开衣襟。 ⑫芗泽：香气。芗，通"香"。 ⑬一石：十大盏。

有定限　《蕉窗杂记》：陶侃饮酒有定限①，常欢有余而限已竭。

[注释]

①有定限：饮酒有定量。

无比户　韩琦诗：豪饮直输无比户①。

[注释]

①直：竟然。无比户：指酒量无限的人。韩琦有《重九以疾不能主席因成小诗劝北园诸官饮》：病襟深惜好重阳，莫接郊园醉晚芳。豪饮直输无比户，清欢全落少年场。感时萧索休成咏，中酒无流不是伤。

引一石倾三斗　《抱朴子》：于定国引满一石而断狱益明①，管辂顿倾三斗而清辩绮粲②。

[注释]

①于定国（？～前40）：字曼倩。西汉东海郯县（今山东郯城西南）人。少时随父学法。为狱吏、郡决曹。宣帝时，任廷尉。为人谦恭，能决疑平法。后为丞相，封西平侯。引满：斟酒满杯而饮。断狱：审断官司。
②管辂（208～256）：字公明，三国魏平原（今属山东）人。术士。精通《周易》，善于卜筮、相术，习鸟语，后世奉为卜卦观相的祖师。有《周易通灵诀》2卷、《周易通灵要诀》1卷、《破躁经》1卷、《占箕》1卷。清辩：清晰明辩。绮粲：华丽美好。

饮三蕉叶　东坡云：吾小时望见酒杯而醉，今亦能三蕉叶矣①。

明陈洪绶《蕉林酌酒图》

[注释]

①今亦能三蕉叶矣：见《题子明诗后》。蕉叶为最浅的酒杯。

莫拒杯　李白诗①：劝君莫拒杯，春风笑人来。

[注释]

①李白诗：见《对酒》。

能饮八斗　《晋书》^①：山涛能饮八斗。武帝密试之^②，果至本量而止。

[注释]

①《晋书》：唐代房玄龄等监修，130 卷，记载了从司马懿开始到晋恭帝元熙二年为止，包括西晋和东晋的历史，并用"载记"的形式兼述了十六国割据政权的兴亡。此处所引见《晋书·山涛传》。　②武帝：晋武帝司马炎（236～290），字安世，河内温（今河南温县）人。晋朝的开国君主，265～290 年在位。

醉龙　《酒史》^①：蔡邕能饮一石，常醉在路上卧，人名曰"醉龙"。

[注释]

①《酒史》：冯时化撰，2 卷。冯时化（1526～1568），字应龙，号与川，晚号无怀山人，明代镇定府柏乡（今属河北）人。一生唯好读书，善文辞。

酒肠开　北轩主人诗：长对好山诗骨健^①，偶来佳客酒肠开^②。

[注释]

①诗骨：诗的风骨气质。　②酒肠：代指酒量。

与妇对饮　《诚斋杂记》^①：南齐沈文季饮酒五斗^②，妻王氏亦至三斗。为吴兴太守^③，尝竟日对饮而事不废。

①《诚斋杂记》：元代林坤撰，因少年时喜好程朱理学，将"诚意"作为入道的要诀，故而用此为书名。书中多记艳异之事。　②沈文季（442~499）：字仲达，南朝宋武康（今浙江德清）人。封山阴县五等伯，官至中书郎。　③吴兴：三国吴甘露二年（266），吴主孙皓取"吴国兴盛"之意改乌程为吴兴，并设吴兴郡，辖地相当于现在的湖州市全境、杭州、宜兴。

　　饮如淋灰　东坡诗：赵子饮酒如淋灰①，一年十万八千杯。

[注释]

①赵子：即苏轼《赵郎中见和戏复答之》中的赵郎中，"赵子吟诗如泼水，一挥三百八十字……赵子饮酒如淋灰，一年十万八千杯"。淋灰：水淋到灰中，瞬息便干掉。用以比喻饮酒快速。

　　无算饮　犹《记》所云无算爵也①。放翁诗：萧散且为无算饮②，猖狂未免不平鸣。

[注释]

①《记》：即《礼记》。《礼记》，中国古代一部重要的典章制度书籍。由西汉礼学家戴德和他的侄子戴圣编订。戴德选编的 85 篇本叫《大戴礼记》，到唐代只剩下了 39 篇。戴圣选编的 49 篇本叫《小戴礼记》，即今天所见到的《礼记》。其中《乡饮酒义》有"无算爵"的记载。无算爵：古代某些典礼中不限定饮酒爵数的饮酒礼，至醉而止。　②萧散：即潇洒。形容举止、神情、风格等自然，不拘束；闲散舒适。

　　能饮一石　《晋书》：周颛伯仁能饮一石①，过江后竟无敌者②。

①周颢：字伯仁。 ②过江：过了长江，指晋王室南渡。《晋书·周颢传》：（周颢）在中朝时，能饮一石，及过江，虽日醉，每称无对。偶有旧从北来，颢遇之欣然，乃出酒二石共饮，各大醉。

独酌一斗八升 《语林》：马周舍新丰逆旅①，主人不顾②。周命酒一斗八升③，悠然独酌，众异之。

[注释]

①马周（601~648）：字宾王，唐初博州荏平（今属山东）人。累官至中书令。事见《新唐书·马周传》。新丰：地在今西安临潼区。逆旅：旅馆。 ②顾：眷顾，关照。 ③命：让，令其准备。

以一斗为率① 苏子美读《汉书》事②。

[注释]

①率（lǜ）：量，标准。 ②苏子美句：元代陆友仁《研北杂志》记载：苏子美（舜卿）性情豪放，喜好饮酒，住在外舅杜祁公家时，每天晚上读书，以饮酒一斗为标准。杜祁公暗地里窥探，苏子美读《汉书·张良传》，读到张良与刺客狙击秦始皇，误中副车，拍掌说："可惜没有击中他！"于是满饮了一大杯。又读到张良对汉高祖说："当初我自下邳起事，与皇上在陈留相会，这是上天把我交给陛下。"又拍案说："君臣相遇，就是这样困难啊！"又举起一大杯酒。杜祁公笑着说："有如此下酒物，一斗酒不为多！"

量如筲 曹时信诗①：吾量如筲君莫嗤②。

[注释]

①曹时信：字孚若，清代人，曹时中的从弟，壬子（1492）中举，以举人身份出仕，后任都察院司务。　②筲（shāo）：竹器，此处为斗筲，量小的意思。

饮吞云梦　张养浩诗①：饮兴平吞云梦九②，吟魂高绕华峰三③。

[注释]

①张养浩（1269~1329）：字希孟，号云庄，元代济南人。著名散曲家。②云梦：即云梦泽，古代江汉平原上的古湖泊群的总称。　③华峰：西岳华山山峰。谓饮兴一开，平吞云梦九湖，吟诵音高，回绕华山三峰。

侍宴必满引　《霏雪录》：王审琦①北宋时人，不能饮，太祖宴后苑，祝曰②："酒者天之美禄，何惜不令饮之。"祝已，乃连十数爵。自此侍宴必满引③，归私第即不能饮矣。

[注释]

①王审琦（925~974）：字仲宝。宋建国时为殿前都指挥使。　②祝：祝告，祷告。　③满引：即引满，把酒斟满。

告免巨觥　《谈薮》①：宋李仲容侍读善饮②，号李万回。真宗饮无敌③，饮则召之。仲容至即奏曰："告官家④，免巨觥⑤。"

[注释]

①《谈薮》：宋庞元英著，收入《古今说部丛书》"杂志"类。　②李仲容：字仪父，北宋京兆万年（今陕西西安）人。为翰林侍读学士，兼龙图阁学士，官终户部侍郎。善于饮酒，千杯万回不醉，故而人送称号"李

万回"。自集制草为《冠凤集》20卷。侍读：陪侍帝王读书论学或为皇子等授书讲学。　③真宗：宋真宗赵恒（968～1022）。在位25年（998～1022）。④官家：古代臣下对皇帝的尊称。　⑤巨觥：大酒杯。

冲酒堰　时贤失名诗①：倒缸冲酒堰②，搜句闯词门③。

[注释]

①时贤：当代贤明的人。　②堰：挡水的堤坝。此处指围挡酒池的堤坝。　③搜句：寻求佳句。词门：诗文的门庭。

长虹饮海　欧阳文忠诗①：酒如长虹饮沧海，笔若骏马驰平坂②。

[注释]

①欧阳文忠：欧阳修，"文忠公"是他的谥号。诗见《奉送原甫侍读出守永兴》。谓饮酒时气势很大，如同天。上彩虹倒吸沧海，下笔如神，似骏马奔驰平川。　②平坂：平地。坂，山坡、斜坡。

灌满卮　曹植《与吴质书》：愿举泰山以为肉，倾东海以为酒，伐云梦之竹以为笛，斩泗滨之梓以为筝①。食若填巨壑，饮若灌漏卮②，其乐固难量。

[注释]

①泗滨：山东泗水之滨。梓（zǐ）：落叶乔木。　②卮（zhī）：古代盛酒的器皿。

战国朱雀踏虎衔环玉卮

轻醉　唐彦谦诗[①]：暂棋宁论隐，轻醉不成乡。

[注释]

①唐彦谦（？～893?）：字茂业，号鹿门先生，唐代并州晋阳（今山西太原西南）人。官至兴元（今陕西汉中）节度副使，阆州（今四川阆中）、壁州（今四川通江）刺史。晚年隐居鹿门山，专事著述。诗见《春残》。

三斗壮胆　《唐书》[①]：汝阳王琎于上前醉[②]，不能下殿，上遣人掖出之[③]。琎曰："臣以三斗壮胆，不觉至此。"放翁诗："醉胆天宇小。"

[注释]

①《唐书》：汝阳王李琎传记见《旧唐书·睿宗诸子》、《新唐书·三宗

诸子》。李琎，唐睿宗嫡孙，让皇帝李宪长子。自称"酿王"兼"曲部尚书"。 ②上：皇上。 ③掖出：搀扶出去。掖，用手扶着别人的胳膊。

赵半杯 宋赵德庄只饮半杯①。杨诚斋诗②："旧日张三影③，今时赵半杯。"盖当时有此号也。

[注释]

①赵德庄：宋代人，与范成大、韩元吉等有诗词往还。曾任职吏部。②杨诚斋：杨万里，字诚斋。诗见《诗酒怀赵德庄》。自注：德庄对客不瀹茗，传觞半杯曰："某名赵半杯，君知否？"余老病，亦只饮半杯。 ③张三影：即张先（990~1078），字子野，北宋乌程（今浙江湖州）人。曾任安陆县的知县，因此人称"张安陆"。官至尚书都官郎中。晚年退居湖杭之间。曾与梅尧臣、欧阳修、苏轼等游。善作慢词，与柳永齐名，造语工巧，曾因三处善用"影"字，世称张三影。

三龠酒 放翁诗：尽醉仅能三龠酒①，新寒未办一铢绵②。

[注释]

①龠（yuè）：古代容量单位，等于半合（gě）。 ②铢（zhū）：古代重量单位，二十四铢等于旧制一两。

盏底深觚心凸 退之诗①："饮酒宁嫌盏底深，题诗尚倚笔锋劲。"牧之诗②："酒凸觚心滟滪光。"

[注释]

①退之：即韩愈（768~824），字退之，唐代河内河阳（今河南孟州）人。自谓郡望昌黎，世称韩昌黎。晚年任吏部侍郎，又称韩吏部。唐代古文运动的倡导者，为唐宋八大家之首，与柳宗元并称"韩柳"。有《韩昌黎

集》40卷、《外集》10卷等。本处诗句见《寒食日出游》。 ②牧之诗：见杜牧《羊栏浦夜陪宴会》。

吸水虬 清雪居士诗：苦吟自比缫丝蛹，豪饮多惭吸水虬①。

[注释]

①虬（qiú）：古代传说中有角的小龙。

船落埭 牟巘诗①：清尊快吸船落埭②。

[注释]

①牟巘（1225~1315）：字献子，原籍四川，徙居湖州后转居金泽，为宋代端明学士牟子才之子。官大理少卿，宋亡后隐居金泽颐浩寺。金泽碑铭多出其手，皆散失，著有《颐浩寺记》。本处诗句见《善之入雪兰皋置酒小诗纪坐中事》：病翁禁酒仍禁脚，不省人间有行乐。主人最善客善之，邀我来同鸡黍约。清樽（尊、樽，古今字）快吸船落埭，颇悔从前谢杯杓。故人久别如此酒，一时倾倒慰离索。 ②船落埭（dài）：船浮酒浆之上，大杯的清尊快递地抽吸，船儿便落于埭底。埭：水坝。

饮随人量 周必大诗①："饮随人量陈三雅，兴入诗情话四娘。"又明张弼诗②："酒遇故人随量饮，花当好处及时看。"

[注释]

①周必大（1126~1204）：字子充，一字洪道，自号平园老叟。南宋庐陵（今江西吉安）人。官至左丞相，封益国公。与陆游、范成大、杨万里等都有很深的交谊。诗句见《四次韵》。 ②张弼（1425~1487）：字汝弼，号东海，晚称东海翁。明松江府华亭县（今上海松江区）人。历任兵部主事、员外郎、江西南安知府。诗句见《次钱世恒绣衣韵》。

痛饮场　微之诗^①：昔在痛饮场，憎人病辞醉。

[注释]

①微之：元稹（779～831），字微之，别字威明，唐洛阳（今属河南）人。为北魏宗室鲜卑族拓跋部后裔，是什翼犍之十四世孙。早年和白居易共同提倡"新乐府"。世人常把他和白居易并称"元白"。历官尚书左丞、武昌军节度使。诗句见《遗病十首》。后两句是："病来身怕酒，始悟他人意。"意谓年轻时身强志大，唯恐酒量不大，而今病来惧怕吃酒，开始明晓别人当年劝止乃是好意。

酒量亦当作状元　《尧山堂记》^①：永乐时^②，有夷使^③，称善饮，有司推匹者^④，才得一武弁^⑤，犹恐不胜。上令廷臣自荐，曾棨请往^⑥。三人默饮终日，夷使已酣，武人亦潦倒^⑦，棨爽然复命^⑧。上笑曰："无论文学^⑨，此酒量岂不当作大明状元耶?"赐以内酝甚厚^⑩。

[注释]

①《尧山堂记》：蒋一葵撰。一葵字仲舒，号石原，明代武进（今江苏常州）人。官至南京刑部主事。有书斋曰"尧山堂"。有《尧山堂外纪》、《尧山堂偶隽》、《长安客话》。　②永乐：明成祖朱棣的年号。1403年至1424年，前后共22年。　③夷使：外国使者。夷，古代对外国外族轻蔑的称呼。　④有司：礼宾接待主管部门。匹：酒量匹配（相当）的人。⑤武弁：低级武官。由于古代武官戴皮弁，所以后来有此专指。皮弁，古时用白鹿皮制成的帽子。　⑥曾棨（1372～1432）：字子棨，号西墅，明代永丰（今属江西）人。科举状元，入直文渊阁，参与撰修成祖、仁宗两朝实录。三次主持会试。以豪饮与奇才闻名于世。　⑦潦倒：失常，失态。⑧爽然：开朗舒畅的样子。　⑨无论：古义为不要说。　⑩内酝：皇家作坊

酿造的酒，即御酒。厚：很多。

屈指甲掌中　《三余杂记》：陈祭酒敬宗[①]，持己方严[②]，善饮，不爽仪度[③]。一日，过丰城侯李公贞所[④]，丰城夫人乃公主也，素闻公饮量，因命丰城留款[⑤]。治具甚盛[⑥]，而广为延坐[⑦]，崇堂从庑[⑧]，幽轩曲馆，以达于内，所至辄注饮[⑨]。逮夜[⑩]，觞酒已无算[⑪]，公亦醉，始入正席。公主从屏后窥之，且命家妓奏乐。公目不迕视[⑫]，犹恐失仪，默屈指甲掐掌中以持儆[⑬]。杯行辄罄，殆不可胜[⑭]，乃散。翼辰起视[⑮]，掌血凝矣。

[注释]

①陈祭酒敬宗：陈敬宗（1377～1459），字光世，号澹然居士，又号休乐老人，明代慈溪（今属浙江）人。与修《永乐大典》。历官南京国子司业，进祭酒。有《澹然集》五卷。祭酒，古代学官名。　②持己：持身，对待自己。　③爽：差失。谓饮酒再多，风度依然，不会有丝毫差失。④过：前往。丰城侯李公贞：查丰城侯中无李贞，或当为侯者李贤，娶妻乃皇帝之女，即丰城公主。见《明史》卷一〇六《功臣世表二》。　⑤留款：挽留款待。　⑥治具：备办酒食，设宴。　⑦延坐：宴请客人。　⑧庑（wǔ）：堂下周围的走廊、廊屋。　⑨注：明代祝允明《野记》作"驻"，停留。　⑩逮：到了。　⑪无算：无法算计。形容数目多。　⑫迕视：迎面直视。谓以非礼的态度看人。迕，对着，迎着。　⑬持儆：保持戒备，时时提醒，以保持庄重的仪态。　⑭胜（旧读 shēng）：能承担，能承受。⑮翼辰：第二天早晨。翼，古同"翌"，明天。辰：古同"晨"，清早。

卷六　功　效

酒能益人，亦最能损人。昔人诗云："美酒饮教微醉后[①]。"斯得之矣。次功效第六。

[注释]

①美酒句：宋人邵雍有《安乐窝中吟》，谓"美酒饮教微醉后，好花看到半开时"之句。

帝王所以颐天下　　《汉书·食货志》：酒者，天之美禄，帝王所以颐天下①，享祀祈福②，扶衰养疾，百福之会。

[注释]

①颐：颐养，养育。　②享祀：祭祀。

天乳哺人　　《春秋纬》①：酒者，乳也。王者法酒旗以布政②，施天乳以哺人。

[注释]

①《春秋纬》：解释《春秋公羊传》的一部书。《公羊传》的作者旧题是战国时齐人公羊高，他受学于孔子弟子子夏，后来成为传《春秋》的三大家之一。　②法：取法，效法。酒旗：酒店所悬挂用来做广告的旗子。又称酒望、酒帘、青旗、锦斾等。由其悬帜甚高可以启发从政者广布施政纲领。

浇磊块　　《世说》：王忱谓阮籍胸中磊块①，故须酒浇之。放翁诗："捐书已叹空虚腹②，得酒还浇磊块胸。"又倪瓒诗："眼底纷挐诗可遣③，胸中崒嵂酒能平④。"崒嵂，亦磊块之意。

[注释]

①王忱：即王元达。王忱字元达，两晋时人。磊块：磊集成疙瘩。又称

块垒。块，也泛指块状物。此处比喻郁积在胸中的不平之气。 ②捐书：废书不读。 ③纷挐（ná）：混乱错杂的样子。 ④崒崪（zú lǜ）：形容山势高峻陡峭。

导气养形^①　张载《酒赋》^②。

[注释]

①导气：针灸学名词，一般多通过各种针刺的手法"得气"。"气"是中国哲学、道教和中医学中常见的概念。在中医学中，指构成人体及维持生命活动的最基本能量，同时也具有生理机能的含义。养形：中医学认为，人身由"神"与"形"组成。所谓"形"，指人的整个形体而言。养形方法有导引、按摩、漱咽、拳术、体育和行蹻等。 ②张载：字孟阳，西晋安平（今属河北）人。生卒年不详。官至中书侍郎，职掌著作。明人辑有《张孟阳集》。其《酃酒赋》谓"宣御神志，导气养形"。

娱肠、和神　并曹植《七启》^①。元遗山诗^②："枯肠润如酥。"杜荀鹤诗^③："松醪腊酝安神酒^④，布水宵煎觅句茶^⑤。"

[注释]

①《七启》：曹植文章名，文中假托一个叫"镜机子"的人，对另一个叫"玄微子"的人讲述饮食、容饰、羽猎、宫馆、声色、友朋、王道等七个方面的妙处。 ②元遗山：即元好问（1190～1257），字裕之，号遗山，世称遗山先生。金元时期秀容（今山西忻州）人。原是北魏拓跋氏的后裔，曾任行尚书省左司员外郎等职。有《元遗山先生全集》，词集为《遗山乐府》。诗句见《此日不足惜》："连绵五六酌，枯肠润如酥。眼花耳热后，万物寄一壶。" ③杜荀鹤（846～904）：字彦之，号九华山人，晚唐池州石埭（今安徽石台）人。出身寒微，一生未仕。有《唐风集》10卷。诗句见《题衡阳隐士山居》。 ④松醪：酒名。又名松醪春，使用松脂、松节、松

花、松叶为原料，配酿于酒中。腊酝：腊月所酿之酒。　⑤布水：斟水，倒水。觅句：指诗人构思、寻觅诗句。

养真　张耒诗①："我初谪官时，帝问司酒神②。曰此好饮徒，聊给酒养真③。"

[注释]

①张耒诗：诗句见《冬日放言二十一首》。　②司酒神：掌管酒的天神。　③养真：修养、保持本性。

破恨　东坡诗："破恨悬知酒有兵①。"

[注释]

①破恨：解除愁恨，排解幽怨。悬知：料想，预知。诗句见《王巩屡约重九见访既而不至以诗送将官梁交且见寄次韵答之》。

蒸酒用的灶

消磨万事　　欧阳文忠诗①："一生勤苦书千卷，万事消磨酒百分。"

[注释]

①欧阳文忠诗：见欧阳修《退居述怀寄北京韩侍中二首》。

破除万事　　陈无己曰①：山谷词②："断送一生惟有，破除万事无过。"盖韩诗有云③："断送一生惟有酒。"才去一字，遂为切对而语益峻④。

[注释]

①陈无己：即陈师道（1053～1102），字履常，一字无己，号后山居士，北宋彭城（今江苏徐州）人。历仕太学博士、颍州教授、秘书省正字。为苏门六君子之一，江西诗派重要作家，亦能词。有《后山先生集》，词有《后山词》。　②山谷词：见《西江月·断送一生惟有》。又一说，改诗句者不是黄山谷，而是王安石。《梦溪笔谈》第609条载：韩退之诗句有"断送一生唯有酒"，又曰"破除万事无过酒"。王荆公戏改此两句为一字题四句曰："酒、酒，破除万事无过，断送一生唯有。"不损一字，而意韵如自为之。　③韩诗：韩愈《游城南十六首·遣兴》："断送一生惟有酒，寻思百计不如闲。莫忧世事兼身事，须著人间比梦间。"又《赠郑兵曹》："尊酒相逢十载前，君为壮夫我少年。尊酒相逢十载后，我为壮夫君白首。我材与世不相当，戢鳞委翅无复望。当今贤俊皆周行，君何为乎亦遑遑。杯行到君莫停手，破除万事无过酒。"　④切对：平仄运用切合要求的工整诗句。

寄酒适　　《酒史》：渊明爱抚弄素琴①，寄酒适②。每一醉，则大适。

[注释]

①素琴：没有弦和徽（标记音位的 13 个圆形标志，多由螺钿、贝壳制成镶嵌在琴面）的琴。抚弄这样的琴，是陶渊明寄托雅趣的一种方式。《宋书·陶潜传》："（陶）潜不解音声，而畜素琴一张，无弦，每有酒适，辄抚弄以寄其意。" ②酒适：酒后之快意。

扶头、软脚 周必大诗："伤多莫厌扶头酒①，贵少翻嫌满眼花。"东坡诗："且须更置软脚酒②。"

[注释]

①扶头：意指将醉头扶起。指早上饮酒，用以解除宿醉。诗句见《次韵胡邦衡二首》。 ②软脚：软其脚，让脚放松，指宴饮远归的人。犹今接风、洗尘。诗句见《答吕梁仲屯田》。

宽心陶性 杜诗："宽心应是酒，遣兴莫过诗①。"马戴诗②："陶性聊飞爵③。"

[注释]

①遣兴：抒发情怀，解闷散心。诗句见《可惜》。 ②马戴（799~869）：字虞臣，唐定州曲阳（今江苏东海）人。任国子太常博士。晚唐时期著名诗人。诗句见《同州冬日陪吴常侍闲宴》："陶性聊飞爵，看山忽罢棋。"③聊：依赖，寄托。飞爵：酒杯。

百药长 王莽诏①："盐为食肴之将②，酒为百药之长。"盖酒本黄帝用以治疾也。

[注释]

①《汉书·食货志》卷下载此诏。 ②将：将帅。

治聋　　世传社酒能治聋①。

[注释]

①社酒：特意为春秋社日祭祀土地神所准备的酒。社日是古代农民祭祀土地神的节日。汉以前只有春社，汉以后开始有秋社。自宋代起，以立春、立秋后的第五个戊日为社日。

暖寒压寒　　乐天诗①："春雪朝倾暖寒酒。"郑都官诗②："且将浓醉压春寒。"又山谷诗："苦寒无处避，惟欲酒中藏。"

[注释]

①乐天诗：白居易年轻时在符离有诗《醉后走笔酬刘五主簿长句之赠兼简张大贾二十》，中有"秋灯夜写联句诗，春雪朝倾暖寒酒"之句。
②郑都官：即郑谷（约851～910），字守愚，唐末袁州宜春（今属江西）人。著名诗人。官至都官郎中，被称为郑都官。

祛愁使者　　《北轩诗话》：酒称祛愁使者。古人言愁者，率用酒遣之。太白诗："五花马①，千金裘②，呼儿将出唤美酒。与尔同销万古愁。"杜诗："为接情人饮③，朝来减片愁。"郑谷诗："愁破方知酒有权。"司空曙诗④："愁人赖酒昏。"乐天诗："若无船贮酒，将奈斛量愁。俗号消愁药，神速无以加。"山谷诗："呼酒濯乱愁。"范浚诗⑤："缥壶买酒洗春愁⑥。"石湖诗："瓦盆佳酿灌愁城。"刘子翚诗⑦："美酒如刀解断愁。"是已。然许浑诗⑧："愁极酒难降。"鱼玄机诗⑨："醉别千卮不浣愁⑩。"甚有言愁与酒，如风马牛者。孰是孰非，窃恐曲生不任功，亦不受过也。又韩偓诗⑪："禅伏诗魔归净域，酒冲愁阵出奇兵。"杨万里诗："睡去恐遭诗作崇，愁来当遣酒行成⑫。"放翁诗："酒是治愁药，书为引睡媒。"
"一尊窗下浇愁酒，数卷床头引睡书。""云逢佳月每避舍，酒压闲
愁如受降。""衰极睡魔偏有力，愁多酒圣欲无功。"张元幹诗⑬：
"避谤疏毛颖⑭，推愁赖索郎⑮。"石湖诗："雪推未动诗无力，愁遣
还来酒不神。"

[注释]

　　①五花马：五色的宝马。　②千金裘：价值千金的裘皮衣。　③情人：
感情深厚的友人。　④司空曙（720？～790？）：字文初，唐代广平（今属
河北）人，大历十才子之一。累官左拾遗，终水部郎中。有《司空文明诗
集》。　⑤范浚（1102～1150）：字茂名（一作茂明），宋代兰溪（今属浙
江）人。闭门讲学，笃志研求，学者称香溪先生。有《香溪集》22卷。
⑥缥：青白色，淡青。　⑦刘子翚（huī）（1101～1147）：理学家。字彦冲，
一作彦仲，号屏山，又号病翁，学者称屏山先生。宋代建州崇安（今属福
建）人。以荫补承务郎，通判兴化军，因疾辞归武夷山，专事讲学。有
《屏山集》。　⑧许浑：晚唐最具影响力的诗人之一，七五律尤佳。历虞部
员外郎，转睦、郢二州刺史。有《丁卯集》。　⑨鱼玄机：原避讳作鱼元机，
回改。初名鱼幼微，字蕙兰，晚唐长安（今陕西西安）人。女诗人。后出
家为女道士。有《鱼玄机集》1卷。　⑩浣（huàn）：洗。　⑪韩偓（约
842～923）：乳名冬郎，字致光，晚年又号玉山樵人。唐代万年（今陕西西
安）人。历任翰林学士、兵部侍郎。有《玉山樵人集》。　⑫行成：商议求
和。　⑬张元幹（1091～约1170）：南宋福州（今属福建）人。字仲宗，自
号芦川居士、真隐山人。词风豪放，为辛派词人之先驱。著有《芦川词》、
《芦川归来集》。　⑭毛颖：毛笔。韩愈《毛颖传》笔下人物，为秦代中山
人，强记而便敏，自秦皇帝及太子扶苏、胡亥、丞相斯、中车府令高，下及
国人，无不爱重。又善随人意，正直、邪曲、巧拙，一随其人。　⑮索郎：
酒名，桑落酒的别称，也泛指酒。诗句见《次韵刘希颜感怀二首》。

破闷将军　与祛愁使者并见《事物异名》^①。清雪居士诗："酿熟将军能破闷^②，赋成公子惯凭虚^③。"

[注释]

①《事物异名》：明代余庭碧著。　②酿熟将军：指酒。　③凭虚：指凭虚公子，虚构的人物。《文选·张衡〈西京赋〉》："有凭虚公子者，心奓体忲，雅好博古，学乎旧史氏，是以多识前代之载，言于安处先生。"李善注："凭，依托也；虚，无也。言无有此公子也。"

浇闷酒　放翁诗："灯暗但倾浇闷酒，路长应和赠行诗^①。"

[注释]

①和（hè）：依照别人的诗词的题材或体裁作诗词。赠行诗：临行赠别的诗。诗句见《别杨秀才》。

延命酒　曹唐诗^①："红露想倾延命酒^②，素烟思爇降真香^③。"

[注释]

①曹唐：字尧宾。唐代桂州（今广西桂林）人。生卒年不详。初为道士，后举进士不第。咸通（860～874）中，为使府从事。以游仙诗著称。②红露：花上的露水。"红"指代"花"。　③爇（ruò）：燃烧。

福喜入门　《易林》^①：酒为欢伯，除忧来乐。福喜入门，与君相索^②。

[注释]

①《易林》：即《焦氏易林》，西汉焦延寿撰，16卷，是对《周易》卦象的演绎。　②相索：相互求访。索，求访。

通大道、合自然　李白诗①："天若不爱酒，酒星不在天。地若不爱酒，地应无酒泉。天地既爱酒，爱酒不愧天。已闻清比圣，复道浊如贤。贤圣既已饮，何必求神仙。三杯通大道，一斗合自然。但得醉中趣，勿为醒者传。"

[注释]

①《李白》诗：《月下独酌》（其二）。

千忧散万事空　贾至诗①："一酌千忧散，三杯万事空。"

[注释]

①贾至（718~772）：字幼邻，唐末洛阳人。官至京兆尹，兼御史大夫。有文集30卷。诗句见《对酒曲二首》。

解忧消忧忘忧　魏武帝诗①："何以解忧，惟有杜康。"《北轩笔记》：《述异记》载汉武时②，甘泉道中有虫③，口齿悉具。东方朔曰："此古秦狱地积忧所致，得酒即消。"乃取虫置酒中，果然。人遂谓酒能消忧也。清雪居士诗："消忧有具琴书酒，伴老随时雪月花。"靖节诗④："泛此忘忧物，远我遗世情⑤。"施肩吾诗⑥："茶为涤烦子，酒是忘忧君。"

[注释]

①魏武帝（155~220）：即曹操，字孟德，小字阿瞒，谥号武王、武皇帝，沛国谯县（今安徽亳州）人。军事家、政治家和诗人，三国时代魏国的奠基人和主要缔造者。有《孙子略解》、《兵书接要》、《孟德新书》等。
②《述异记》：古代小说集，有两种不同内容的版本。一是南朝齐国的祖

冲之（429~500）撰。所记多是鬼异之事，现已失传。二是南朝梁代著名文学家任昉（460~508）撰，2卷。汉武：即汉武帝刘彻（前157~前87），幼名刘彘，是汉朝的第五代皇帝。　③甘泉道：由长安前往甘泉的道路。汉代的甘泉宫位于今陕西省咸阳市淳化县城北的甘泉山南麓，是祭祀的重要场所。　④靖节：即陶渊明，卒后友人私谥"靖节征士"。　⑤遗世：遗弃人世间的事情。　⑥施肩吾（780~861）：字希圣，号东斋，入道后称栖真子，唐睦州分水（今浙江富阳）人。登进士第，后隐居。有《西山集》10卷、《闲居诗》百余首。

和气血　杨基诗①："气血郁不舒，赖此酒力和。所以雷公方②，制药用酒多。"

[注释]

①杨基（1326~?）：字孟载，号眉庵。有《眉庵集》。元末明初吴中（今江苏苏州）人，明初十才子之一。所引出自《季迪病目医令止酒因作此劝之》："病目须饮酒，饮酒调微疴。气血郁不舒，赖此酒力和。所以雷公方，制药用酒多。活血必酒洗，散郁须酒磨。制药既用酒，饮酒良匪他。酒可引经络，酒能驱病魔。病目不饮酒，此盖医者讹。李白好痛饮，不闻目有痤。子夏与丘明，不为饮酒过。饮酒既无害，不饮如俗何。清晨呼东家，买置数斗醝。烂醉瞑目坐，满目春风酡。陶然物我忘，梦见孔与轲。此药岂不佳，而乃止酒那。我今劝君饮，君意无婹婀。庸医或见责，请示眉庵歌。"

②雷公方：南北朝《雷公炮炙论》所介绍的药方。

胜寒邪　《三余杂记》：昔有三人，晨起犯雾露而行①。空腹者死，食粥者病，惟饮酒者无恙。可见酒之能胜寒邪也②。

[注释]

①犯：冒着。　②寒邪：中医概念，凡致病具有寒冷、凝结、收引特性

的外邪，称为寒邪。

　　养老寿　《孝经纬》：所以养老寿也。

　　谋洽乐　乐天诗："爱向卯时谋洽乐①，亦曾酉日放粗狂②。"

[注释]

　　①卯时：日出，又名日始、破晓、旭日。中国古时把一天划分为十二个时辰（子、丑、寅、卯等），每个时辰相当于现在的两个小时。　②酉日：老黄历的记日方法，与天干组合后酉日一共有五个：癸酉、乙酉、丁酉、己酉、辛酉。诗中的卯时、酉日，是互文，谓无时无刻不在饮酒作乐。诗句见《尝黄醅新酌忆微之》。

　　醉者神全　《庄子》①：醉者之坠车，虽疾不死。其神全也。彼得全于酒而犹若是，况得全于天乎？

[注释]

　　①《庄子》：见《庄子·达生》："夫醉者之坠车，虽疾不死。骨节与人同，而犯害与人异，其神全也。乘亦不知也，醉亦不知也。死生惊惧不入乎其胸中，是故逆物而不慑，彼得全于酒，而犹若是，而况得全于天乎？"庄子认为人饮酒致醉而"其神全也"。醉酒后精神越发高涨，思路更加狂放，以至于"死生惊惧不入乎其胸中"。并由此得出结论："彼得全于酒，而犹若是，而况得全于天乎？"庄子将酒与人的"全身"、"全性"、"得全于天"联系在一起。

　　钓诗钩　东坡诗："应呼钓诗钩①，亦号扫愁帚。"

[注释]

①钓诗钩：是说酒能勾起创作的灵感。诗句见《洞庭春色》。

浇谈天口 东坡诗："须君滟海杯，浇我谈天口^①。"

[注释]

①滟海：酒杯的美名。 ②谈天口：能言善辩的大口。谈天，能言善辩。诗句见《洞庭春色》。

曲糵灵 乐天诗："况兹儿女恨^①，及彼幽忧疾^②。快饮无不消，如霜得春日。方知曲糵灵^③，万物无与匹。"

[注释]

①况兹句：此处诗句见《效陶潜体十六首》，回顾陶渊明爱酒的一生。 ②幽忧疾：即幽忧之疾，属于情志不调的疾病，即过度忧伤劳神，类似于现在所说的轻度抑郁症。 ③曲糵：泛指酒曲。曲是利用谷物霉变制成的酵母，糵是谷芽霉变制成的发酵剂。二者的培养基不同，发酵功能也不同。

酒何负于政 《魏志》：曹操欲制酒禁^①，孔融与操书云："天垂酒星之曜^②，地列酒泉之郡^③。尧不千钟^④，无以建太平。孔非百觚，无以成上圣。樊哙解厄鸿门^⑤，非钟酒无以奋其怒。赵之厮养，东迎其主^⑥，非厄酒无以激其气。高祖非醉斩白蛇^⑦，无以畅其灵。景帝非醉幸唐姬^⑧，无以开中兴。袁盎非醇醪^⑨，无以脱其命。定国不酣饮一斛^⑩，无以决其法。故郦生以高阳酒徒^⑪，著功于汉；屈原不𫗦糟啜醨^⑫，取困于楚。酒何负于政哉？"

[注释]

①酒禁：即禁酒的命令。　②曜（yào）：光亮。　③酒泉：酒泉郡，因“城下有金泉，其水若酒”而得名。　④钟：古代计量单位。春秋时各国标准不一，而齐国以十釜为“钟”。　⑤樊哙句：樊哙在鸿门宴上刘邦生命危急的时刻，带剑闯入大帐，说出“臣死且不避，卮酒安足辞”的豪言壮语，为刘邦解围。卮（è），受困。　⑥赵之厮养，东迎其主：《楚汉春秋》记载：“赵之走卒，东迎其主，非卮酒无以成。”赵国的士卒到河东去迎接自己的国主，如果没有卮酒就接不到。　⑦高祖句：秦始皇末期，刘邦做亭长时带着一支队伍前行，前行者报告说，前面有一条大蛇阻挡在路上，请求返回。刘邦正在酒意蒙眬之中，什么也不怕，勇往直前，挥剑将挡路的大白蛇斩为两段。后来有人说白蛇为白帝的儿子所化，因挡在路上，被赤帝子（刘邦）所斩。刘邦听后暗自高兴，颇为自负。　⑧景帝句：西汉景帝召幸程姬，程姬正逢月经，不便进侍，于是将身边侍女唐儿（即后来的唐姬）梳洗装扮，送到汉景帝宫中。汉景帝醉而不知，以为程姬而幸之，于是怀孕。汉景帝酒醒之后方才发觉并非程姬。等到所怀皇子生产，命名为刘发。　⑨袁盎非醇醪：袁盎以汉朝使者的身份出使吴国。吴王想让他担任将领，袁盎不肯。吴王想杀死他，派一名都尉带领五百人把袁盎围困在军中。当初袁盎担任吴国国相的时候，曾经有一个从史偷偷地爱上了袁盎的婢女，与之私通，袁盎知道了这件事，没有泄露，对待从史仍跟从前一样。有人告诉从史，说袁盎知道他跟婢女私通的事，从史便逃回家去了，袁盎亲自驾车追赶从史，把婢女赐给他，仍旧叫他当从史。围困袁盎的校尉司马就是袁盎从前的从史，校尉司马就把随身携带的全部物品卖了，购买了两石味道浓厚的酒。刚好碰上天气寒冷，围困的士兵又饿又渴，喝了酒，都醉倒了。校尉司马趁夜里领袁盎起身，说道：“您可以走了，吴王约定明天一早杀您。”袁盎不相信，说：“您是干什么的？”校尉司马说：“我是原先做从史与您的婢女私通的人。”袁盎这才吃惊地道谢说：“庆幸您有父母在堂，我可不能因此连累了您。”校尉司马说：“您只管走，我也将要逃走，把我的父母藏匿起来，您又何必担忧呢？”于是用刀把军营的帐幕割开，引导袁盎从醉倒的士兵所挡住的路上出来。　⑩定国句：西汉的于定国为廷尉，主管法律事

务，饮酒至数石不乱。冬月断决大案时饮酒，更加精明。 ⑪郦生以高阳酒徒：郦生即郦食其（yì jī），想要去投奔沛公刘邦，正好有同乡人是沛公麾下骑士，郦生向他问计，骑士告诫他说："沛公不好儒，你不要说自己是儒生。"于是郦食其以"高阳酒徒"的名义请见，得到刘邦接见，得到重用，为建立西汉立下功劳。 ⑫屈原不铺糟啜醨：《楚辞·渔父》：渔父劝屈原随波逐流："举世混浊，何不随其流扬其波？众人皆醉，何不铺其糟而啜其醨？何故怀瑾握瑜而自令见放为？"屈原不甘心洁净之身受外物之污染，遂投汨罗江而死。铺糟啜醨，吃酒糟，喝薄酒，比喻屈志从俗，随波逐流。

酒力 郑谷《雪诗》："乱飘僧舍茶烟湿，密洒歌楼酒力微。"胡宿《雨诗》："石床润极琴丝缓，水阁寒多酒力微。"

休休暖 东坡诗："酒清不醉休休暖①，睡稳如禅息息匀②。"

[注释]

①休休暖：悠闲而暖和。苏轼《沐浴启圣僧舍与赵德麟邂逅诗》："酒清不醉休休暖，睡稳如禅息息匀。"休休，悠闲的样子。 ②息息：呼吸，气息出入。

醉红 北轩主人曰：孔平仲诗①："两颊生春红胜桃。"放翁诗："酒晕徐添玉颊红②。"又清雪居士诗："酒后红潮徐上颊。"皆谓醉脸也。予喜东坡"儿童误喜朱颜在，一笑那知是醉红"③，"醉红"二字，新而韵。

[注释]

①孔平仲：字义甫，一作毅父，北宋新喻（今江西新余）人。生卒年不详。治平二年（1065）举进士，曾任秘书丞、集贤校理，又提点江浙铸钱、京西刑狱。有《珩璜新论》、《续世说》、《孔氏谈苑》、《朝散集》等。

诗句见《元丰四年十二月大雪郡侯送酒》："余虽不饮为一醨，两颊生春红胜桃。"　②酒晕句：见《宴西楼》："烛光低映珠蛑丽，酒晕徐添玉颊红。"　③儿童二句：见《纵笔三首》。

孕和产灵　乐天《酒功赞》："孕和者何①？浊酒一樽②。霜天雪夜，变寒为温。产灵者何③？清醑一酌④，离人迁客，转忧为乐。"

[注释]

①孕和：孕育和乐，此处指一樽浊酒就可以孕育和乐。　②浊酒：浊酒统称白酒，又叫醪，指酿造时间短、用曲量少、成酒浑浊的酒。又，浊酒一般呈稠状，黏性强，色浊味薄，是低质量的酒。古时文人贫者多，常饮浊酒。　③产灵：产生灵感，此处指一酌清醑可以产生灵感。　④清醑：清酒。清酒的工艺流程较浊酒复杂，经加工过滤，酒味较浓厚，酒色较清。

百虑齐息、万缘皆空　亦《酒功赞》。周子充曰①：陶渊明诗："酒能消百虑。"杜子美云："一酌散千忧。"皆得趣之句也。

[注释]

①周子充：即周必大（1126～1204），字子充，一字洪道，自号平园老叟。南宋庐陵（今江西吉安）人。官至左丞相。

扫二豪　范成大诗①："笔端未办夸三绝②，酒里犹能扫二豪③。"

[注释]

①范成大（1126～1193）：字致能，号石湖居士，南宋平江吴郡（治今江苏苏州）人。官至参知政事。与杨万里、陆游、尤袤合称南宋"中兴四

大诗人"。有《石湖居士诗集》、《石湖词》等。诗句见《公辨再赠，复次韵》。　②未办：未能，不能够。三绝：指三国魏《受禅碑》的王朗撰文、梁鹄书写、锺繇刻字，三样均堪称绝。　③二豪：两位豪杰之士，指宋王禹偁和苏轼。宋王十朋《望黄州》诗："忽见江上山，人言是黄州。怀人望雪堂，读记思竹楼。二豪不复见，大江自东流。"

历万岁　李白诗："呼我游太素①，玉杯赐琼浆②。一餐历万岁③，何用还故乡。"

[注释]

①太素：宇宙。太素是道家哲学中由无极过渡到天地诞生前的五个阶段（太易、太初、太始、太素、太极）之一。　②琼浆：比喻美酒或甘美的浆汁。琼，美玉。用美玉制成的浆液，古代传说饮了它可以成仙。　③历万岁：天上与人间的时间不同，天上刚刚吃了一顿饭，人间已经经历了一万年。诗句见《古风五十九首》。

令人神爽　《杜阳编》①：顺宗时②，处士伊祈元召入宫③，饮龙膏酒。黑如纯漆，饮之令人神爽。此本乌弋国所献④。

[注释]

①《杜阳编》：唐代苏颚著，3卷。苏颚，字德祥，武功（今属陕西）人。生卒年均不详，约890年前后在世。唐僖宗光启二年（886）登进士第。　②顺宗：唐顺宗，805年在位。　③处士：古时候称有德才而隐居不愿做官的人。　④乌弋国：在今阿富汗境内。《汉书·西域传》说乌弋国距离长安15000余里，西行要100余日。

不饥渴　《抱朴子》：硕曼卿入山学仙①，自言仙人迎我升天，以流霞一杯与我饮，辄不饥渴。

①硕曼卿：又有作"项曼都"者。见《抱朴子·祛惑》："项曼都入山学仙，十年而归，家人问其故，曰：'有仙人但以流霞一杯与我，饮之辄不饥渴。'"

饮之长生　《十洲记》[①]：瀛洲有玉膏如酒[②]，饮数升辄醉，令人长生。

①《十洲记》：又称《海内十洲记》，志怪小说集，1卷。旧本题汉东方朔撰。记载汉武帝听西王母说大海中有祖洲、瀛洲、玄洲、炎洲、长洲、元洲、流洲、生洲、凤麟洲、聚窟洲等十洲，便召见东方朔问十洲所有的异物。　②瀛洲：传说中的东海仙山。玉膏：玉的脂膏，古代传说中的仙药。《山海经·西山经》："（西山）其中多白玉，是有玉膏。"

卷七　著　撰

经史百家[①]，言酒者不一。单词只句，未暇称引[②]。第举全篇[③]，标其题目，亦可见解酒之人，未有不能文者。次著撰第七。

①经史百家：旧指各个方面的重要学问。经，经学、经书，儒家经典著作；史，史学、史书；百家，诸子百家之学。　②称引：援引，称述。③第：但。

酒诰　《尚书》篇名。武王作以诰康叔也。又，晋江统亦著有《酒诰》①。

[注释]

①江统（？~310）：字应元（一说元世、德元），西晋陈留圉（今河南杞县圉镇）人。官至散骑常侍，领国子博士。作《徙戎论》著称于世。所写《酒诰》，提出发酵酿酒法，对酒的发生有论述，谓："酒之所兴，肇自上皇，或云仪狄，一曰杜康。有饭不尽，委以空桑，郁积成味，久蓄气芳。本出于此，不由奇方。"

宾之初筵①　《诗·小雅》篇名。卫武公饮酒悔过之作②。

[注释]

①宾之初筵：《诗经》篇名，西周初年至春秋中叶民间创作。讽刺饮酒无度，失礼败德，警戒饮酒失仪。　②卫武公（前853？~前758）：姬姓，卫氏，名和，谥号武公。卫国第十一代国君，前812~前758年在位。

既醉①　《诗·大雅》篇名。

[注释]

①既醉：《诗经》篇名。谓"既醉以酒，既饱以德。君子万年，介尔景福"。既醉，已经醉于酒。既，已经，既已。

乡饮酒①　《礼记》篇名。

[注释]

①乡饮酒：是周代盛行一时的饮食礼仪。诸侯之乡学，每三年一次大比，选出贤能之人进献给国君，乡里大夫要将这些人才当作嘉宾，举行宴

会，称为乡饮酒礼。

饮酒诗　陶渊明有《饮酒》诗，其自叙云：“余闲居寡欢，兼
比夜已长。偶有名酒，无夕不饮。顾影独尽，忽焉复醉①。既醉之
后，辄题数句自娱，纸笔遂多。辞无诠次②，聊命故人书之，以为

清石涛《渊明诗意册》之三

欢笑耳。"北轩主人曰：古人饮酒诗多矣。独举渊明者，以其深得酒趣也。自叙数语，千载而下，犹可想见其人。

[注释]

①忽焉：很快的样子。　②诠次：选择和编次。次，次第、层次。诠，通"铨"，选择。

酒赋　邹阳、嵇康、张载①，并有《酒赋》。

[注释]

①邹阳：邹阳有《酒赋》："清者为酒，浊者为醴。清者圣明，浊者顽骏。皆曲湵丘之麦，酿野田之米，仓风莫预，方金未启，嗟同物而异味，叹殊才而同待。……"见《西京杂记》卷四所引。张载：张载有《酃酒赋》："惟圣贤之兴作，贵垂功而不泯。嘉康狄之先识，亦应天而顺人。拟酒象于玄象，造甘醴以颐神。虽贤愚之同好，似大化之齐均。……"

将进酒①　古乐府②。

[注释]

①将进酒：原是汉乐府短箫铙歌的曲调，题目意译即"劝酒歌"。唐代浪漫主义诗人李白曾用此题诗，为其代表作之一。　②古乐府：指汉魏、两晋、南北朝的乐府诗。

酒箴　扬雄、崔骃、皮日休①，并有《酒箴》②。

[注释]

①扬雄：扬雄《酒箴》写水瓶质朴有用，反而易招损害；酒壶昏昏沉沉，倒能自得其乐。崔骃（？~92）：字亭伯，东汉涿郡安平（今属河北）

人。13岁便精通《诗》、《易》、《春秋》。又博学多才，尽通训诂百家之言。少游太学，与班固、傅毅齐名。皮日休：其《酒箴》谓："皮子性嗜酒，虽行止穷泰，非酒不能适。……" ②箴（zhēn）：古代一种文体，以告诫规劝为主。

酒德颂　刘伶作①。又，晋赵整有《酒德歌》②。

[注释]

①刘伶：刘伶有《酒德颂》："有大人先生，以天地为一朝，以万物为须臾……止则操卮执觚，动则挈榼提壶，唯酒是务，焉知其余？……"
②赵整：一名正，字文业。前秦洛阳（今属河南）人，或云济阴（今属山东）人。年十八仕前秦主符坚，为著作郎，迁官至秘书侍郎。曾以诗谏坚。坚败后为僧人。《酒德歌》：获黍西秦，采麦东齐。春封夏发，鼻纳心迷。地列酒泉，天垂酒池。杜康妙识，仪狄先知。纣丧殷邦，桀倾夏国。由此言之，前危后则。

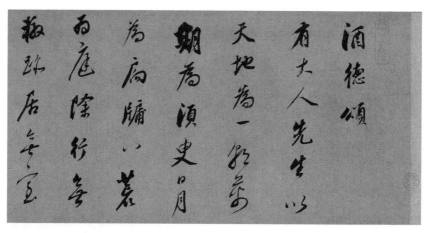

明董其昌行书刘伶《酒德颂》（局部）

止酒诗　北轩主人曰：余于昔人止酒诗，亦取渊明。能饮能止，真可谓游行自在。

酒尔雅^①　宋何剡著^②。

[注释]

①酒尔雅：宋代何剡撰写的将有关酒的字词分类解释的工具书。《尔雅》，我国最早的一部解释词义的专著，也是第一部按照词义系统和事物分类来编纂的词典。作为书名，"尔"是"近"的意思。　②何剡：字楫臣，江宁人。治《周礼》，宋淳熙八年黄由榜进士。《酒尔雅》中说："酒以成礼，不继以淫，义也；以酒成礼，弗纳于淫，仁也。"

四时酒要　见《宋志》^①。未详何人作。《宋志》又有秘修藏酿方，亦不及所著之人姓氏。

[注释]

①《宋志》：《宋史·艺文志》的简称。《艺文志》，记载文献典籍作者、存佚状况等的专门志。其中著录《四时酒要》1 卷。

甘露经^①　《谈薮》^②：汝阳王琎自号酿王，兼曲部尚书。家有酒法，凡四方风俗，诸家材料，无不毕具。

[注释]

①甘露经：记家藏酿酒技法。　②《谈薮》：宋代庞元英撰写的笔记小说。庞元英，字懋贤，单州成武（今属山东）人。官至丞相。

醉乡记　王绩著，以次刘伶《酒德颂》^①。其略曰：醉乡去中国^②，不知其几千里也。其气和平^③，其俗大同^④，其人无爱憎喜怒，其寝于于⑤，其行徐徐⑥。昔者黄帝氏尝获游其都⑦。下逮秦汉⑧，遂与醉乡绝。而臣下之好道者，往往窃至焉⑨。阮嗣宗、陶渊明等数十人⑩，并游醉乡，没身不返⑪，中国以为酒仙。嗟！醉乡氏之俗，岂古华胥氏之国乎⑫？何其淳寂也⑬？唐人诗："若使刘伶为酒帝，亦须封我醉乡侯。"刘虚白诗⑭："知道醉乡无户税⑮，任教荒却下丹田⑯。"杨诚斋诗："诗社自甘编下户⑰，醉乡何苦不开边。"

[注释]

①次：接续。　②去：距离。中国：中原之国，中心之国。　③和平：心平气和。　④大同：大体相同。　⑤于于：安然自得的样子。　⑥徐徐：缓慢。　⑦获：有机会。　⑧逮：到。　⑨窃：私下。　⑩阮嗣宗：即阮籍。　⑪没身：终身。　⑫华胥氏：神话传说中女娲和伏羲的母亲，我国上古时期母系氏族部落的一位杰出的女首领。今陕西省西安市蓝田县华胥镇有其遗迹。　⑬淳寂：质朴宁静。淳，朴实、淳朴。寂，静、没有声音。⑭刘虚白：唐代竟陵（今湖北天门）人，擢元和年间（806～820）进士第。　⑮户税：以户为单位按资产征收的税。　⑯下丹田：指脐下三寸之处。原指道家内丹术丹成呈现之处，炼丹时意守之处。此处指良田。　⑰诗社：诗人定期聚会作诗吟咏而结成的社团。下户：客居人口，移民。

酒经、酒谱　王绩述焦革法为《酒经》，又采杜康以来善酒者为《酒谱》。李淳风见之曰①："君酒家南董也②。"又唐汝阳王琎、宋衡阳窦革、临安徐炬③，并有《酒谱》。林和靖诗④："花月病怀看《酒谱》，云罗幽信寄《茶经》⑤。"

[注释]

①李淳风（602～670）：唐代岐州雍县（今陕西凤翔）人。天文学家、数学家，其与袁天罡合著《推背图》以预言的准确而著称于世。　②南董：

春秋时代齐史官南史、晋史官董狐的合称。皆以直笔不讳著称。 ③临安：指临安府，即今浙江杭州。徐炬：明代人。 ④林和靖（967~1029）：名逋，字君复，北宋钱塘（今浙江杭州）人，隐逸诗人。性情淡泊，爱梅如痴。在故里时唯以读书种梅为乐，是中国历史上的著名隐士，有以梅为妻、以鹤为子的说法。 ⑤云罗：深山隐居之处。

五斗先生传　王绩作以自谓也。传云：五斗先生者，以酒德游于人间，有以酒请者，无贵贱皆往。往必醉，醉则不择地斯寝矣，醒则复起饮也。常一饮五斗，以为号焉①。

[注释]

①号：标准、标志。以五斗为标志。

酒功赞①　乐天作。

[注释]

①酒功赞：白居易为歌颂酒的功劳而作的赋，谓："麦曲之英，米泉之精。作合为酒，孕和产灵。……"

醉吟先生传①　乐天自号醉吟先生，因作传云：醉吟先生者，忘其姓氏、乡里、官爵。忽忽不知吾为谁也。性嗜酒，耽琴诗②。尝自吟曰："抱琴荣启乐③，纵酒刘伶达。放眼看青天，任头生白发。"吟罢自哂④，揭瓮拨醅⑤。又饮数杯，兀然而醉⑥。醉复醒，醒复吟，吟复醉，醉吟相应，若循环然，陶陶然不知老之将至。古之所谓得全于酒者乎！

[注释]

①醉吟先生传：唐文宗开成三年戊午（838），白居易67岁，作《醉吟

先生传》。　②耽：沉溺，迷恋。　③荣启：春秋时期著名隐士荣启期的省称。　④哂（shěn）：微笑。　⑤醅（pēi）：未滤过的酒。　⑥兀然：昏沉无知觉的样子。

饮中八仙歌　杜子美作歌曰："知章骑马似乘船[1]，眼花落井水底眠。汝阳三斗始朝天[2]，道逢曲车口流涎[3]，恨不移封向酒泉[4]。左相日兴费万钱[5]，饮如长鲸吸百川，衔杯乐圣称避贤[6]。宗之潇洒美少年[7]，举觞白眼望青天，皎如玉树临风前[8]。苏晋长斋绣佛前[9]，醉中往往爱逃禅。李白一斗诗百篇，长安市上酒家眠。天子呼来不上船，自称臣是酒中仙。张旭三杯草圣传，脱帽露顶王公前，挥毫落纸如云烟。焦遂五斗方卓然，高谈雄辩惊四筵。"

[**注释**]

①知章：贺知章。八仙中资格最老、年事最高。　②汝阳：汝阳王李琎，唐玄宗的侄子。朝天：朝见天子。　③曲车：载酒的车。　④移封：迁移封地。　⑤左相：李适之。天宝元年（742），代牛仙客为左丞相。天宝五年，为李林甫排挤而罢相，在家与亲友会饮时赋诗道："避贤初罢相，乐圣且衔杯。为问门前客，今朝几个来？"　⑥乐圣：喜欢喝清酒。清酒是酒中的"圣人"。避贤：不喝浊酒。浊酒是酒中的"贤人"。　⑦宗之：崔宗之。　⑧玉树临风：形容人像玉树一样风度潇洒，秀美多姿。　⑨长斋：佛教戒律中规定中午 12 时以后进食为非时食，称遵守过午不食戒者为持斋，长时如此则谓之持长斋，在我国，持戒者多伴随着吃素（不食荤腥），故民间多谓终年素食者曰吃长斋。

陆谞传　唐子西作[1]。陆谞与"绿醅"同音也[2]。传中号曰醇儒，封曰醴泉侯，谥懿曰懿侯。

①唐子西：唐庚，字子西，北宋眉山（今属四川）人，进士，文采风流，人称"小东坡"。　②绿醅：绿色美酒。醅，经过多次沉淀过滤的酒。

　　独酌谣　陈后主作①。有二章。其一曰："独酌谣，独酌且独谣。一酌岂陶暑②，二酌断风飙。三酌意不畅，四酌情无聊。五酌盂易覆，六酌欢欲调。七酌累心去，八酌高志超。九酌忘物我，十酌忽凌霄。凌霄异羽翼，任致得飘摇。宁学世人醉③，扬波去我遥。尔非浮丘伯④，安见王子乔⑤。"北轩主人曰：卢仝《茶歌》脱胎于此⑥。

①陈后主：即陈叔宝（553～604），字元秀，南北朝时朝南朝陈国皇帝。582～589年在位。　②陶暑：解暑，消暑。　③宁学世人醉：反其意而用《渔父》，渔父劝屈原学习世人皆醉，随波逐流。　④浮丘伯：汉初儒家学者，师事荀子，与李斯、韩非、张苍同门受业，精于治《诗经》。丘，原讳作邱。　⑤王子乔：东周人，周灵王太子，后成为神话传说中的仙人。⑥卢仝：唐代范阳人，喜饮茶，曾汲井泉煎煮，自号玉泉子。

　　北山酒经　宋朱翼中著。又，李保有《续北山酒经》。保即翼中之友。

　　觞政述①　宋赵与时著②。明袁宏道亦有《觞政》。

①觞政述：书中所涉大都为唐宋时酒令，如九射格、纸帖子等，还提出酒令起源为"始于投壶之礼"。　②赵与时（1172～1228）：字行之（一作德行），北宋人。宝庆二年（1226）进士。官丽水丞。所著还有《宾退录》

10 卷。

　　醉乡日月　　皇甫崧著①。

[注释]

　　①皇甫崧：唐人，字子奇，终身未仕。《醉乡日月》3 卷，自称为酒后戏作，记录当时饮酒者之格及酒令、酒事风俗等。今有《说郛》本。

　　醉乡律令①　　明田艺蘅著②。又，胡节有《醉乡小略》及《白酒方》。

[注释]

　　①醉乡律令：共 1 卷，提出"醉乡十一宜"，即"醉花宜昼，醉雪宜袒，醉月宜楼，醉暑立舟，醉山宜幽，醉水立秋，醉佳人宜微酡，醉文士宜妙令酌无苛，醉豪客宜挥觥发浩歌，醉将离宜鸣鼍，醉知音宜乐侑语无它"。　　②田艺蘅（1524~?）：字子艺，明代钱塘（今浙江杭州）人。田汝成子。任徽州训导，罢归。为人高旷磊落，好酒任侠，斗酒百篇。有《大明同文集》、《留青日札》、《煮酒小品》、《老子指玄》及《田子艺集》等。

　　酒训　　后魏高允集往世酒之败德者①，为《酒训》②。

[注释]

　　①高允（390~487）：字伯恭，南北朝北魏渤海蓨（今河北景县）人。拜中书令、封咸阳公。　　②《酒训》：1 卷。《魏书》卷四十八《高允传》载高允序言及文章。

　　醉仙图记　　未详何人作。《隋唐佳话》①："张僧繇初作《醉僧图》，道士每以此嘲僧。于是群僧聚钱数十万，请阎立本作《醉道士图》②。今并传于世。"《画苑》："卫协画《醉客图》③。"皮日休诗："醉客图开明月中。"

[注释]

①《隋唐佳话》：唐代刘铼著，记隋唐人物杂记。佳，又作嘉。 ②阎立本（约601~673）：唐代雍州万年（今陕西西安）人，画家兼工程学家。擅长工艺，多巧思，工篆隶书，对绘画、建筑都很擅长。官至朝散大夫、将作少监。父子三人并以工艺、绘画驰名隋唐之际。 ③卫协：西晋画家。师法曹不兴，擅绘道释人物故事。白描细如蛛网，饶有笔力。

文字饮 明屠本畯著①。

[注释]

①屠本畯：字田叔，号豳叟。明代鄞县（今浙江宁波鄞州区）人。主要活动于明万历年间（1573~1620）。在海洋动物学和植物学上有所成就，代表作《闽中海错疏》。《文字饮》1卷，记录文人间把酒赋诗论文。有《说郛续》本。

酒录 宋窦革著①。

[注释]

①窦革：宋代人，所著《酒录》一书对北宋以前有关制酒、酒人、酒事广事收录。

酒小史① 元宋伯仁著。

[注释]

①酒小史：本书收录前代酒名100多种，时代自春秋至宋代。有《说

郛》本。

酒名记^①　宋张能臣著。

[注释]

①酒名记：本书记载宋代蒸馏酒 223 种，齐鲁酒占 27 种。所记有产地、酒名、酿制、药用等内容。

醉学士歌　《明诗纪事》^①：太祖宴群臣，赐宋濂酒^②，大醉。太祖亲制《醉学士歌》赐之，命群臣和焉。

[注释]

①《明诗纪事》：诗话集。清陈田编。陈田（1849~1921），字松山，号黔灵山樵，贵阳（今属贵州）人。为谏官 14 年，清亡后以遗老身份留居北京，借住僧寺中。　②宋濂（1310~1381）：字景濂，号潜溪，别号玄真子、玄真道士、玄真遁叟。浦江人，与高启、刘基并称为"明初诗文三大家"。

酒会诗^①　嵇康有《酒会诗》七章。

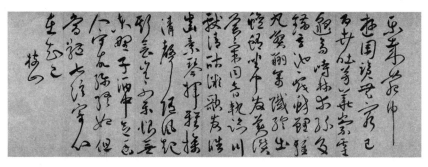

明祝允明草书嵇康《酒会诗》

①酒会诗：五言诗，谓"乐哉苑中游，周览无穷已"，"临川献清酤"，"酒中念幽人，守故弥终始"，全篇歌颂酒中之乐。

贞元饮略　唐窦常著①。

[注释]

①窦常（746～825）：字中行，唐代平陵（今陕西咸阳西北）人，郡望扶风（今陕西兴平东南）。以国子祭酒致仕。本书有3卷。记唐德宗贞元年间（785～805）酒事。

乞酒诗　古人诗甚多。北轩主人诗：漫寻旧贮修琴料，聊和新来乞酒诗。

熙宁酒课①　宋赵珣作。

[注释]

①熙宁：北宋时宋神宗赵顼的一个年号，1068年到1077年，共计10年。酒课：古代朝廷对酒的征税与专卖。课，征收。本书记当时东京酒课在40万贯以上，涟水为4万贯以上，戎州为5000贯。书中又记宋代已有酿酒业，民间有酿制和饮用时令酒的风俗。载《说郛》卷九十四。

何处难忘酒　并元白律诗①。以此为起句②，以"此时无一盏"为第七句。又有上六句泛言人事，而以"不如来饮酒"为第七句者，亦系元白倡和之作。

[注释]

①元白：元稹、白居易。　②起句：开头的一句。

劳酒赋　江总作①。《后汉书》：王丹每农时载酒肴田间②，勤者劳之③。

[注释]

①江总（519~594）：字总持，南朝陈济阳考城（今河南兰考）人。陈后主时，官至尚书令，故世称"江令"。宫体艳诗的代表诗人之一。　②王丹：字仲回，东汉京兆下邽（今陕西渭南东北）人。哀、平帝时，仕州郡。③劳：慰问，犒劳。

酒诗　清雪居士曰：俗传《酒诗》一卷，乃村学究以教儿童者①，最鄙俚②。相传是涂孟规作。孟规，名几，字守约。孟规其别号，洪武时宜黄人也。

[注释]

①村学究：旧时称乡间村塾教师，也用以讥讽学识浅陋的读书人。②鄙俚：粗俗，浅陋。

酒史、酒戒　北轩主人曰：予幼时曾见此二书，作者姓名已忘之矣。

曲本草①　宋田锡著②。

[注释]

①曲本草：我国最早介绍"曲"和各种曲酒的专书，也是我国现存的古代专记此事的唯一专著。介绍了枸杞酒、菊花酒、葡萄酒、桑椹酒等15种曲酒用曲的情况及性能，并把酒与药物的治疗作用结合起来。　②田锡：后蜀广政二年（939）出生于洪雅县（今属四川）。历任左拾遗、直史馆。

另有《咸平集》50 卷。

酒律^①　隋侯白著。

[注释]

①酒律：本书饮酒律条，也记酒名、酒性等，如记婪尾酒，谓："酒巡
匝到末坐者，连饮三杯，为婪尾酒。"他书有谓"蓝尾酒"。

令圃芝兰　阳曾龟著。未详何代人。又古有《庭萱谱》一
卷^①，亦系酒令。

[注释]

①《庭萱谱》：宋代崔端己著。端己号同尘先生。《宋志》小说类、《通
志略・史类・食货・酒》著录。书已佚。

觥律^①　宋瀼东漫士曹继善作^②。盖以制成叶子^③，为行觞具。
亦欢场雅事也。

[注释]

①觥律：即《安雅堂觥律》。《说郛》收入卷九十五。　②瀼东：今属
重庆奉节县。漫士：不受世俗约束的人士。　③叶子：如同今日的纸牌。有
叶子 119 张，即觥赞 1 张，觥例 5 张，觥纲 5 张，觥律 108 张。叶子均采录
古代善饮或嗜酒者，每张叶子用一首五言绝句概括这个掌故，以一句话作
结，终写罚酒、饮酒法。

浪裏白跳張順

生浮易死錢塘

居臨水者飲

《水滸》叶子

酒孝经[①]　唐刘炫著。

[注释]

　　①酒孝经：唐代刘炫所著酒令一类书。

新丰酒法[①]　宋林洪作。

[注释]

①新丰：宋代丹阳的小镇，盛产美酒。林洪到此考察，"尤闻旧酒香，抱琴沽一醉，终日卧斜阳"。

小酒令　宋锦江赵景著①。明田艺蘅亦有《小酒令》。

[注释]

①赵景：宋代庆历年间（1041~1048）人。

饮戏助劝①　宋安阳窦垔著。

[注释]

①饮戏助劝：记载酒令的书，宋代元丰年间（1078~1085）窦垔（当作竉）所著，3卷。劝，一作欢。

酒乘①　元韦孟著。

[注释]

①酒乘：酒史。乘，春秋时晋国的史书称"乘"，后通称一般的史书。本书宛委山堂《说郛》收存卷九十四。

觥记注　宋郑獬著①。

[注释]

①郑獬（1022~1072）：字毅夫，宋代宁都县（今属江西赣州）人。历任陈州通判、翰林学士、开封知府。有《郧溪集》30卷（已入《四库全书》）和《觥记注》、《幻云居诗稿》各1卷。《觥记注》有宛委山堂本。

罚爵典故[1]　宋李廌著[2]。

[注释]

①罚爵：罚酒用的杯子。　②李廌（zhì）（1059～1109）：字方叔，号德隅斋，又号齐南先生、太华逸民，宋代华州（今陕西渭南华州区）人。苏门六君子（黄庭坚、秦观、晁补之、张耒、陈师道、李廌）之一。《罚爵典故》1卷，收入《说郛》卷九十四。所留文字不多，如："桑乂在江总席上曰：虽深戕百罚，吾亦不辞也。"

酒签诗　元黄铸撰。以诗百首为签，使探得者，随文劝酒。铸字海器，柳州人[1]，官黔南县尹[2]。

[注释]

①柳州：今属广西。　②黔南：今属贵州。县尹：一县的长官。

酒中十咏　皮日休作，陆龟蒙和。十咏者：酒星、酒泉、酒篘、酒床酒垆、酒楼、酒旗、酒樽、酒城、酒乡也[1]。陆又添六咏，则酒地、酒龙、酒瓮、酒舟、酒枪、酒杯也[2]。宋张表臣复添至三十[3]，则皮陆所咏之外，又益以酒后、酒仙、酒徒、酒保、酒钱、酒债、酒正、酒材、酒杓、酒盆、酒壶、酒觥、酒榼[4]。酒后，谓杜康。

[注释]

①酒篘（chōu）：过滤酒糟渣滓的器具，用竹编成，一种无底竹筐。皮日休《酒篘》描写其制作、形状："翠篾初织来，或如古鱼器。新从山下买，静向瓿中试。轻可网金醅，疏能容玉蚁。自此好成功，无贻我罍耻。"酒床：用重力压制取酒所用的器具。酒垆：卖酒时放置酒的土台。酒城：比

喻可供畅饮的地方。 ②酒地：谓以酒为池。酒龙：以豪饮著名的人。
③张表臣：字正民，约北宋末年在世。官右承议郎，终于司农丞。有《珊
瑚钩诗话》3卷。 ④酒保：旧时对酒店跑腿人员的称呼。

断酒诫 庾阐作[①]。唐宋人多有断酒诗。

[注释]

①庾阐：字仲初，东晋颖川鄢陵（今属河南）人。仕至尚书郎。开始
好饮酒，后来觉得饮酒有"穷智"、"害性"、"任欲"、"丧真"等害处，于
是断酒，"不栉沐，不婚宦，绝酒肉垂廿年"。

卷八 政 令

古人宴会，必立觞政。其法虽不传，神而明之[①]，自存乎其人
耳[②]。要在巧不伤雅，严不入苛。次政令为第八。

[注释]

①神而明之：谓真正明白某一事物的奥妙。《周易·系辞上》："化而裁
之，存乎变；推而行之，存乎通；神而明之，存乎其人。" ②自存乎其
人：在于各人的领会。

监史 《诗》："凡此饮酒，或醉或否。既立之监[①]，或佐之
史[②]。"北轩主人曰：监史之设，本以在席之人，恐有懈倦失礼者，
立司正以监之也。后人乐饮，遂以为主令之明府，则失礼意多矣。

[注释]

①监：酒监，宴会上监督礼仪的官。 ②史：酒史，记录饮酒时言行的

官员。宴饮之礼必设监，不一定设史。

觥挞　《礼·闾胥》^①："掌其比^②，觥挞罚之事^③。"注："觥
挞者，失礼之罚也。"

[注释]

①闾胥：《周礼》篇名。又是周代乡官名，掌管一闾政事的小吏。闾，
古代二十五家为一闾。胥，小吏。　②比：较量。　③觥挞罚：对饮酒人失
礼的惩罚，轻者用觥酒责罚，重者鞭打处罚。觥，一作"觵"。

罚一经程　《韩诗外传》^①：齐桓公置酒令^②，曰："后者罚饮
一经程^③。"管仲后，当饮一经程，而弃其半，曰："与其弃身，不
宁弃酒乎^④？"

[注释]

①《韩诗外传》：汉代《诗经》说解有齐、鲁、韩三家，本书乃汉代韩
婴为注释汉代韩诗而撰。是一部集运用《诗经》说教、伦理规范以及实际
忠告等不同内容的杂编，有 360 条轶事，一般每条都以一句恰当的《诗经》
引文作结论。　②齐桓公（？~前 643）：名小白，春秋时期齐国的国君，
"春秋五霸"之首，前 685~前 643 年在位。在位期间任用管仲为相，使齐
国国力逐渐强盛。　③一经程：即一瓶。经程，酒器名。　④不宁：宁愿。

浮大白^①　《说苑》^②：魏文侯与大夫饮^③，使公乘不仁为觞政，
曰："饮若不尽，浮之大白。"文侯不尽，公乘不仁举白浮君。白，
罚爵名也。

[注释]

①浮大白：用大的罚酒杯罚酒。浮，罚。白，即罚酒用的杯子。

②《说苑》：西汉刘向撰。刘向，西汉时经学家、文学家、目录学家，曾领校秘书，本书就是他校书时根据皇家藏书和民间图籍，按类编辑的先秦至西汉的一些历史故事和传说，并夹有作者的议论。 ③魏文侯：战国时期魏国的建立者。姬姓，魏氏，名斯。一说名都。公元前445年，继魏桓子即位。

军法行酒 汉朱虚侯刘章事①。欧阳文忠诗："罚筹多似昆阳矢②，酒令严于细柳军③。"

[注释]

①朱虚侯刘章：刘章（？~前177），西汉初年宗室，汉高祖刘邦的孙子，齐悼惠王刘肥的次子。吕后称制期间被封为朱虚侯，后来由于在诛灭吕氏的过程中有功而被加封为城阳王。 ②昆阳矢：东汉光武帝刘秀故事。当年刘秀为太常偏将军，守昆阳。王莽乃遣将，将兵数十万将昆阳围得水泄不通。积弩乱发，箭矢横飞如雨，城中负户而汲。 ③细柳军：西汉周亚夫故事。汉文帝时，匈奴大入边，河内守周亚夫为将军驻细柳，以防备。汉文帝亲自慰劳驻军，先是至霸上及棘门驻军，一路驰入，将军以下列队送迎。接着来到细柳军，军士严阵以待，天子先驱不得进入。先驱说："天子马上就要到了！"军门都尉回答说："军中只听从将军的命令，不听闻天子的诏令。"过一会儿，汉文帝到了，还是不能进入。这时文帝只好派使者向周亚夫将军下诏令："我想慰劳你的军队。"周亚夫传言开壁门。壁门守卫要求皇帝车队："将军约定：军中不得驱驰。"天子乃按辔徐徐行进。到了中营，将军亚夫作揖，说："穿着介胄，不能下拜，请求以军礼相见。"天子成礼而去。出了军门，群臣都惊呆了。文帝称赞说："啊呀，这才是真将军哪！刚才霸上、棘门，如同儿戏罢了！"

传空 《潜夫论》①："引满传空②。"犹今之饮酒报干也。

[注释]

①《潜夫论》：东汉王符（85?~163?）撰。王符，字节信，安定临泾

(今甘肃镇原）人。政论家、文学家。《潜夫论》共 36 篇，多数是讨论治国安民之术的政论文章，少数也涉及哲学问题。　②引满：谓斟酒满杯而饮。传空：举起空杯。谓酒饮尽以后，以空杯示人。

酒佐　　《三余杂记》：高骈命酒佐薛涛改一字令①。骈曰："口，有似没梁斗。"涛曰："川，有似三条椽。"骈曰："奈何一条曲？"涛曰："相公尚使没梁斗②，至穷酒佐，一条曲椽又何怪？"北轩主人曰：此等令起于唐，至宋多不胜记，特存此一条。

[注释]

①酒佐：旧时劝酒的歌伎。高骈（？～887）：唐末大将，字千里。先世为渤海人，迁居幽州（今北京）。世代为禁军将领。镇守成都时，薛涛为酒佐。薛涛（768？～832）：字洪度，唐代长安（今陕西西安）人。字令：文人所行的文雅酒令，大多是争奇斗巧的文字游戏。按照字的字形结构而拆析离合、移字换形、交易增损、音义异同、象形指事等，要求"须得一字形，又须通韵"。出句者艰僻怪异，对句者应对无暇，一出一对，构成了唐代酒令的最高境界。如"一字藏六字令"，举出一个字，要求能将该字分成包括本字在内共六个字，合席轮说，说不上则罚，如"章"字，即可分为"六"、"立"、"日"、"十"、"早"及"章"；"一字中有反义词令"，举一个字，要求该字是由两个反义词构成，合席轮说，说不上罚酒，如"斌"，"文"与"武"相对，如"俄"，"人"与"我"相对；"一字五行偏旁皆成字令"，每人举一字，要求这个字的上下左右加上"五行"即"金"、"木"、"水"、"火"、"土"字都可成字，如"佳"可变为锥、椎、淮、焳、堆。还有"横竖均字之字令"、"拆字对令"等。此处的字令皆由字形而来。

②相公：旧时对人的尊称。

明府　　《觞政》：凡饮，以一人为明府，主斟酌之宜。酒懦，为旷官，谓冷也；酒猛，为苛政，谓热也。

觥录事①　《觞政》：“凡饮，以一人为录事。以纠坐人。”又谓之觥录事。饮犯令者，觥录事绳之②，投旗于前曰：“某犯觥令。”黄韬《断酒》诗：“免遭拽盏郎君谑③，还被簪花录事憎④。”放翁诗：“夜宴怕逢觥录事，秋山慵伴猎将军。”

[注释]

①觥录事：《醉乡日月》有“觥录事“条，较此为详，引录如下：“凡乌合之徒，以言笑动众，暴慢无节，或叠叠起坐，或附耳嗫语，律录事以本户绳之。奸不衰也。觥录事宜以刚毅、木讷之士为之。有犯者，辄设其旗于前曰：‘某犯觥（法先旗而后纛）。’犯者诺而收执之，拱曰：‘知罪。’明府饷其觥而斟焉。犯者右引觥，左执旗附于胸。律录事顾伶曰：‘命曲破送之。’饮讫，无坠酒，稽首，以旗觥归于觥主曰：‘不敢滴沥。’复觥于位。后犯者捉以纛。叠犯者旗纛俱舞。觥筹尽，有犯者不问。”　②绳：绳治，依法治罪。　③拽盏：因惩罚而被撤去，拽掉酒杯。　④簪花：头上插花。簪是由笄发展而来的，是古人用来绾定发髻或冠的针形首饰。

觥使　元稹诗：“红娘留醉打①，觥使及醒差②。”红娘抛打，曲名；觥使，即觥录事也。

[注释]

①红娘：即红娘抛打，曲牌名。留醉打：醉后乱打人。元稹《狂醉》诗：“岘亭今日颠狂醉，舞引红娘乱打人。”　②差：差遣。

席纠①　《烟花录》②：妓天水仙哥，字绛真，与郑举举互为席纠，宽猛得所③。

[注释]

①席纠：唐代人宴饮时酒席上有一个人担任录事，执行酒令，称席纠，也称酒纠。　②《烟花录》：《南部烟花录》的简称。《南部烟花录》，唐（一曰宋）无名氏撰，又名《大业拾遗记》、《隋遗录》、《大业拾遗》等，或题唐颜师古撰，实乃托名。此书记载大业十二年至十四年（616～618）隋炀帝幸江都时宫闱逸事。　③宽猛得所：或宽或严，各得其宜。

卷白波　钱牧斋诗："醉卷白波轻酒敌，笑拈红袖比花神①。"北轩主人曰：卷白波，酒令名也。唐诗亦竟称卷波。东汉擒白波贼②，如席卷，酒令特取此名快人意。乐天诗："鞍马呼教住，骰盘喝遣输③。长驱波卷白，连掷采成卢。"四句皆当时行酒令也。

[注释]

①红袖：歌妓。　②白波贼：东汉灵帝中平五年（188），黄巾军郭太率部在山西白波谷起义，占领了山西、河北的一些地方。东汉朝廷派军队进行残酷镇压，消灭了白波义军，后来有人据此作了"卷白波"酒令。③骰（tóu）盘：用骰子和盘器组成的行令器具。骰子俗称色子。唐代骰子多用硬质材料制成，各面各刻有不同的图案，俗称之为"采"。行令时，用手将骰子投注到盘器上，待滚动停止后，视其顶面图案而定输赢或饮酒多少。骰子一般为多枚。骰盘又被唐人称为"博"、"塞"。

深杯百罚　《酒史》：桑义在江总席上，曰："虽深杯百罚，吾亦不辞。"皮袭美诗①："闲斟不置罚，闲弈无争劫②。"素心子最喜此二语。

[注释]

①皮袭美：皮日休。　②争劫：争斗。

酒钩　乐天诗：“酒钩送盏推莲子①，烛泪粘盘垒葡读作仄声萄。”皮日休诗：“投钩列坐围华烛②，格簺分朋占靓妆③。”贝琼诗④：“席暗藏钩令，亭延窃药娥⑤。”

[注释]

①酒钩：古代饮酒时的一种游戏。人分成两队，钩藏在几个人手中，或藏匿于手外，握成拳状，让对方猜度，猜错罚酒。这好似现在的“猜有无”一样。　②投钩：拈阄。即用几张小纸片暗写上字或记号，捏成纸团，由有关的人各取其一，以决定该谁饮酒。华烛：华美的烛火。　③格簺（sài）：一种游戏。格，划分成的空栏和框子。簺，一种酒令，即博戏格五，古代一种赌博性游戏，亦称“格五”。　④贝琼（1314~1379）：初名阙，字廷臣，一字廷琚、仲琚，又字廷珍，别号清江。元末明初崇德（今浙江桐乡）人。任中都国子监。有《中星考》、《清江贝先生集》、《清江稿》、《云间集》等。　⑤延：引进，请。窃药娥：即嫦娥。神话传说，后羿从西天王母那里求得长生不老药，嫦娥偷吃了之后就飞向了月宫。

酒筹①　北轩主人曰：古人饮酒，率多用筹。盖以行令记数也。如乐天诗：“碧筹攒彩碗②，红袖拂骰盘”，“稍催朱腊炬，徐动碧牙筹”。元微之诗③：“牙筹记令红螺碗”，“枪筹弄酒权④”。刘宾客诗⑤：“罚筹森竖纛⑥，觥盏样如刀。”王建诗⑦：“替饮觥筹知户小⑧，助成书库见家贫。”徐铉诗⑨：“歌舞送飞球⑩，金觥碧玉筹。”韩琦诗：“当筵主筹令难犯。”皆是。

[注释]

①酒筹：饮酒时用以计数的筹签。筹具有筹箸、令筒、旗纛、令骰等。②攒（cuán）：簇拥，围聚，聚集。③元微之：元稹。④枪筹：古代酒筹的一种。⑤刘宾客：刘禹锡曾任职太子宾客，故有此称。⑥纛（dào）：大旗。⑦王建（767?~830?）：字仲初，唐代颍川（今河南许

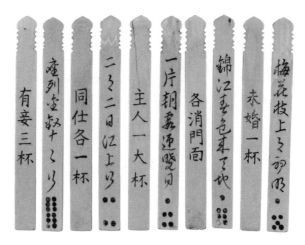

酒筹，又名酒算、酒枚

昌）人。历任陕州司马、光州刺史。乐府诗和张籍齐名，世称"张王乐府"，又以宫词知名。　⑧户小：小户，酒量小的人。　⑨徐铉（916～991）：字鼎臣，五代宋初广陵（今江苏扬州）人。文学家、书法家。初事南唐，官至吏部尚书。与弟徐锴皆精于文字学，号称"二徐"。　⑩飞球：抛在空中的彩球。

草为箸、花当筹　马异诗①："折草为筹箸，铺花作锦裀②。"乐天诗："醉折花枝当酒筹。"

［注释］

　　①马异：唐代河南人。与卢仝友善。　②锦裀：锦褥。

促拍催酒　宋张表臣曰①："乐部中有促拍催酒②，谓之三台。唐士云：蔡邕自侍书御史③，有数日遍历三台④。乐工以其洞晓音律⑤，故制曲以美之。"山谷诗："饮少先愁急板催。"欧词⑥："六么催拍盏频传^⑦。"

［注释］

①张表臣曰：此处所引见《珊瑚钩诗话》卷二。　②乐部：官署名，即太乐署。古代泛指歌舞戏曲演出单位。促拍：指在词的原调上增加某些字、句，或者改变某些韵式唱腔从而使音节急促的做法。　③侍书御史：监察职官名，即宪台。　④三台：汉代对尚书、御史、谒者三台的总称。尚书为"中台"，御史为"宪台"，谒者为"外台"，合称"三台"。唐代，尚书省又称中台、中书省又称西台、门下省又称东台。　⑤乐工：歌舞演奏的艺人。洞晓：通晓。　⑥欧词：欧阳修的词。　⑦六么：词牌名。

婪尾^①　酒巡匝为婪尾^②。乐天诗："三杯婪尾酒。"又尝改"婪"为"蓝"。

［注释］

①婪尾：唐代苏鹗《苏氏演义》下："今人以酒巡匝为婪尾。又云：'婪，贪也。'谓处于座末，得酒贪婪。"侯白《酒律》谓："酒巡匝到末坐者，连饮三杯，为婪尾酒。"　②巡匝：酒饮一轮。匝，周，绕一圈。

钓鳌竿、采珠局^①　皆唐人酒戏名。见章渊《槁简赘笔》^②。

［注释］

①钓鳌竿：其法大抵同于律令中的筹令，其间差别只在于筹令以筹记令，钓鳌以鱼牌记令。行钓鳌令的方法是：在一个石盘中，盛鱼牌40枚，牌上刻写不同的鱼名及诗句，然后用一长竹竿，系红丝线，由与筵者钓起鱼牌，录事据牌上字句施行劝罚。凡一钓而得两牌者，可任择其一。采珠局：玩法类似于钓鳌竿，有30余类。　②《槁简赘笔》：共1卷。作者章渊，宋代人。

各言典故　北轩主人曰：酒令以各言典故为佳。乐天诗："闲征雅令穷经史①，醉听新吟胜管弦②。"退之诗："令征前事为，觞咏新诗送③。"花蕊夫人诗④："新翻酒令著词章。"此最是韵事。若座间有一俗客，便格不行矣⑤。

[注释]

①雅令：文雅的酒令，如即席构思、即兴创作的诗词曲文、分韵联句或咏诵古人诗词歌赋等。通过吟诗联句来决定胜负、盛行于文人墨客间的一种口头文字令。　②管弦：管乐器与弦乐器。亦泛指乐器。　③觞咏：谓饮酒赋诗。　④花蕊夫人：后蜀皇帝孟昶的费贵妃，五代十国青城（今四川都江堰市东南）人。幼能文，尤长于宫词。得幸蜀主孟昶，赐号花蕊夫人。　⑤格：阻格不行。

骰子赌酒　《摭言》①：张祐客淮南幕②，赴宴。时杜紫薇为支使③，南座有属意之处④，索骰子赌酒。杜微吟曰："骰子巡巡裹手拈⑤，无由得见玉纤纤。"祐应曰："但教报道金钗落，仿佛还应露指尖。"北轩主人曰：骰子未详所起，然观元微之诗："叫噪掷骰盘⑥，生狞摄觥使⑦"、"筹箸随宜设⑧，骰盘止罚嘥⑨。"乐天诗："醉翻彩袖抛小令⑩，笑掷骰盘呼大采⑪。"曹唐诗："光射骰盘蜡烛红。"骰亦作"头"，又作"投"，本饮具也。后人以是博赌财物，遂入匪类⑫，不能不致咎于作俑者⑬。

[注释]

①《摭（zhī）言》：即《唐摭言》，五代王定保著，共15卷。记述唐代诗人文士逸闻趣事，可补正史之不足。　②张祐（？~853前后）：字承吉，唐代南阳（《全唐诗》作清河）人。客：客居。淮南幕：淮南节度使的幕府。张祐客居于淮南幕府。　③杜紫薇：谓杜牧，因其曾写过《紫薇花》

咏物抒情，借化自喻。故后世以此称之。支使：唐时节度使、观察使的属官。　④南座：主人，此处指淮南节度使。属意：着意，留意。　⑤巡巡：逡巡，迟疑不前的样子。　⑥叫噪：叫喊吵闹，虚张声势。　⑦生狞：凶猛，凶恶。摄觥使：即觥录事。　⑧筹筹：又称酒令筹，是唐朝人发明的一种酒令器具，一般为长形条牌，上面刻有有关饮酒的名句。通常多枚为一组，装在专用的筒器内。行令时抽取一枚，读其字句，然后决定如何饮酒。如：克己复礼，天下归仁焉。在座劝十分。　⑨唲（ái）：饮酒。　⑩彩袖：指代穿彩袖的女子。　⑪大采：运气好。　⑫匪类：不正当的一类。　⑬致咎：归罪。作俑者：即始作俑者。俑，古代殉葬用的木制或陶制的俑人。比喻第一个做某项坏事的人或恶劣风气的创始人。

六鹤齐飞　李君实曰[1]：古人饮酒，击博为戏[2]，其箭以牙饰之，长五寸，箭头刻鹤形，谓之六鹤齐飞[3]。今六骰亦其遗意。唐人诗云："城头稚子传花枝，席上搏拳握松子。"则今催花、商枚[4]，唐已尽有之矣。

[注释]

①李君实：有《恬致堂集》40卷。其著作另外印行的有《六砚斋随笔》4卷、《二笔》4卷、《三笔》4卷、《紫桃轩杂缀》3卷、《礼白岳记》1卷等。　②击博：古代饮酒时的一种游戏。　③六鹤齐飞：《醉乡日月》亦有此条：古者交欢多为博。《列子》曰："虞氏设乐饮酒，击博接士，其齿以牙，饰以箭，长五寸，其数六，刻一头作鹤形。"《仙经》云"六鹤齐飞"，盖其名也。宋、齐以降，多以樗蒲头战。酒骰子之制，亦六鹤、樗蒲之变也。　④催花：击鼓传花。商枚：猜枚，猜数字。

手势[1]　皇甫崧论手势曰[2]："大凡放令[3]，欲端其颈，如一枝孤柏，澄其神如万里长江，扬其膺如猛虎蹲踞，运其眸如烈日飞动，差其指如鸾欲翔舞，柔其腕如龙欲蜿蜒，旋其盏如羊角高风[4]，飞其袂如鱼跃大浪。然后可以畋渔风月⑤，缯缴笙竽⑥。"李君实曰："俗饮以手指屈伸相博，谓之豁拳⑦，又名豁指头。盖以目遥觇人⑧，为己伸缩之数，隐机斗捷⑨。余甚厌之。以其启迁坐哓号之渐也⑩。然唐皇甫崧手势酒令，五指与手掌指节皆有名，通呼五指曰'五峰'，则知此戏其来已久。"

[注释]

①手势：指每一种手的造型，被固定为一种令式，人们相互抛拳，以角胜负。　②皇甫崧：指所著的《醉乡日月》。　③放令：发出酒令。　④羊角高风：旋风，风势急剧，曲折向上盘旋，犹如羊角。《庄子·逍遥游》：

西方人所绘餐桌上划拳的中国人（1861，铜版画）

"抟扶摇羊角而上者九万里。" ⑤畋（tián）渔：打猎和捕鱼。畋，打猎。

⑥缯缴（zēng jiǎo）：猎取飞鸟的射具。缯，通"矰"。缴，系在短箭上的丝绳。笙竽：管乐器。 ⑦豁拳：又称猜拳，饮酒时的一种博戏。两人同时喊数并伸出拳指，以所喊数目与双方伸出拳指之和数相符者为胜，败者罚饮。如果两人说的数相同，则不计胜负，重新再来一次。唐代人称豁拳为"拇战"、"招手令"、"打令"等。划拳中拆字、联诗较少，说吉庆语言较多。如"一定恭喜，二相好，三星高照，四喜，五金魁，六六顺，七七巧，八仙过海"、"快得利"、"满堂红"（或"金来到"）等。 ⑧遥觇：远看，遥望。 ⑨隐机：暗藏战机。 ⑩迁坐：移动座位。哓（xiāo）号：大声叫嚷呼喊。

平索看精① 《唐国史补》②：古之饮酒，有杯盘狼藉，扬觯绝缨之说③，甚则甚矣，然未有言其法者。国朝麟德中④，壁州刺史邓云庆始创"平、索、看、精"四字令⑤，至李梢云而大备⑥。自上及下，以为宜然。大抵有律令，有骰盘，有抛打。盖工于举场⑦，而盛于使幕衣冠⑧。有男女杂履舄者⑨，有长幼同灯烛者，外府则立将校而坐妇人。其弊如此。

[注释]

①平索看精：四字酒令。具体内容在宋代已经失传，所以今天难言其详。 ②《唐国史补》：中唐人李肇著，又称《国史补》。记载唐代开元至长庆之间100多年事，涉及当时的社会风气、朝野轶事及典章制度各个方面等的重要轶事小说，共3卷，凡308事。 ③扬觯（zhì）：举起酒器。古时饮馔时的一种礼节。绝缨：楚庄王晚上大摆宴席，忽然一阵风吹来，蜡烛吹灭了，有人乘此机会伸手拉住许姬，许姬把这个人帽子上的缨花拔了下来，请求点亮蜡烛，查证出非礼者。谁料庄王却对大臣说，大家都把帽子取下来，喝个痛快。那个绝缨人受到了保护，后来楚国发生危机时他救了楚庄王。 ④麟德：唐高宗李治的年号，664年正月至665年十二月。 ⑤壁

州：州治在今四川通江。　⑥李梢云：生活在初、盛唐之交的酒令专家，当时人将其与刘禹锡并举。敦煌本《佛说观弥勒菩萨上生兜率天经讲经文》云："诗赋却嫌刘禹锡，令章争笑李梢云。"（《敦煌变文集》第653页）这里说的"令章"，就是酒令。李稍云，即李梢云。　⑦举场：科举考场。⑧使幕：指节度使的官署。幕，幕府。衣冠：指有身份的人。　⑨杂履舄：履舄交错，指鞋子杂乱地放在一起。

射覆①　李义山诗："隔坐送钩春酒暖②，分曹射覆蜡灯红③。"

[注释]

①射覆：古人的一种游戏，先分队，也叫"分曹"，在瓯、盂等器具下覆盖某一物件，让人猜测里面是什么东西。射，猜度或度量。覆，覆盖。②钩：即藏钩，一种酒令。藏起某物，令对方猜射；或一人说出一字，以该字隐某物，令对方也以一字射此物。如《红楼梦》第六十二回，探春覆了一个"人"字和"窗"字，令宝钗射一物。宝钗知道探春用了"鸡窗"、"鸡人"的典故，故射"鸡"，宝钗算射中了。这叫"双覆一射"。　③分曹：分队，一一相对。曹，等、辈。

飞英会　《诚斋杂记》：范蜀公居许下①，于长啸堂前作荼蘼架②，每春季花时，宴客其下。有花堕酒中者，饮一大白。微风过，则举座无遗。当时谓之飞英会。北轩主人曰：酒令如此方佳。

[注释]

①范蜀公：范镇（1007～1087），字景仁，华阳人，累封蜀郡公。历官知谏院、翰林学士。有文集及《东斋记事》。许下：许昌，今属河南。②荼蘼：荼蘼花。又称酴醾，落叶灌木，以地下茎繁殖。在春季末、夏季初开花。

飞盏　刘禹锡诗："开颜坐内催飞盏①，回首庭中看舞枪。"元稹诗："已困连飞盏，犹催未倒缸②。"北轩主人曰：古人饮必行令，凡交觞接卮，传杯送斝之句③，皆其事也。

[注释]

①开颜：喜笑颜开。飞盏：飞快地传递酒盏，不得停留。　②倒缸：将酒杯倒反过来，验证已经干杯。　③斝（jiǎ）：中国古代用于温酒的酒器，也被用作礼器，通常由青铜铸造，三足，一鋬（耳），两柱，圆口且呈喇叭形。

抛球乐　《曲谱》：抛球乐者①，酒筵中抛球为令，其所唱之辞也。

[注释]

①抛球乐：又名莫思归。原为五言六句，单调 40 字，唐人抛球催酒时所唱，教坊便用它作为曲牌的名字。后用为词牌名。

歌舞饮酒　刘贡父曰①：古人多歌舞饮酒。唐太宗每舞，属群臣②，长沙王亦小举袖曰③："国小，不足以回旋。"张燕公诗④："醉后欢更好，全胜未醉时。动容皆是舞，出语总成诗。"太白诗："要须回舞袖⑤，拂尽五松山⑥。醉后凉风起，吹人舞袖环。"今时舞者必欲曲尽奇妙，又耻效乐工艺，益不复如古人常舞矣。

[注释]

①刘贡父：刘攽（1023～1089），北宋史学家，刘敞之弟。字贡夫，一作贡父、赣父，号公非。临江新喻（今江西新余）人，一说江西樟树人。官至中书舍人。助司马光纂修《资治通鉴》，充任副主编，负责汉史部分，著有《东汉刊误》等。另有《汉宫仪》、《经史新义》等多种。此条所引出

自刘所著《中山诗话》。　②属群臣：嘱咐群臣同起舞。　③小举袖：稍微将袖子举起一点点。　④张燕公：张说（667～731），字道济，一字说之，唐玄宗宰相，原籍范阳（今河北涿州），世居河东（今山西永济），后徙洛阳，封燕国公。　⑤要须：必须，需要。　⑥五松山：在今安徽铜陵县南。

文字饮　昌黎诗①："长安众富儿，盘馔罗膻荤②。不解文字饮③，惟知醉红裙④。"

[注释]

①昌黎：韩愈，自称祖籍昌黎（今属河北），世称韩昌黎。诗句见《醉赠张秘书》。　②盘馔：盘子盛着的肴馔。罗：罗列，摆放。膻（shān）荤：指肉类食物。膻，像羊肉的气味。　③文字饮：文人饮酒时赋诗论文以助兴，而富家子弟不会辞赋酒令。李稍云，即李稍云。　④红裙：指代歌妓舞女。

循环饮　乐天诗："把酒循环饮①，移床曲尺眠②。"

[注释]

①循环饮：饮酒时你一杯我一杯，饮了又饮。　②移床曲尺：移动自己的床与朋友的床相接成直角，如曲尺一般。白居易《雨夜赠元十八》："把酒循环饮，移床曲尺眠。莫言非故旧，相识已三年。"

战酒、斗酒　韩琦诗："病胃怯战酒①。"杜牧之诗②："游骑偶同人斗酒③，名园相倚杏交花。"

[注释]

①战酒：与酒战斗。指拼酒。　②杜牧之：杜牧，字牧之。诗句见《街西长句》。　③斗酒：比酒量。

酒巡①　元微之诗："杯酒越巡行②。"又："香球趁拍回环匝③，花盏抛巡取次飞。"王建诗："劝酒不依巡④。"又："记巡传把一枝花。"欧阳永叔诗："平生未肯降诗敌，到处何尝诉酒巡?"

[注释]

①酒巡：饮酒时每人一杯喝过一轮谓一巡。　②杯酒越巡行：元稹《夜饮》："诗篇随意赠，杯酒越巡行。"谓酒席不按规矩行酒，超越了巡行的次序。　③香球：饮酒行令时传递的球。趁拍：合着节拍。匝：绕圈，回环。此诗句见白居易《醉后赠人》。　④劝酒不依巡：见王建《送李评事使蜀》。

酒军、酒兵　唐人诗："酒军诗敌如相遇，临老犹能一据鞍①。"东坡诗："旋筑诗坛按酒兵②。"

[注释]

①据鞍：跨着马鞍。东汉马援典故。马援年老之后勇气不减，请求上前线作战。《后汉书·马援传》："援自请曰：'臣尚能被甲上马。'帝令试之。援据鞍顾眄，以示可用。"　②旋：很快地。按：控制；抑止。诗句见《景贶履常屡有诗督叔弼季默唱和已许诺矣复以此句挑之》。

禁言　元微之诗："花奴歌淅淅①，媚子舞卿卿②。"自注："舞者媚子，善觥令禁言。"

[注释]

①淅淅：即《昔昔盐》。乐府《近代曲》名。隋代薛道衡作。"昔昔"是"夜夜"的意思；"盐"是"曲"的别名。内容写女子怀念出征的丈夫。
②卿卿：夫妻间的爱称。后来泛用为对人亲昵的称呼。又谓是轻狎之称。

诗句见《答姨兄胡灵之见寄五十韵》。

　　酒字令　《过庭纪余》[①]：先人家常宴集，喜举经史诗词，及古人古事为酒令，以征后生学问[②]。偶行酒字令，各拈一句旧诗，取其与酒字联属者[③]，转换之间，多所开发。如孟浩然诗"列筵邀酒伴"[④]，欧阳永叔诗"酒敌先甘伏下风"上句"花时浪过如春梦"，孟郊"酒弟老更痴"[⑤]，又"甘为酒伶傧"[⑥]，范石湖"酒侣晨相命"[⑦]下句"歌场夜不空"，司空曙"乍逢酒客春游惯"下句"久别林僧夜坐稀"，孙觌"青裙酒姥家"[⑧]，刘禹锡"不作诗魔即酒颠"。类此者，酒仙、酒史、酒圣、酒魔等为一令。郑谷诗"春阴赖酒乡"[⑨]，贡奎"微风酒市旗"[⑩]上句"落日渔家网"，张良臣"细细绿波通酒巷"[⑪]。类此者，酒国、酒城、酒地、酒场等为一令。元结诗"酒堂丰酿器"下句"户牖皆罌瓶"，乐天"酒库封苔绿满瓶"[⑫]，陈造"酒所挥椽笔"[⑬]。类此者，酒坊、酒肆、酒楼等为一令。乐天诗"游丝飘酒席"下句"瀑布溅琴床"，孟郊"酒旌高寥寥"，石湖"木末酒旗风"上句"帆边鱼簁浪"，成庭珪"酒券如山空好客"[⑭]，皎然"长安酒榜醉后书"[⑮]。类此者，酒旆、酒帜、酒车、酒坛、酒瓮等为一令[⑯]。放翁诗"诗情酒分合相亲"，曹唐"夜上红楼纵酒情"，元人"酒信花开报"下句"诗情月上催"。类此者，酒债、酒材、酒赀、酒法等为一令。又如韩驹诗"内酒均颁白玉腴"[⑰]，东坡"不饮外酒嫌其村"，明人"新来南酒索高价"，上字系方位。庾信诗"落花催十酒"，张说"千酒难为赏"，宋白"半酒扶将入内来"[⑱]上句"小苏年少号多才"，上字系数目。元人诗"缥酒对花倾"，谭用之"千钟紫酒荐菖蒲"，东坡"花前白酒倾云液"，上字系采色。其余经史等令，未能悉记，容当另录一通[⑲]，以资雅席。

[注释]

①《过庭纪余》：清朝陶越撰。陶越，字艾村，秀水（今浙江嘉兴北）人。本书杂记闻见琐事。因为多听闻于父亲口述，所以以"过庭"为名。中间也有地方志所遗佚，足裨考核者，但是大抵过涉冗碎。 ②征：验证。

③联属（zhǔ）：连缀，接连。 ④孟浩然（689～740）：或谓字浩然，襄州襄阳（今属湖北）人。唐代诗人。一生除在张九龄幕府中任过短时间从事以外，未任任何官职，是著名的山水诗人。 ⑤孟郊（751～814）：字东野，唐代湖州武康（今浙江德清）人，祖籍平昌（今山东临邑东北）。先世居洛阳（今属河南）。任为溧阳尉、河南水陆转运从事，试协律郎。诗人，和贾岛都以苦吟著称。 ⑥酒伶：旧时劝酒的歌伎。孟郊《晚雪吟》："甘为酒伶摈，坐耻歌女娇。"摈：摈除，抛弃。 ⑦范石湖：范成大。 ⑧孙觌（dí）（1081～1169）：字仲益，号鸿庆居士，北宋常州晋陵（今江苏武进）人。历试给事中、吏部侍郎，兼权直学士院等。有《鸿庆居士集》、《内简尺牍》。 ⑨郑谷（约851～910）：字守愚，唐末袁州宜春（今属江西）人。官都官郎中，人称郑都官。又以《鹧鸪诗》得名，人称郑鹧鸪。有《云台编》。 ⑩贡奎（1269～1329）：字仲章，宣城（今属安徽）人。历官集贤直学士、江西等处儒学提举、翰林院待制。有《云林集》6卷。⑪张良臣：字武子，大梁人，避地家于鄞（一作襄邑人，家于四明）。约南宋孝宗淳熙初前后在世。登进士第。有《雪窗集》10卷及《绝妙好词笺》。

⑫瓶：唐代的瓶上有柄曰"鋬"，有嘴曰"流"，与今天的"壶"的形象相差无几。 ⑬陈造（1133～1203）：字唐卿，自号江湖长翁，北宋高邮（今属江苏）人，有《江湖长翁文集》。 ⑭成庭珪：字元常，元代兴化（今福建莆田）人。有《成柳庄诗集》、《居竹轩集》。 ⑮皎然：俗姓谢，字清昼，唐代吴兴（今浙江湖州）人。南朝谢灵运十世孙。活动于大历、贞元年间，有诗名。 ⑯酒旆：酒旗。 ⑰韩驹（1080～1135）：字子苍，号牟阳，学者称陵阳先生。北宋末南宋初陵阳仙井（治今四川仁寿）人。官至中书舍人兼修国史。江西诗派诗人，诗论家。有《陵阳集》4卷。 ⑱宋白（936～1012）：字太素，北宋大名（今属河北）人。官至吏部尚书。 ⑲容当：表敬之辞。恳请对方给予某种行动的机会。通：编。

舞胡子^①　　《朝野金载》^②：北齐兰陵王为舞胡子^③，每会饮，王意所欲劝，胡子则捧杯揖之。

[注释]

①舞胡子：又称酒胡子，巡酒器具。一种上丰下圆的木刻胡人，类似不倒翁。行令时，加力于酒胡子，使其旋转，待其停息之际，视其手指所指，确定饮酒之人。　②《朝野金（qiān）载》：唐张鷟撰，6 卷，笔记小说集。记隋唐两代朝野遗闻，以唐武则天朝的事为多。　③北齐兰陵王：即兰陵武王长恭，一名孝瓘，父亲是北齐高祖神武皇帝高欢的长子文襄皇帝高澄。累迁并州刺史。他每次设宴，都摆置舞胡子以助兴。

卷九　制　造

酒之所兴，肇自上皇^①。仪康而后，遂有以善酿名者。其秘诀莫传，惟参观《周礼》^②，及历来入酒方物，亦略可通其意矣。次制造第九。

[注释]

①肇（zhào）：开始，发端。上皇：太古的帝皇。　②《周礼》：又称《周官》，战国时期人假托记载周代官制的书籍，实是一部理想中的政治制度与百官职守。相传为周公所作。与《仪礼》、《礼记》合称为"三礼"，儒家重要经典。

仪狄　北轩主人曰：《战国策》^①："帝女令仪狄作酒，而进于禹^②。"注："帝女，尧舜女也。"不详何帝之女。然曰令，则仪狄未必即是女流。而古来皆以巾帼称之，不知何据？按《本草》有酒名③，《素问》有酒浆④，酒之由来亦甚古，并不始自仪狄也。

[注释]

①《战国策》：一部国别体史书。主要记述了战国时期的纵横家的政治主张和策略，展示了战国时代的历史特点和社会风貌。西汉末刘向编定为33篇，书名也是刘向所拟定。此处所引见《魏策》。　②禹：大禹。姒姓夏后氏，名文命，号禹，后世尊称大禹，夏后氏首领，传说为帝颛顼的曾孙，黄帝轩辕氏第六代玄孙。父亲名鲧，母亲为有莘氏女修己。《战国策》记载，大禹喝了仪狄所造的酒，甘美异常，意识到饮酒可丧志误事，并断言此后必然有因酒而亡国的，从此疏远仪狄，不近酒醴。　③《本草》：《神农本草经》的省称，历代多有续修。明李时珍有《本草纲目》，为《本草》总结性的巨著，52卷，190多万字，载有药物1892种，收集医方11096个，分为16部、60类。　④《素问》：即《黄帝内经素问》的简称，现存最早的中医理论著作，相传为黄帝创作，实际非出自一时一人之手，大约成书于春秋战国时期。原来9卷，古书早已亡佚，后经唐王冰订补，改编为24卷，计81篇。

杜康　《北轩诗话》：按《姓谱》，杜康，系周时人，而《说文》云"少康作酒"①，即杜康也，恐未然。济南城外有杜康泉，相传为康酿酒处。泉甚清洁，今居民洗菜皆于此水矣。又江阴有杜康庙②，明女史周淑禧诗云③："醑有新糟醨有醨，杜康桥上客题诗。最怜苦相身为女，千载曾无仪狄祠。"诗亦新颖。淑禧即江阴人也。

[注释]

①《说文》：即《说文解字》，汉代许慎所编，我国第一部字典。共收9353字，根据文字的形体，分别归入所创立的540个部首，又据形系联归并为14大类。所引见《说文解字·巾部》："古者少康初作箕帚、秫酒。少康

杜康泉，位于今山东济南趵突泉公园内，为济南 72 名泉之一

杜康也。" ②江阴：今属江苏无锡。 ③女史：古时对知识女性的尊称。
周淑禧（1624~1705）：明代女画家，一作周禧，号江上女史、江上女士，
江苏江阴人。荣起（1600~1682）次女，淑祜妹，姐妹师事文俶。工画花鸟
草虫。

刘白堕 《洛阳伽蓝记》①：河东人刘白堕善酿，六月以罂贮
酒②，暴于日中，经一旬，其酒不动③。饮之香美，饷送可逾千
里④。名曰"鹤觞"。有携以行者，遇盗，饮之不醒，皆被擒。时
游侠语曰："不畏张弓挟刀，惟畏白堕春醪。"又谓之"擒奸酒"。

[注释]

①《洛阳伽（qié）蓝记》：北魏杨衒之撰。以记载洛阳的佛寺为线索，
涵盖北魏首都洛阳的政治、人物、风俗、地理以及传闻故事，及都城的建
制、佛寺的建筑和历史的古迹等内容。本条见其书卷四《法云寺》条。伽
蓝为僧伽蓝摩的简称，又译为众园，即僧众所居住的园庭，亦即寺院的通
称。 ②罂（yīng）：大腹小口的容器。 ③不动：不腐败。刘白堕解决了
米酒因为度数较低而导致酸败的问题，酒质得以长期稳定，因而能够携带远
行。 ④饷送：赠送。

焦革 《酒乘》：焦革，太乐丞吏也。王绩知其善酿，乃求为
丞，革日供美酒。后革死，革之妻继之。及妻又死，绩叹曰："天
欲断吾饮耶？"遂弃官归，于所居立杜康祠，而以革配焉。

裴氏姥 《临安杂志》：临安有裴氏姥，以众花酝酒，贫士则
施与之。其住处名阿姥墩。

余杭姥① 事在"出产"②。北轩主人曰：古来善酿者，仪康而
外，秦乌氏、程氏，晋步兵营卒狄希、田无已，皆其人也。事实散

见各类，不复重出。

[注释]

①余杭：今地处浙江省北部。　②出产：本条所引秦乌氏等人事迹参见《胜饮编》卷十。

纪叟　李白《哭宣城善酿纪叟诗》①："纪叟黄泉里，还应酿老春②。夜台无李白③，沽酒与何人④?"

[注释]

①宣城：今属安徽。纪叟：纪姓的老头。叟，老头。　②老春：醇酒，好酒。唐代时好酒名中大多有"春"字。　③夜台：坟墓。亦借指阴间。　④沽酒：卖酒。沽，卖。

仇家、窦家、乌家　乐天诗："软美仇家酒①。"又"时到仇家非爱酒②"。微之诗："窦家能酿消愁酒，但是愁人便与消③。"皎然诗："春风忆酒乌家近，好月题诗谢寺游。"

[注释]

①软美：酒性不烈而甜美。　②时：不时，常常。　③但是：只要是。

六清　《礼》："王食用六谷①，饮用六清②。"六清即《周礼》六饮，浆人掌之③。

[注释]

①六谷：禾、黍、稻、麻、菽、麦六种谷物。语出《周礼·天官冢宰》：凡王之馈，食用六谷，膳用六牲，饮用六清。　②六清：即六饮，六

种饮料：水、浆、醴、凉、医、酏。　③浆人：《周礼》职官名。

五齐　张载《酒赋》：三事既设[1]，五齐必均[2]。造酿以秋，告成以春。

[注释]

①三事：三酒，指事酒、昔酒、清酒。　②五齐：又称"五齑"。古代按酒的清浊由浊到清所分成的五等：泛齐、醴齐、盎齐、缇齐、沉齐。泛齐，浮蚁在上。盎齐以下，逐渐清淡。

三酒　即张载所云三事也。鲍溶诗："色净澄三酒[1]。"三酒、五齐、四饮[2]，俱本《周礼》，酒正掌之[3]。

[注释]

①三酒：指事酒、昔酒、清酒三种酒。事酒，有事而临时酿造的酒；昔酒，早已酿好供平时饮用的酒，度数稍高；清酒，酝酿时间更长，度数更高，质量也更好。　②四饮：四种饮料。　③酒正：周时官职，负责王朝的酿酒与用酒。

六物[1]　《礼》：孟冬乃命酒官[2]，秫稻必齐，曲蘖必时[3]，湛炽必洁，水泉必香，陶器必良，火齐必得。兼用六物，大酋监之[4]，无有差贷[5]。

[注释]

①六物：即本条中所说的六种物件：秫稻（糯稻）、曲蘖（酒曲）、湛炽（制酒时的浸煮事项）、水泉、陶器、火齐（jì，同剂）。　②孟冬：冬月的第一月，农历十月。孟仲叔季，孟为老大。　③蘖：原作蘗。书中二字偶有混用，下均径改。　④大酋：古代酒官之长。　⑤差贷：差错。

酒材　放翁诗："山横翠黛供诗料，麦卷黄云足酒材。"酒材，亦见《周礼》，谓秫米曲糵之类[1]。

[注释]

①秫米：黏性大，且易于造酒的糯米。有时也指大黄米。

调曲　王绩诗："六月调神曲，正朝汲美泉[1]。"元稹诗："七月调神曲，三春酿绿醽[2]。"又乐天诗："井泉旺相资重九[3]，曲糵精灵用上寅[4]。"

[注释]

①正朝：正月初一。诗句见《看酿酒》。　②三春：春季的三个月。绿醽：酒名，此处指美酒。古代酒以绿色为上等酒。诗句见《饮致用神曲酒三十韵》。　③旺相：白居易诗作"王相"。重九：重阳，阴历九月九日。④上寅：农历每月上旬之寅日（第三日）。北魏贾思勰《齐民要术·造神曲并酒等》："又神曲法：以七月上寅日造，不得令鸡狗见及食。"引诗见白居易《咏家酝十韵》，原注："水用九月九日，曲用七月上寅。"

缩水　乐天诗："缩水浓和酒[1]，加绵厚絮衣。"

[注释]

①缩水：提酿酒使水分蒸发散去的过程。本处诗句见《晚寒》，谓冬日来临，酿制冬酒，加厚衣服。和（huò）酒：一种发酵酒。

九酘十旬　《南都赋》[1]："九酘甘醴[2]，十旬兼清。"注：酒贵多投。九酘，投至九也。十旬，盖酿百日而成者。亦酒名。

[注释]

①《南都赋》：东汉张衡所撰写的歌颂南都南阳的赋。　②九酝：九次（多次）投放酒曲。

抱瓮冬醪^①《语林》：羊稚舒冬月酿酒^②，常令人抱瓮，须臾，复易一人，酒速成而味好。

[注释]

①冬醪：冬日酿造的酒。　②羊稚舒：羊琇，字稚舒，晋代泰山（郡治今山东泰安）人。官至左将军、特进。

腊酿　放翁诗："雨前芳嫩初浮碗^①，腊酿清醇旋拆泥^②。"石湖诗："开尝腊尾蒸来酒，点数春头接过花^③。"

[注释]

①雨前句：指清明雨前茶叶新鲜的嫩叶。　②腊酿：一作腊脚。拆泥：拆除泥封，打开酒坛。陆放翁《梅仙坞小饮》："绿树阴阴小岭西，一翁二子自扶携。雨前芳嫩初浮碗，腊脚清醇旋拆泥。本欲省缘行买饼，未能去杀尚烹鸡。弄桡莫便寻归路，湖静无风日未低。"　③接过：嫁接。诗句见范成夫《闰月四月石湖众芳烂熳》，写初春时景色。

霹雳酎　《酒史》：暑天雷雨时，收雨水淘米，炊饭酿酒，名霹雳酎^①。

[注释]

①酎（zhòu）：经过两次以至多次复酿的醇酒，主要用于祭祀。

昆仑觞^①　《酉阳杂俎》^②：魏贾锵有苍头^③，善别水，常令乘

小艇于黄河中流，以瓠瓢接河源水④。一日不过七八升。经宿色如绛⑤，以酿酒，名昆仑觞，芳味世间所绝。

[注释]

①昆仑：昆仑山，传说中的黄河水源头。用昆仑山黄河源头水酿制的酒叫昆仑觞。 ②《酉阳杂俎》：唐代段成式（803～863）撰。《酉阳杂俎》有前卷20卷，续卷10卷，内容包罗万象，记叙志怪故事，保存了唐朝大量的珍贵历史资料、遗闻逸事和民间风情。 ③苍头：奴仆，因为用青（苍色）布巾裹头而得名。 ④瓠（hù）：即葫芦，又称瓠子，一年生草本植物。 ⑤宿：一宿，一夜。绛：绛色，大红色。

真一酒　东坡在南海作真一酒①，以米、麦、水三者为之。有诗。

[注释]

①南海：郡治在番禺（今属广州），包括今广东、海南和广西东南部。苏轼《真一酒》诗引："米、麦、水三一而已。此东坡先生真一酒也。"又自注其诗："真一色味，颇类予在黄州日所酝蜜酒也。"

百末　汉《斋房歌》①："百末旨酒布兰生②，大樽柘浆析朝酲③。"注：百末，百草花之末。盖以百草末杂酒也④。

[注释]

①汉《斋房歌》：汉代郊外祭祀时所唱的歌，见《汉书·礼乐志》。斋房，斋戒的居室。 ②百末旨酒：把上百种花粉末加入酒中，浓香且美。旨酒，美酒。兰生：酒的香味散布如兰花之生。形容美酒香气四溢。 ③柘浆：甘蔗汁。柘，通"蔗"。朝酲（chéng）：谓隔夜醉酒，早晨酒醒后仍困惫如病。酲，醉酒后神志不清。 ④盖：原作"管"。

三脊茅^①　《辰州志》^②：麻阳有苞茅山^③，上产三脊茅，可以缩酒。即《春秋》入贡之茅也^④。

[注释]

①三脊茅：一种茅草，茎有三棱。又名菁茅。古代以为祥瑞，多用于祭祀，也用来过滤酒，即缩酒。　②辰州：州治沅陵（今属湖南）。　③麻阳：位于今湖南省西部。　④入贡：进贡。当时规定进贡茅草，以供周王室过滤酒。《左传·僖公四年》："管仲对曰：'……尔贡包茅不入，王祭不共，无以缩酒，寡人是征。昭王南征而不复，寡人是问。'对曰：'贡之不入，寡君之罪也，敢不共给？昭王之不复，君其问诸水滨！'"

兰英　《七发》^①："兰英之酒，酌以涤口^②。"注：酒中渍兰叶，取其香也。

[注释]

①《七发》：汉代枚乘所写的赋。文分七段，分别描述音乐、饮食、乘车、游宴的乐趣，诱导楚国太子改变生活方式。　②涤口：漱口。

竹叶^①　北轩主人曰：竹叶酿酒，本属苍梧地^②。然如梁元帝诗^③："榴花聊夜饮，竹叶解朝醒。"白乐天诗："球簇桃花骑^④，歌巡竹叶觞。"东坡诗："野店初尝竹叶酒，江云欲落豆秸灰。"又某咏酒诗："银盘色泻梨花白，翠斝香浮竹叶青^⑤。"皆泛用。河东桑落酒^⑥，亦然。

[注释]

①竹叶：竹叶酒，对浅绿色酒的统称。　②苍梧：位于今广西东部。③梁元帝：萧绎（508~554），字世诚，小字七符，自号金楼子。南北朝时期

梁代皇帝，552~554年在位。好读书，善五言诗，工书善画。 ④球：原写成毬，是中空充气的皮球。到了唐代，打球代替了蹴鞠。桃花骑：桃花马。是指马身上的有斑点状的白毛或者红棕色的毛，状似桃花，所以起名为桃花马。 ⑤竹叶青：明清时已成典型的露酒，以优质高粱烧酒为酒基，加入多种中草药，经过一定的配置工艺加工而成，酒色微绿而透明。 ⑥桑落酒：山西永济人最早酿造的一种优质酒，因为酿造于桑落之秋而得名，有香醅之色，清白如涤浆。据传北魏时，河东郡多流离，称为徙民。有一个叫刘白堕的人创始此酒。永济古称河东。参见《胜饮编》卷十"河东"条。

松肪松精①　放翁诗："壶中春色松肪酒②，江上秋风槲叶衣③。"高九万诗④："先生自酿松精酒，侍女能持藤瘿杯⑤。"

[注释]

①松肪：松脂。松精：松香。《神农本草经》卷一：松脂，味苦温，安五藏，除热。 ②春色：绿色，松肪酒的颜色。 ③槲（hú）叶：槲树的叶子，形大如荷叶，为多年生灌木。诗句见《野兴》。 ④高九万：高翥（1170~1241），字九万，号菊磵，南宋余姚（今属浙江）人。布衣终身，江南诗派中的重要人物，有"江湖游士"之称。与刘克庄、戴复古、葛绍体有诗往还。诗句见《黄居士山房》。 ⑤藤瘿杯：用藤或树根、树结做成的酒杯。

松叶松花①　庾信诗②："方欣松叶酒。"岑参诗③："五粒松花酒，双溪道士家。"

[注释]

①松叶松花：单用松叶（松针）、松花一味而配制的养生酒。松针含挥发油和乙酸龙脑酯，用之酿酒，气味酷烈。明代高濂在《遵生八笺·饮馔服食笺》中记载松花酒做法：三月，取松花如鼠尾者，细挫一升，用绢袋

盛之。造白酒，熟时，投袋于酒中心，井内浸三日，取出，漉酒饮之。其味清香甘美。　②庾信诗：诗句见《赠周处士诗》。　③岑参诗：诗句见《题井陉双溪李道士所居》。

李花　《唐书》：宪宗以李花酿换骨醪^①，赐裴度^②。

[注释]

①宪宗：唐宪宗李纯（778～820），原名李淳，被立为皇太子以后改名。唐顺宗长子。在皇位15年。换骨醪：可使人换骨成仙的酒。此处指李花酒。道家认为服食仙酒、金丹等可以使人化骨升仙。　②裴度（765～839）：字中立，唐代河东闻喜（今属山西）人。唐宪宗元和时拜相，率兵讨平淮西割据者吴元济，唐宪宗赐给换骨醪，封晋国公，世称裴晋公。后又以拥立文宗有功，进位至中书令。此典故见《格致镜原》卷七十引《叙文录》。

郁金酒　梁元帝诗："香浮郁金酒。"即《诗》之"秬鬯"也^①。

[注释]

①秬鬯（jù chàng）：用黑黍和郁金香草酿造的酒，用于祭祀降神及赏赐有功的诸侯。《诗经·大雅·江汉》："厘尔圭瓒，秬鬯一卣。"

莲花^①　《叩头录》："房寿六月捣莲花，制碧芳酒，调羊酪^②，造含风鲊^③，皆凉物也^④。"东坡诗："请君多酿莲花酒。"

[注释]

①莲花：莲花酒。明朝万历年间莲花白酒即为宫廷御酒，潘荣陛《帝京岁时纪胜》、徐珂《清稗类钞》记载当时"莲花白"为明清京城名酒。清咸丰帝每年农历六月二十五日为莲花节，以莲花白酒宴请皇亲国戚。　②羊

酪：用羊乳制成的食品。 ③含风鲊（zhǎ）：古时夏天食用的鱼酱类食品。鲊，经过加工的鱼类制品。 ④凉物：中医所说的寒凉食物，功效是下火。

玉兰　宋人诗：玉兰酒熟金醅溢①。

[注释]

①醅（pēi）：酒。诗句见王琪《呈中晓寒曲》。

薤白蒲黄　乐天诗："酥暖薤白酒①。"又："蒲黄酒对病眠人②。"自注：马坠损腰，饮蒲黄酒。

[注释]

①薤（xiè）白：别名小根蒜、山蒜、苦蒜、野蒜。有通阳气、宽胸的药效。主产江浙一带。诗句见《春寒》："今朝春气寒，自问何所欲。酥暖薤白酒，乳和地黄粥。" ②蒲黄：香蒲科植物水烛香蒲的花粉，沼泽多年生草本。有止血、化瘀、通淋等功效。诗句见《夜闻贾常州崔湖州茶山境会亭欢宴》。此句自解不能出席宴会的原因：正饮用蒲黄酒治疗生病卧床的人呢！病因正是自马上坠落。

藤花　骆宾王诗①："野衣裁薜叶②，山酒酌藤花③。"

[注释]

①骆宾王（627？～684？）：字观光，唐代婺州义乌（今属浙江）人。唐初诗人，与王勃、杨炯、卢照邻合称"初唐四杰"。官至侍御史。诗句见《夏日游德州赠高四》。 ②薜叶：即薜荔叶。薜荔又称木莲。常绿藤本，蔓生，叶椭圆形。屈原《山鬼》："若有人兮山之阿，被薜荔兮带女萝。"③藤花：藤的花，花大，花冠紫色或深紫色，稍有香味。

黄柑　《东坡集》：安定郡王以黄柑酿酒①，谓之洞庭春色。色、香、味三绝。

[注释]

①安定郡王：宋太祖赵匡胤之玄孙赵世准，字君平。黄柑：一种利用柑橘酿制而成的果酒，始创于北宋时期。元祐六年（1091）八月，苏轼出任颍州（今安徽阜阳）知州。次年初，他至颍州签判赵德麟家做客。酒席上，赵德麟用家酿的黄柑酒招待苏轼。苏轼饮后对此酒赞美不绝，并撰写了《洞庭春色赋》。他在引中写道："安定郡王以黄柑酿酒，谓之洞庭春色，色、香、味三绝。以饷其犹子德麟，德麟以饮余，为作此诗。醉后信笔，颇有沓拖风气。"

茱萸　王建诗："茱萸酒法大家同①。"

[注释]

①茱萸：又名"越椒"、"艾子"，是一种常绿带香的植物，具备杀虫消毒、逐寒祛风的功能。诗句见《酬柏侍御答酒》。大家：大户人家，世家望族。

地黄　乐天诗："坐依桃叶妓①，行呷地黄杯②。"

[注释]

①桃叶妓：泛指歌妓。　②呷（xiā）：小口地喝。地黄：玄参科多年生草本植物，因其地下块根为黄白色而得名地黄，其根部为传统中药。炮制方法不同其药性和功效也有较大的差异，鲜地黄为清热凉血药，熟地黄则为补益药。诗句见《马坠强出赠同座》。

芦酒榴酒　杜诗："芦酒多还醉①。"注：以荻管吸于瓶中。皮日休诗："檮酒三瓶寄夜航②。"

　　①芦酒：如下文所说以芦荻管插酒瓶中吸而饮之，故名。诗句见《送从弟亚赴河西判官》。　②檮：即稔树。采其叶染饭，色青而有光，食之资阳气。夜航：昨天晚上起航的船。皮日休答陆龟蒙诗云："明朝有物充君信，檮酒三瓶寄夜航。"

　　桂酒①　《神仙传》："陆通尝饵黄桂之酒。"乐天诗："绿蕙不香饶桂酒②，红樱无色让花钿③。"

[注释]

　　①桂酒：用官桂为主料，用米酒浸泡而成，用桂皮串香的酒。　②绿蕙：王刍及蕙草。王刍，即荩草；蕙草，一种香草。　③花钿（diàn）：古时妇女脸上的一种花饰，有红、绿、黄三种颜色，以红色为最多，以金、银制成花形，蔽于发上。诗句见《宴周皓大夫光福宅》。是说宴席上桂花酒美味香醇，连本来芳香的蕙兰都觉不到香味；鲜艳的红樱顿时失色，比不过美女的娇丽。

　　石榴花①　李义山诗："我为伤心春日醉，不劳君劝石榴花。"盖以榴花酿酒，即为酒名也。

[注释]

　　①石榴花：酒名。石榴花酒的制作，宋代祝穆在《方舆胜览》中也写道："（崖州妇人）以安石榴花着釜中，经旬即成酒，其味香美，仍醉人。"本处诗句见李商隐《寄恼韩同年二首》，他本均作"我为伤春心自醉"，此处所引或误。

酴醾酒^①　王仲修诗^②："郢坊初进酴醾酒^③。"

[注释]

①酴醾（tú mí）：也写作荼蘼、荼縻等，因为其色黄如酒，所以加"酉"字偏旁作"酴醾"。蔷薇科落叶小灌木，于暮春时开花，有香气。其做法，宋代朱肱在《酒经》卷下写道："七月开酴醾，摘取头子，去青萼，用沸汤焯过，纽干。浸法：酒一升，经宿，滤去花头，匀入九升酒内，此洛中法。"　②王仲修：字敏甫，北宋成都府华阳（今四川省成都市双流区）人。宋神宗熙宁年间宰相王珪之子，举家徙居开封（今属河南）。宋熙宁三年（1070）举进士第，以著作佐郎为崇文院校书，历官同知太常礼院、著作佐郎。现存诗102首。诗句见《七言绝句》。　③郢坊：郢州的酒坊。郢州，今湖北钟祥。所产酒唐时被指定为皇家宴会专用酒。

薏苡茯苓^①　张贲诗^②："为待防风饼^③，须添薏苡杯。"贡师泰诗^④："茯苓酒共仙人饮。"

[注释]

①薏苡：薏苡酒，产于北京及其附近，明清时尤为著名。薏苡，禾本科一年生或多年生草本。以去除外壳和种皮的种仁入药。味甘、淡，性微寒。有健脾利湿、清热排脓功能。仁味甘淡，有健脾利湿的功能。　②张贲：字润卿，唐代南阳人。867年前后在世（唐懿宗咸通年间）。登进士第。尝隐于茅山，后寓吴中，与皮日休、陆龟蒙游。唐末，为广文博士。　③防风：一种药草的名字，是伞形科多年生草本植物防风的根。主治外感表证、风疹瘙痒、风湿痹痛、破伤风。　④贡师泰（1298~1362）：字泰甫，元代宣城（今属安徽）人。官至礼部、户部尚书。有《诗经补注》、《玩斋集》、《东轩集》等。诗句见《和石田马学士殿试后韵》。

文章酒　《谯周赞》^①："文章作酒，能成其味。"注：五加皮，一名文章草。

［注释］

①《谯周赞》：《三国志》中谯周传记末尾的赞语（评价）。谯周（201？～270），字允南，三国巴西西充（今四川阆中西南）人。蜀汉灭亡后降晋，在晋官至散骑常侍。儒学大师和史学家。

烟草酒树　《洞冥记》[①]：瑶琨去玉门九万里[②]，有碧草如麦。割之以酿酒，味如醇酎[③]。饮一石，三旬不醒。《南史》[④]：顿逊国有酒树[⑤]，似安石榴[⑥]。采花汁，停瓮中，数日即成酒，能醉人。皮日休诗："酒树能消谪宦嗟。"

［注释］

①《洞冥记》：志怪小说集。又作《汉武帝别国洞冥记》、《汉武洞冥记》。共 4 卷 60 则故事，旧本题后汉郭宪撰。郭宪，字子横，东汉初汝南宋（今安徽太和）人。王莽新朝时隐居不仕，后被光武帝刘秀拜为博士，官至光禄勋。　②瑶琨：古传说中产美酒的地方。玉门：今属甘肃，在河西走廊。　③醇酎（zhòu）：味厚的美酒。汉代邹阳《酒赋》："凝醳醇酎，千日一醒。"是说饮用了这种酒，三年之后才醒得来。　④《南史》：唐朝李延寿撰，"二十四史"之一。纪传体，共 80 卷，上起 420 年，下迄 589 年，记载了南朝宋、齐、梁、陈四国 170 年间的史事。《南史·夷貊上》记顿逊国事。　⑤顿逊国：又名典逊，是东南亚古国，现已不存在。其地在今缅甸丹那沙林。　⑥安石榴：石榴的别名。约在 2 世纪，石榴产在当时隶属西汉的西域之地——安国和石国（今乌兹别克斯坦的布哈拉和塔什干）。西汉张骞出使西域，得其种以归，故名安石榴。

丁香酒　外洋所造。以母丁香酿成[①]，气味芳冽。筹山外史吴允嘉诗[②]："玻瓶海外丁香酒，金粟吴中子鲚鱼[③]。"

[注释]

①母丁香：桃金娘科植物丁香（药用丁香）的近成熟果实。味辛、性温，可治暴心气痛、胃寒呕逆、风冷齿痛、牙宣、口臭、妇人阴冷、小儿疝气等症。　②吴允嘉：字志上，又字石仓。本钱姓，吴越王后裔，清代钱塘（今浙江杭州）人。藏书数万卷。辑《武林耆旧集》、《钱塘县志补》等。著有《石甋山房诗》、《吴越顺存集》、《浮梁陶政志》、《石仓诗稿》、《四古堂文抄》、《石仓笺奏》、《武林文献志》等。　③金粟：即桂花。鲚鱼：又称凤尾鱼。

梅香酎　《林邑志》[①]：林邑山杨梅，其大如杯碗。青时极酸，既熟，味如崖蜜[②]。以酿酒，号梅香酎。非贵人重客，不得饮之。

[注释]

①《林邑志》：林邑的地方志。林邑，古国名，象林之邑的省称。故地在今越南中部。　②蜜：原作"密"。

蜜酒　东坡有《蜜酒歌》[①]，盖以蜜酿酒也。

[注释]

①《蜜酒歌》：苏轼在黄州自酿蜜酒，作《蜜酒歌》记之。谓"宋西蜀道士杨世昌，善作蜜酒，绝醇酽。余既得其方，作此歌遗之"。

牛酥羊髓　《酒史》：南唐法，用牛酥、羊髓置醇酒中[①]，暖消而后饮，名丑未觞[②]。

[注释]

①牛酥：牛油。　②丑未：意为牛酥、羊髓对冲而组合制成一种新的

酒。地支的丑和未，配属相的牛和羊，本酒用牛酥、羊髓，故而以丑未命名。

羊羔酒^①　曾子固诗^②："白羊酒熟新看雪。"东坡诗："试开云梦羔儿酒，快泻钱塘药玉船^③。"

[注释]

①羊羔酒：以羊肉为配用原料而酿制的酒。将羊肉羊脂浸泡于米浆之中，通过曲蘖发酵而形成肉香型的羊羔酒。也可以采用研膏浸兑的方法，把羊肉羊脂配制于成酒之中，用酒浸泡出肉香。如上条所示，南唐时开始有羊羔酒。　②曾子固：曾巩（1019~1083），字子固，北宋建昌南丰（今属江西）人。官至中书舍人。散文家，被誉为"唐宋八大家"之一。有《元丰类稿》。诗句见《郡斋即事二首》。　③药玉船：药玉制作的船型的酒器。药玉，我国道教用品，将玉石镂空，置入香料和草药，用以治病提神。诗句见《正月三日点灯会客》。

驼乳、马乳^①　元马臻诗："酿酒收驼乳，裁裘聚鼠皮^②。"《汉·郊祀志》^③："药人给大官马挏酒^④。"盖以马乳为酒，撞挏乃成也。元人诗亦竟称马酒。杜甫有《谢严中丞送青城道士乳酒诗》。

[注释]

①马乳：将新鲜马乳挤入革囊之中，摇荡、搅拌或撞击多时，略加放置，使其发酵而成酒。酒度一般较低。　②裁裘聚鼠皮：诗句见《开平即事》。　③《汉·郊祀志》：《汉书》的十种志之一，记载历代帝王的祭祀活动。此处有误，应为《汉书·礼乐志》。本志论述礼、乐的性质及其历史。

④药人："药"应为"乐"，《汉书·礼乐志》在"乐"下有文："师学百四十二人，其七十二人给大官挏马酒，其七十人可罢。"大官：主持造酒的官员。挏（dòng）：撞击。来回猛烈地摇动或拌动。

鱼儿酒　　《霏雪录》：裴晋公盛冬常以鱼儿酒饮客①。其法用龙脑凝结②，刻成小鱼形状，每沸酒一盏，即投一鱼其中。

[注释]

①裴晋公：裴度，唐宪宗元和时拜相，率兵讨平淮西割据者吴元济，封晋国公，世称裴晋公。　②龙脑：又名冰片，有发汗、兴奋、镇痉、驱虫和防腐蚀等作用。

卷十　出　产

酒随地有之，乃留传者，不过数处。甚矣，良酝之难也！亦有并非产酒乡，因胜流托迹①，偶一把杯，被以齿牙余论，遂尔得名者②。次出产第十。

[注释]

①胜流：名流。　②遂尔：于是乎。

中山　　《搜神记》①：中山人狄希能造千日酒②。《博物志》载刘玄石于中山酒家醉归事③。又《志怪》④，齐人田无已亦能造千日酒。

[注释]

①《搜神记》：东晋史学家干宝撰写，搜集古代民间传说中神奇怪异故事的小说集，410多篇。　②中山：古国名，在今河北西部。千日酒：能使人一醉千日的酒。《搜神记》及《太平广记》中均载：中山人狄希造千日

酒，刘玄石索一杯饮，回家即醉倒，家人误以为已死，哭而葬之。过三年，狄希往其家探其醒否，始知已埋三年矣。命发冢开棺，方见开目张声，曼声而言道："快哉，醉我也。" ③玄：原作"元"，避讳。 ④《志怪》：以记述神仙鬼怪为内容的小说。

鄘渌^①   《荆州记》^②：渌水出豫章康乐县^③，取其水酿酒，极甘美。与湘东鄘湖酒^④，年常入贡，世称"鄘渌酒"。

[注释]

①鄘渌：鄘酒和渌酒。《汉唐地理书钞》引《文选注》云："渌水出豫章康乐县，其间乌程乡有酒官取水为酒，酒极甘美，与湘东鄘湖酒年常献之，世称鄘渌酒。"可见鄘渌酒是一种粮食酒。   ②《荆州记》：南朝宋盛弘（一作宏）之撰写，3卷。成书时间当在宋文帝元嘉十四年（437）左右。大约在唐宋间即已散佚。   ③渌水：发源于江西萍乡市千拉岭南麓，西流经过醴陵市、株洲县，在渌口汇入湘江。豫章：郡名，指今江西。康乐县：治所在今江西万载县东。   ④湘东：湖南东部。鄘湖：位于今湖南衡阳鄘湖乡。今有"湖之酒"即用此湖水沿用古法酿造。鄘酒曾为祭祀用酒，《晋书》："（太康元年五月）丁卯，荐鄘渌酒于太庙。"

苍梧宜城   张华诗^①："苍梧竹叶清^②，宜城九酝醝^③。"又唐人诗："宜城酘酒今应熟^④。"

[注释]

①张华（232~300）：字茂先，西晋范阳方城（今河北固安）人。官至司空。有《博物志》。   ②苍梧：今广西梧州一带，出产最优质的清酒。竹叶清：一种淡绿色的清酒，因颜色近于竹叶而得名。   ③宜城：今湖北宜城，以出产优质浊醪闻名。九酝醝（cuō）：即九酝酒，采用连续投料的方法酿酒，分批追加原料，使得发酵体始终保持足够的糖分，促使酵母菌充分

培养，因而酒甘香醇烈，酒度加高。九，表示多次。醍，白酒。诗句见《轻薄篇》。 ④酘（dòu）：即投料，指将煮熟或蒸熟的饭粒投入正在催发的曲液酒醪之中，借以增强曲液的发酵能力。

　　关中　邹阳《酒赋》[①]：其品则沙洛渌酃[②]，关中白薄[③]。

［注释］

　　①邹阳：齐人，西汉时期很有名望的文学家。文帝时，为吴王刘濞门客，后为景帝少弟梁孝王门客。其《酒赋》收入《西京杂记》。 ②沙：酒名，较浑浊。《仪礼·大射仪》"两壶献酒"注："献读为沙。沙酒浊，特沛（过滤）之，必摩沙者也。"洛：通"酪"。酒名。渌酃：两种酒名，见上文"酃渌"条。 ③关中：今陕西关中平原，在函谷关（今河南灵宝东北）和大震关（今陕西陇县西北）等四关之中。白薄：汉代关中所产的一种酒。

　　荆南豫北　张协《七命》[①]：荆南乌程[②]，豫北竹叶[③]。

［注释］

　　①张协（？～307?）：字景阳，西晋安平（今属河北）人。历官中书侍郎、河间内史。与其兄张载、其弟张亢，均是西晋有名的文人，时称"三张"。 ②荆南：又称南平、北楚，高季兴所建国家，为五代十国时期十国之一。都城荆州，统辖荆、归（今湖北秭归）、峡（今湖北宜昌）三州。乌程：指乌程乡。当今之浙江湖州。秦时因此乡乌申、程林两个家族善酿而得名。 ③豫北：指今河南省黄河以北的地区。

　　乌程　北轩主人曰：羊士谔诗[①]："金叠几醉乌程酒[②]。"乌程，浙湖州首邑。秦时有乌氏、程氏善酿，因名。张协"荆南乌程"，则乡名。见盛宏之《荆州记》。亦言秦有乌金、程休两家善酿酒。未知孰是。

①羊士谔（约762~819）：唐代泰山（今山东泰安）人。官至监察御史，掌制诰。　②叠：《全唐诗》作"罍"。《忆江南旧游二首》其一："曲水三春弄彩毫，樟亭八月又观涛。金罍几醉乌程酒，鹤舫闲吟把蟹螯。"罍（léi），古代一种盛酒的容器。小口，广肩，深腹，圈足，有盖，多用青铜或陶制成。乌程：秦时设县，今浙江湖州。民国时，撤县并于吴兴。

桂阳　《南史》：桂阳程乡有千里酒，饮之逾千里，至家而醉①。

[注释]

①桂阳三句：《南史》卷四十九记载，（李）昉又曰："酒有千日醉，当是虚言。"（刘）杳曰："桂阳程乡有千里酒，饮之至家而醉。亦其例。"昉大惊曰："吾自当遗忘，实不忆此。"杳云："出杨元凤所撰《置郡事》。"桂阳，今属湖南省。

上若下若　《吴兴志》①：若溪在长兴县②。亦名箬溪③。南曰上若，北曰下若。村人取其水酿酒，醇美胜云阳④。刘梦得诗⑤："鹦鹉杯中若下春⑥。"若下即下若也。

[注释]

①吴兴：今为浙江省湖州市的一个区。　②长兴县：今属浙江省湖州市。箬下酒产于长兴县下箬乡之箬溪北岸。　③箬（ruò）溪：溪水因生箭箬而得名。箭箬，即箬竹。秆匀细而节长，中空极小，可以制筷。叶片宽大，可以裹粽和制船篷。宋胡仔《苕溪渔隐丛话后集·楚汉魏六朝上》："县南五十步有箬溪，夹溪悉生箭箬，南岸曰上箬，北岸曰下箬，居人取下箬水酿酒，醇美，俗称箬下酒。"　④云阳：丹阳（今属江苏）旧称，魏晋

南北朝时是酿酒业的重要产区。　⑤刘梦得：刘禹锡字梦得。　⑥鹦鹉杯：由鹦鹉螺制成的纯天然的酒杯。

河东　《霏雪录》：河东桑落坊有井①，每至桑落时，取水酿酒甚美。故名桑落酒。

[注释]

①桑落坊：在今山西永济。永济古曾属河东郡。

兰陵　李白诗："兰陵美酒郁金香①，玉碗盛来琥珀光②。但使主人能醉客，不知何处是他乡。"

[注释]

①兰陵：治今山东兰陵县境兰陵镇。兰陵美酒属当年山东中南部出产的鲁酒。　②琥珀：为古代松科植物的树脂埋藏地下经久凝结而成的碳氢化合物。此处指酒液呈琥珀色（赤黄色）。诗句见《客中行》。

蒲城①　庾信诗："蒲城桑落酒②，灞岸菊花天③。"

[注释]

①蒲城：今山西永济。因旧称蒲州而得有此称。　②桑落酒：用桑落泉酿制的白酒。《齐民要术》卷七：十月桑落，初冻则收水，酿者为上。③灞：灞水，发源于今陕西蓝田，绕经西安，注入渭河。灞水边酿制的菊苑酒也是名酒。诗句见《就蒲州使君乞酒》。

郫筒酒　《蜀志》①：郫地出大竹②，截之盛酒，间以藕丝，包以蕉叶，信宿香达③，曰郫筒酒。

[注释]

①《蜀志》：陈寿撰写。陈寿（233~297），字承祚，西晋巴西郡安汉（今四川南充）人。蜀汉亡国后他仕于西晋，少举孝廉，除著作郎，著有《三国志》。　②郫：今四川郫县。郫筒酒，属于低度发酵酒，通常在竹筒内发酵，带有特殊的香气。清冽彻底，味如梨汁蔗浆。　③信宿：两个晚上。

太行　苏子美诗："太行美酒清如天①。"

[注释]

①太行美酒：太行山的美酒。苏舜钦《对酒》："侍官得来太行颠，太行美酒清如天。长歌忽发泪迸落，一饮一斗心浩然。"

新丰　庾信诗："新丰酒径多①。"王维诗②："新丰美酒斗十千。"

[注释]

①新丰：唐代都城长安东郊有新丰镇，即鸿门宴之新丰，镇中酒肆林立，多产好酒。又，江苏丹阳境内也有一小镇名新丰，出产名酒，同名新丰酒。酒径：通往酒店的路径。诗句见《和春日晚景宴昆明池》："上林柳腰细，新丰酒径多。"　②王维诗：诗句见《少年行》（其一）。

吴醴吴醥　吴醴①，见《楚辞》。吴醥②，见六朝人诗。

[注释]

①吴醴：吴地所产的酒。吴，周代诸侯国名，在今江苏省南部和浙江省北部，后扩展至淮河下游一带。《楚辞·大招》："吴醴白蘖，和楚沥只。魂乎归徕，不遽惕只。"　②吴醥（piǎo）：吴地产的清酒。醥，清酒。南朝

梁吴均《酬别江主簿屯骑》诗有"吴醴"："赵瑟凤凰柱，吴醴金罍樽。"

长安　《袁子政论》①：长安九酿②，中山清酤③。

[注释]

①《袁子政论》：西晋陈郡（辖今豫东、豫南及安徽近 30 个县市的广大地区）袁准撰，19 卷。已佚。政，当作正，因避讳而改作政。　②九酿：与"九酝"义同，多次投放酒曲。　③清酤：清酒，一夜就熟的酒。

余杭酒　丁仙芝诗①："十千兑得余杭酒②，二月春城长命杯。"《列仙传》③："麻姑至蔡经家④，酒尽，就余杭姥沽饮⑤，得一油囊酒五斗⑥。"

[注释]

①丁仙芝：字元祯，唐曲阿（今江苏丹阳）人，开元进士，好交游，其诗现仅存 14 首。诗句见《余杭醉歌赠吴山人》。　②兑：兑换，买得。余杭：郡治在今浙江杭州。　③《列仙传》：我国最早且较有系统的叙述神仙事迹的著作，记载了从赤松子（神农时雨师）至玄俗（西汉成帝时仙人）71 位仙家的姓名、身世和事迹。旧题西汉刘向撰。　④麻姑：神话人物，为女性，修道于牟州东南姑余山。　⑤姥：老太太。　⑥油囊：盛油的软皮囊。

桂林　何中诗①："桂林岭头木香酒②。"

[注释]

①何中（1265～1333）：字太虚，元初抚州乐安（今属江西）人。南宋末年登进士第，至顺年间（1330～1333）为龙兴学师。　②木香：菊科植物云木香和川木香的通称，药效可理气，行气药，温里。

蜀酒、闽酒　杜诗①："蜀酒浓无敌，江鱼美可求。"东坡诗："夜饮闽酒赤如丹②。"

[注释]

①杜诗：杜甫《题寄上汉中王三首》。　②闽酒赤如丹：产于福州的名酒"真珠红"，用神奇的红曲酿成，故而颜色类似胭脂，得有此名。

闿州　陆放翁诗："阆州斋酿绝芳醇①。"

[注释]

①阆州：即今四川阆中。斋酿：官厅酿造的酒。诗句见《阆中作二首》。

金陵　太白诗："瓮中百斛金陵春①。"又："白门柳花满店香，吴姬压酒唤客尝②。"白门，即金陵也。

[注释]

①金陵：今江苏南京。诗句见《寄韦南陵冰余江上乘兴访之遇寻颜尚书笑有此赠》。　②吴姬：吴地的青年女子，这里指卖酒女。压酒：酒酿成时，压酒糟取酒。诗句见《金陵酒肆留别》。

楚沥①　见《楚辞》②。

[注释]

①楚沥：楚地产的清酒。　②《楚辞》：《楚辞·大招》："吴醴白蘗，和楚沥只。"

南燕酎^①　韩琦诗："无辞剩引南燕酎^②。"自注：酝者，济人^③，善酿水酒，即冰堂酒也^④。

[注释]

①南燕酎：南燕所产的醇酒。南燕，商代古国，在今河南省延津县东北，为与蓟地燕国相区别，称作南燕。又五代十国也有南燕，都广固，今山东青州。　②剩引：多饮。　③济：济州，治今山东巨野。　④冰堂酒：古代美酒名。产于滑州，今河南滑县。清乾隆二十二年《滑县志》载："冰堂，宋欧阳修守郡日建，尝造酒，名'冰堂春'。"陆游《老学庵笔记》卷二："承平时，滑州冰堂酒为天下第一。"冰堂酒的原料是黄米（或小麦）、红曲（又名建曲，产于福建，状如糯米，红色）、红冰糖，药料有当归、肉桂、陈皮、甘草、菊花、党参、砂仁等。其制法是：先把黄米（或小麦）配红曲酝酿，再用蒸锅蒸馏，使气体变成液体，流入酒筛，再将全副药料加入，每 100 斤酒配 1 斤药料。最后，再把冰糖兑水熬成扯丝的稀汁，每 100 斤配冰糖 10 斤，徐徐兑入酒筛，拌匀即成（此条引自滑县文化馆网页资料）。另见《胜饮编》卷十一"冰堂春"条。

叙州^①　东坡诗："东楼谁记倾春碧。"注：春碧，叙州酒名。

[注释]

①叙州：州治龙标县（今湖南芷江）。诗句见《北岭道院杂兴》。

秀州　清雪居士曰：吾乡水白酒，最为外客所笑。按：宋时，秀州酒^①，有名清若空者，诗家多用之。绎其名义^②，当即今之水白酒也。又宋张能臣《酒名记》："秀州酒名月波。"取义甚佳，其味当不至是。

①秀州：州治在嘉兴（今属浙江）。　②绎：考求，考证。

剑南^①　酒名烧香春。见宋诗^②。

①剑南：唐代方镇名，治所在益州（今四川成都）。　②宋诗：宋人赵令畤《侯鲭录》8卷，谓天下美酒有剑南的烧香春。

郢水^①　太白诗^①："荷净蓬池鲙^②，天寒郢水坊^③。"时禁中有郢水酒坊^④。

①太白诗：应是李德裕的《述梦诗四十韵》。明人陈耀文《天中记》卷三十在李德裕诗后注云："每学士（入院），初，上赐食，悉是蓬莱池鱼鲙，夏至复赐及颁烧香酒，以酒味稍浓和水而饮，盖禁中有郢水酒坊也"。②蓬池：蓬莱池，在今陕西西安长安区大明宫蓬莱殿附近。鲙（kuài）：即"鳜鱼"，也称"快鱼"。　③郢水：湖北江汉平原的水系，绕汉阳而过。④禁中：皇宫之中。

辰溪^①　有钩藤酒^②。

①辰溪：今属湖南。　②钩藤酒：即咂酒，古代西部及西南部广大地区民间流行的风情酒，众人围坐酒坛周围，同咂共饮。以粳米或麦粟为原料，制作时不压榨，不过滤，酒度较低。

黄州　压茅柴^①，黄州酒名^②。韩子苍诗^③："三年逐客卧江

皋④，自与田夫压小槽⑤。惯饮茅柴谙苦味，不知如蜜有香醪。"又范石湖诗："瓦盆新熟杜茅柴⑥。"凡村酒⑦，皆可用。

[注释]

①压茅柴：酒名。北宋时期的黄州城有白酒叫"压茅柴"或"茅香酒"。茅柴，实为一种茅香草，简称"香茅"。以镇江茅山香草为佳，亦称茅山香草，又叫柠檬香草。　②黄州：州治黄冈（今属湖北）城东。③韩子苍：韩驹（1080~1135），字子苍，号牟阳，学者称他陵阳先生。北宋末南宋初陵阳仙井（治今四川仁寿）人。历官秘书省正字、著作郎、中书舍人兼修国史。江西诗派诗人，有《陵阳集》4卷。此处诗名《七言绝句》。　④逐客：被贬谪而失意的人。江皋：江边。　⑤槽：槽床，榨酒设备。主体是榨箱，酒醪置于其中，上盖压板，用砧石为重力进行压榨。⑥杜茅柴：杜茅柴酒。杜，家庭自制不在集市上售卖的酒。诗句见《四时田园杂兴绝句》。　⑦村酒：乡村人家所酿的酒。亦用以称劣酒。唐张南史《春日道中寄孟侍御》："昨日已尝村酒熟，一杯思与孟嘉倾。"宋吴儆诗："村酒不常有，有亦多苦酸。而况醉中语，缪误人所嫌。"

　　巴陵　太白诗："巴陵无限酒①，醉杀洞庭秋。"

[注释]

①巴陵：岳阳古称巴陵，在洞庭湖边。诗句见《陪侍郎叔游洞庭醉后三首》其三。

　　云安　杜诗："闻道云安曲米春①，才倾一盏即醺人②。"

[注释]

①云安：郡治在今四川奉节。　②醺人：醉人。诗句见《拨闷》。

杭州　杭州酿酒，趁梨花开时熟，号梨花春。乐天诗：“青帘沽酒趁梨花①。”

[注释]

①青帘：旧时酒店门口挂的幌子多用青布制成。此处借指酒家。诗句见《杭州春望》。

南湘　梁朱异赋①：岂味薄于东鲁，鄙蜜甜于南湘。

[注释]

①朱异（483～549）：原作宋异，径改。字彦和，南朝梁吴郡钱塘（今浙江杭州）人。始为扬州议曹从事，召直西省，累迁中领军。此处引文见朱异《田饮引》：“卜田宇兮京之阳，面清洛兮背修邙。属风林之萧瑟，值寒野之苍茫。鹏纷纷而聚散，鸿冥冥而远翔。酒沉兮俱发，云沸兮波扬。岂味薄于东鲁，鄙蜜甜于南湘。于是客有不速，朋自远方。临清池而涤器，辟山蝙而飞觞。促膝兮道故，久要兮不忘。闲谈希夷之理，或赋连翩之章。”

射洪　杜诗：“射洪春酒寒仍绿①。”

[注释]

①射洪：地处四川盆地中部。

江陵①　酒名抛青春。退之诗②：“且宜勤买抛青春。”又郢中酒名富水春、荥阳上窟春、富平石冻春③，东坡所谓唐人名酒多以春也。

[注释]

①江陵：又名荆州城，即今湖北荆州。　②退之诗：韩愈《感春诗》

之四。　③郢中：郢的都城，指荆州。荥阳：今属河南。荥，原作荣。富平：今陕西富平。

　　罗浮　东坡诗："一杯付与罗浮春①。"

[注释]

　　①罗浮：在今广东兴宁市北部。春：酒名。

　　宜春　《吴录》①：安成宜春县出美酒②。

[注释]

　　①《吴录》：晋代张勃撰写，记吴地风俗。　②安成：郡名，郡治在平都（今江西安福东南）。宜春县：今宜春市，属江西，晋代时所酿制的酒就是上贡酒。

　　京口①　酒名京清。见周文璞诗②。

[注释]

　　①京口：在今江苏镇江，地处长江下游，雄踞南岸。周文璞《五月五日至京口》提到京口所产的京清酒："京清虽快人，忍作昌歜节。"　②周文璞：字晋仙，号方泉，又号野斋、山楹等，北宋末阳谷（今属山东）人。曾任溧阳县丞，后隐居。有《方泉诗集》4卷。

　　荆州　《山谷集》①：荆州公厨②，酒之尊贵者，曰锦江春。

[注释]

　　①《山谷集》：黄山谷（庭坚）的文集。　②公厨：官家的厨房。

保州定州①　酒名错著水，见《酒名记》。

[注释]

①保州：今河北保定。定州：地名，今属河北。

凤州　凤州旧传有三绝①：手、柳、酒也②。

[注释]

①凤州：今陕西凤县。《凤县志》记宋时凤州"三绝"驰名，一为好
手，一为名酒，一为杨柳。　②手：姑娘的手，红酥手，又一意为巧手。

广南①　有香蛇酒。

[注释]

①广南：今属云南。

京师诸酒　《北轩诗话》：京师诸酒①，皆近畿所酿②。有蓟、
涿、涞、洺、沧、易等名③，具列坊肆中。钱牧斋诗云④："长安多
美酒，酒人食其名。刁酒非洺水⑤，味薄甜如饧⑥。易酒酿天坛，
市酤安得清。魏酒稍芬芳，劲正乖典刑⑦。"未知牧翁所取者何酒
也。予最爱沧酒，色清而味冽⑧。在杭州时，有诗云："两年席少
麻姑酒，三日程遥邓尉花⑨。"沧州旧号麻姑城，予因以名酒。初
疑生创⑩，后见渔洋山人诗亦用之矣⑪。

[注释]

①京师：清代京城，即今北京。京师诸酒都属于黄酒系列，呈黄色，度
数较低，营养丰富。　②近畿：邻近国都的地方。畿，京畿。　③蓟：北京

的古称。涿：今河北涿州。涞：今河北涞水。洺：今河北永年，位于洺水之滨。沧：今河北沧州。易：今河北易州。清初宋起凤尝遍各地名酒，谓"所在佳酿，当无过易州、沧州两地矣"。　④钱牧斋：即钱谦益，字受之，号牧斋，晚号蒙叟，又号东涧老人，明末清初常熟人。主盟文坛数十年。明弘光时，官至礼部尚书。清兵南下，在南京率先迎降，封礼部右侍郎。⑤刁酒：产于今河北南和。　⑥饧（xíng）：糖。　⑦乖：背离，不顺。典刑：标准。　⑧冽：浓烈。　⑨邓尉花：苏州邓尉山的梅花。　⑩生创：生造。　⑪渔洋山人：即王士祯（1634～1711），原名士禛，字子真、贻上，号阮亭，又号渔洋山人，清初新城（今山东桓台）人，常自称济南人。诗为一代宗匠，与朱彝尊并称。继钱谦益而主盟诗坛。有《带经堂集》。

蛮酒　罗隐诗①："雨催蛮酒夜深沽②。"《投荒录》③：南蛮有女酒④。人家生女，数岁，酿糟置壶水中。候女嫁，决水取之。味甚美。

[注释]

①罗隐（833～909）：字昭谏，唐代新城（今浙江富阳）人。依吴越王钱镠，历任钱塘令、司勋郎中、给事中等职。　②雨：原作两，据《全唐诗》改"雨"。诗句见罗隐《寄徐济进士》：霜压楚莲秋后折，雨催蛮酒夜深沽（一作酤）。红尘偶别迷前事，丹桂相倾愧后徒。　③《投荒录》：唐代房千里撰。房千里，字鹄举，太和（827～835）初进士及第，曾居襄州、庐陵，官国子博士；后贬官端州，终高州刺史。《投荒录》编山川物产之奇，人民风俗之异，一名《投荒杂录》。　④南蛮：先秦时期将居住在我国南方的少数民族统称为南蛮。

波斯①　酒名三勒浆②。

[注释]

①波斯：指古伊朗。　②三勒浆：三种植物果实酿制的酒。三种植物分

别是：庵摩勒、毗醯勒、诃梨勒，名称均有"勒"，故称"三勒"。广泛用于治疗热病、眼病等。

大宛　《史记》：大宛国[1]，以葡萄为酒，富人藏酒，尝至万余石。久者至数十年不败。《敦煌张氏传》：扶风孟佗[2]，以葡萄酒一斛遗张让[3]，即拜凉州刺史[4]。

[注释]
①大宛（yuān）：古代中亚国名，遗址在今中亚费尔干纳盆地一带。见《史记·大宛列传》。　②扶风：今属陕西。孟佗：字伯郎，以葡萄酒一斗贿赂张让，即被任命为凉州刺史。汉灵帝时，张让为中常侍，掌握官吏任免大权。　③遗（wèi）：赠送。　④凉州：今属甘肃。

暹罗　《酒史》：四夷酒[1]，暹罗为第一[2]。

[注释]
①四夷：古时称中原之外东西南北四方的少数民族。　②暹罗：即今泰国的古称。《曲本草》称暹罗酒，以烧酒二次蒸馏，入珍贵异香，人饮数盏即醉。

缅甸　《寰宇志》[1]：缅甸有树头酒，盖以树头结实如椰子大，土人以罐悬其下，划实，汁流罐中，即成酒。树类棕[2]，或曰即贝树也。

[注释]
①《寰宇志》：明代《寰宇通志》。　②棕：即棕树。

朝鲜王朝（中国明朝）佚名《同年饮宴图轴》，现藏美国大都会艺术博物馆

真腊　《真腊风土记》^①：美人酒，于美人口中含而造之，一宿而成，尤奇。

[注释]

①《真腊风土记》：元代周达观撰写，介绍古国真腊的历史、文化。真腊，又名占腊，为中南半岛古国，在今柬埔寨境内，是中国古代史书对中南半岛吉蔑王国的称呼。

新罗　李义山诗："一盏新罗酒^①，凌晨恐易消。"

[注释]

①新罗：朝鲜半岛国家之一，从 503 年开始定国号为"新罗"起，立国达 992 年。诗句见《公子》。

卷十一　名　号

浊醪有妙理，必简择沾唇^①，亦损真趣。然内府黄封^②，仙厨玉液，不可不作是想也。次名号第十一。

[注释]

①简择：选择。　②内府黄封：即黄封酒，皇宫内所酿制。

黄流　《诗》^①："瑟彼玉瓒^②，黄流在中^③。"

[注释]

①诗：《诗经·大雅·旱麓》。　②瑟：清洁新鲜的样子。玉瓒：玉勺。

古时以圭为柄的一种酒器。圭前有勺，可以灌取酒来祭祀神灵。　③黄流：酿酒时合郁金之香，色黄如金。

从事、督邮[①] 《世说》："桓温有主簿，善别酒，有酒，辄令先尝。好者为青州从事[②]，恶者为平原督邮[③]。盖以青州有齐郡[④]，平原有鬲县[⑤]。言好酒下脐，而恶酒在鬲上住也。"从事，美官，督邮，贱职，故取以为喻。陈师道诗[⑥]："已无白水真人分，难置青州从事来。"

[注释]

①督邮：官职名。是郡守的属吏，执掌监督属官。故事见《世说新语·术解》。　②青州：今属山东。　③平原：平原郡，郡治今山东德州。④齐：此处借用为脐带的脐。　⑤鬲县：在今德州市德城区南境。此处鬲通"膈"，指横膈膜。《素问·风论》有"食饮不下，鬲塞不通"的话，指饮或食滞留在横膈膜以上，不能消化。　⑥陈师道诗：《九日无酒书呈曹使韩伯修大夫》。

欢伯　唐人咏茶诗："睡魔奚止退三舍[①]，欢伯直须输一筹[②]。"

[注释]

①奚：疑问代词，何。退三舍：退避三舍。比喻对人让步，避免冲突。②直须：也要。筹：筹码，古代用以计数的工具，多用竹子制成。诗句见宋人陆游《试茶》。

圣人、贤人　韩驹诗："闲分酒贤圣，静记药君臣[①]。"刘宾客诗："药炉烧姹女[②]，酒瓮贮贤人。"清雪居士诗："花中最喜观君子，酒里还能学圣人。"徐邈事[③]，入"雅言"。

①药君臣：药的配伍，各自量的多少。诗句见《再次韵兼简李道夫》。

②姹女：道家炼丹，称水银为姹女。诗句见刘禹锡《送卢处士》。　③徐
邈事：见《胜饮编》卷十五"时复中之"条。

曲秀才　郑綮《开天传》①：道士叶法善，一日会朝士②，满座
思酒。忽有一人叩门称曲秀才，突入居席末③，论难锋起④。叶潜
以小剑击之，随手堕地，化为瓶榼⑤。视之，乃盈瓶醇酿。坐客饮
之皆醉。乃揖其瓶曰："曲生风味，不可忘也。"北轩主人诗："春
林剩有山和尚，旅馆难忘曲秀才。"

[注释]

①郑綮（qǐ）：即郑棨，唐僖宗时历任庐州刺史、右散骑常侍、国子监
祭酒。写诗多用骈句。《开天传》：即《开天传信记》。　②朝士：指朝廷之
士，泛称中央官员。　③席末：即末席、末座。座次的末位。　④论难：辩
论诘难。锋起：喻十分激烈。锋，通"蜂"。　⑤瓶榼：瓶子。

曲道士　《集异录》①："叶静能谓汝阳王曰②：'有生徒能饮，
当令上谒。'称道士常持满，侏儒者也，饮酒至五斗许，醉倒乃是
一瓮。"放翁诗："孤寂惟寻曲道士，一寒仍赖楮先生③。"又："瓶
竭重招曲道士，床空新聘竹夫人④。"

[注释]

①《集异录》：陆嘉淑（1620～1689）撰，1卷。嘉淑字子柔，又字孝
可，号冰修，又号射山、射山衰凤，晚号辛斋，清代浙江海宁路仲里人。其
他著作有《问豫堂文钞》12卷、《射山诗钞》、《诗雅》6卷等。　②叶静
能：方术之士。　③楮（chǔ）先生：纸的代称。楮皮可制纸。　④竹夫
人：竹子所制的凉床。

曲生曲君　清雪居士诗："曲生真吾友①，相伴素琴前②。"北轩主人诗："香母铜匜初起篆③，曲君玉斝自生花④。"

[注释]

①曲生：酒。　②素琴：不加装饰的琴。　③香母：香。铜匜（yí）：古代一种青铜制盥洗器。匜是中国先秦礼器之一，用于沃盥之礼，为客人洗手所用。篆：指篆烟，香炉升起的香烟形似篆文。　④曲君：酒。

曲居士①　山谷诗："万事尽还曲居士，百年常在大槐宫②。"

[注释]

①曲居士：酒曲居士，即酒，对酒的幽默称呼。　②大槐宫：即南柯一梦。指梦境中的槐安国宫殿。唐李公佐《南柯太守传》记广陵淳于棼梦游槐安国，被招为驸马，拜南柯太守，享尽荣华富贵。梦觉，乃知所游为宅南大槐下一蚁穴。后以此比喻富贵权势之虚幻无常。此处诗句见黄庭坚《杂诗七首》之五。

玉友　周必大诗："连篘玉友钓溪鳞①。"

[注释]

①连篘（chōu）：应作速篘，一作剩篘。篘，一种竹制的滤酒的器具，这里作动词用。溪鳞：琴鱼。诗句见《奉词还家侄驿以诗相迎次韵》。

郎官清　西市睦，郎官清①，并李肇家酒名。见类书②。放翁诗："午瓯惟致叶家白③，春瓮旋拨郎官清。"

①郎官清：唐长安城虾蟆陵出名酒，即有郎官清。　②类书：采摭群书，辑录各门类或某一门类的资料，随类相从而加以编排，以便于寻检、征引的一种工具书。此处指李肇《唐国史补》，记载天下名酒。　③瓯：指茶瓯、茶盘。叶家白：福建建溪的一种名茶。诗句见《次韵使君吏部见赠时欲游鹤山以雨止》。

　　红友　清雪居士诗："世交只合招红友①，身事何须问紫姑②。"

[注释]

①只合：本来就应当。　②紫姑：传说中的厕神。

　　索郎　《水经注》①："王公庶友②，牵拂相招者③，每云：'索郎有顾④，思得旅语⑤。'盖'桑落'反语也⑥。"时贤失名诗："索郎味好开佳境，齐女声停发静思。"齐女，蝉别名。

[注释]

①《水经注》：南北朝时期北魏郦道元为《水经》作的注释，以水为经，涉及所流经地域的政治经济文化等各方面。郦道元（466 或 472～527），生活于南北朝北魏时期，出生在范阳涿县（今河北涿州）一个官宦世家，世袭永宁侯。本处引文见《水经注》卷四"河水"："置河东郡。郡多流杂，谓之徙民。民有姓刘名堕者，宿擅工酿，采挹河流，酝成芳酎，悬食同枯枝之年，排于桑落之辰，故酒得其名矣。然香醑之色，清白若滫浆焉。别调氛氲，不与他同。兰熏麝越，自成馨逸。方土之贡选，最佳酌矣。自王公庶友，牵拂相招者，每云：'索郎有顾，思同旅语。'索郎，反语为'桑落'也。"思同，本书引作"思得"，当误。　②庶：众多。　③牵拂：牵拉。④顾：等待。　⑤旅：众人。　⑥反语：一种反切方式。取双音节词语的第一个音节的声母与第二个音节的韵母和声调相拼，用第二个音节的声母与

第一个音节的韵母和声调相拼，得出一组新的双音节词语。此处即如此：索郎二字相切得桑，郎索二字相切得落。反之亦然。桑落，桑落酒，河东郡名酒。

椒花雨　《霏雪录》：杨诚斋退居^①，名酒之和者曰金盘露，劲者，曰椒花雨。尝言："予爱椒花雨，甚于金盘露。"

[注释]

①退居：退职家居。

上尊　《史》、《汉》：成帝赐丞相翟方进上尊酒十石^①。东坡诗^②："上尊白日泻黄封。"黄封，谓以黄罗帕封之，亦曰黄封酒。

[注释]

①成帝：汉成帝刘骜（前51～前7）。翟方进（？～前7）：字子威，汝南上蔡（今属河南）人。参见《史记·孝文本纪》、《汉书·翟方进传》卷五十四。上尊酒：上等酒，稻米一斗得酒一斗为一尊。　②东坡诗：见《用前韵答西掖诸公见和》。

碧香　东坡诗："碧香近出帝子家。"注：王晋卿酒名^①。

[注释]

①王晋卿：王诜，字晋卿，北宋太原（今属山西）人，徙居开封（今属河南）。娶宋英宗第二女蜀国公主，拜左卫将军、驸马都尉，为利州防御使。王晋卿为驸马，故称帝子之家。又，苏轼诗见《送碧香酒与赵明叔教授》。

黄娇　清雪居士《谢惠米酒诗》："加餐宜白粲^①，取醉喜黄娇。"

[注释]

①白粢：白米。

碧琳腴、白玉腴　张耒诗①："曾尝玉帝碧琳腴，不醉长安市上酤。"韩驹诗："去年看曝石渠书②，内酒均颁白玉腴③。"

[注释]

①张耒诗：诗名《斋中列酒数壶皆齐安村醪也今旦亦强饮数杯戏》。
②曝（pù）：曝晒。古时代的藏书常要曝晒，既驱杀书蠹，又防止书潮霉。石渠书：石渠阁的书。石渠阁，西汉皇室藏书的地方。　③内酒：宫廷作坊酿制的酒。颁：分赐，赏赐。白玉腴：酒名。白玉，如同白玉一般醇美。腴，酒味浓厚。

花露　放翁诗："红螺杯小倾花露，紫玉池深贮麝煤①。"

[注释]

①紫玉：高贵的紫玉做成的砚台。麝煤：即麝墨，文房之宝。诗句见《林间书意》。

真珠红　李白诗①："琉璃钟②，琥珀浓，小槽酒滴真珠红。"

[注释]

①李白诗：应是李贺诗。李贺《将进酒》："琉璃钟，琥珀浓，小槽酒滴真珠红。烹龙炮凤玉脂泣，罗屏绣幕围香风。吹龙笛，击鼍鼓；皓齿歌，细腰舞。况是青春日将暮，桃花乱落如红雨。劝君终日酩酊醉，酒不到刘伶坟上土。"　②琉璃钟：酒杯，琉璃酒杯。

醽绿、翠涛　《龙城录》^①：魏左相征能治酒^②，有名曰醽绿、翠涛。唐太宗赐诗云："醽绿胜兰生汉武百末旨酒也，翠涛过玉瀯隋炀帝酒名。千日醉不醒^③，十年味不败。"

[注释]

①《龙城录》：又名《河东先生龙城录》，唐代传奇小说，2 卷，43 则。见《古今说部丛书》。旧题柳宗元撰。主要记述隋唐时期帝王官吏、文人士子、市井人物的逸闻奇事。　②魏左相征：唐太宗时尚书左丞相魏征。左相，左丞相的简称。魏征曾任尚书左丞。　③千日醉不醒：千日酒，醉后可眠千日，东晋时有此传说。

凫花　见梁简文帝诗^①。

[注释]

①梁简文帝：萧纲（503～551），字世缵。梁武帝第三子。又唐代皮日休《奉和添酒中六咏·酒池》有"凫花"："竹叶岛纡徐，凫花波荡漾。"自注："凫花，酒名。"

瑞露珍　《三余杂记》：田翏逢三书生，曰："我有瑞露珍^①，酿百花中。"与饮，甘香可爱。

[注释]

①瑞露珍：又称瑞露，是公厨酿制的美酒，一般不作为商品酒使用。

荔枝绿　王公权家酒名^①。见类书。

①王公权家：宜宾旧称戎州，宋时酿有荔枝绿、绿荔枝等名酒。《叙州府志》谓王公权家首创，黄庭坚称为"戎州第一"，并有《荔枝绿颂》。

二娘子酒　林希逸诗①："二娘子酒何妨醉。"见《东波别集》②。

[注释]

①林希逸（1193～1271）：字肃翁，号鬳斋，又号竹溪，南宋福清（今属福建）人。官至中书舍人。著作今存《竹溪十一稿诗选》1 卷、《竹溪鬳斋十一稿续集》30 卷。　②《东波别集》：当为《东坡别集》之误。林希逸诗句见《书怀》其二，出《两宋名贤小集》，其于句下自注云：《坡别集》。

瓮头清　孟浩然诗①："已闻鸡黍熟，复道瓮头清。"后人遂以为酒名。

[注释]

①孟浩然诗：《戏题》："客醉眠未起，主人呼解酲。已闻鸡黍熟，复道瓮头清。"解酲，解酒，消除酒病。酲（chéng），醉酒而神志不清。

状元红　清雪居士《谢惠状元红酒诗》："拜嘉名酝状元红，却走床头清若空①。清若空者，秀州酒名也。见宋诗。措大酸寒浑洗刷②，醉魂轻举碧霄中。"

[注释]

①却走：退避，退走。清若空：宋陆游《半丈红盛开》诗："满酌吴中清若空，共赏池边半丈红。"宋周密《武林旧事·诸色酒名》："清若空（秀

州)。" ②措大：指贫寒的读书人。浑：全，满。

玉浮梁　太白好饮玉浮梁。浮梁，即浮蛆^①，酒脂也。

[注释]

①浮蛆：浮在酒面上的泡沫或膏状物，本条解释为酒脂。

流香　放翁诗^①："归来幸有流香在。"注：新赐酒名。

[注释]

①放翁诗：陆游《乍晴出游》："归来幸有流香在，剩伴儿童一笑嬉。"自注：流香，新赐酒名。

三辰酒　《史讳录》^①：唐明皇尝置曲清潭，砌以银砖，泥以石粉，贮三辰酒一万车，以赐当制学士^②。

[注释]

①《史讳录》：收于《云仙杂记》。《云仙杂记》旧署后唐冯贽编，五代时一部记录异闻的古小说集，收入唐五代时一些名士、隐者和乡绅、显贵之流的逸闻奇事。　②当制学士：值班的学士。唐代翰林学士本为文学侍从之臣，因接近皇帝，往往参与机要。

碧霞浆、云母浆　北轩主人诗："琴铺红锦荐，觞泛碧霞浆。"又："客歌欲裂雷公石^①，仙酌欣分云母浆。"

[注释]

①雷公石：俗称玻璃陨石为雷公石。此句谓客人的歌声高亢激越可以震裂坚硬的雷公石。

重碧　杜诗："重碧拈春酒①，轻红擘荔枝②。"又宋人诗："重碧杯中天更大，软红尘里梦初收。"

[注释]

①重碧：深绿色。此处指宜宾所产的春酒。拈：拈酒，唐代口语，拿起酒杯吃酒。　②轻红：荔枝色淡红，故用以借指荔枝。擘（bò）：分开，剥开。杜甫诗句见《宴戎州杨使君东楼》。

缸面、新篘①　萧翼赚辨才兰亭事②。

[注释]

①缸面、新篘：都指新酒。　②萧翼：唐太宗时任御史。赚：骗。辨才：辨才和尚。兰亭：王羲之《兰亭序》手迹。唐太宗酷爱王羲之的字，为得不到《兰亭序》而遗憾，后听说辨才和尚藏有《兰亭序》，便召见辨才，可是辨才却推说不知下落。尚书右仆射房玄龄推荐监察御史萧翼有才有谋，定能取回《兰亭序》，太宗立即召见萧翼，委以此任。萧翼遂装扮成普通人，带上王羲之杂帖几幅，献上缸面、新篘等好酒，慢慢接近辨才。当骗得辨才好感和信任后，在谈论王羲之书法的过程中，辨才拿出了《兰亭序》，萧翼故意说此字不一定是真货，辨才不再将《兰亭序》藏在梁上，随便放在几上。一天趁辨才离家，萧翼取得《兰亭序》。

玉链锤　唐时酒名。见《酒小史》。

干和　沈约诗①："醉酒爱干和②。"即今不入水酒也。并、汾间③，以为贵品，名曰干榨酒。

①沈约（441~513）：字休文，南朝吴兴武康（今浙江德清）人。历仕宋、齐、梁三朝，在宋仕记室参军、尚书度支郎。著有《晋书》、《宋书》、《齐纪》、《高祖纪》、《迩言》、《谥例》、《宋文章志》，并撰《四声谱》。②干（gān）和：其制作的主要特点是控制水的使用量，以期最大限度保持原液的浓度，故而酒味厚醇。　③并：并州，太原旧称。汾：汾州，州治今山西隰县。

酥酒　东坡诗："使君夜半分酥酒①。"

[注释]

①使君：对州郡长官的尊称。酥酒：味道柔腻松软的酒。诗句见《泗州除夜雪中黄师是送酥酒》。

冰堂春　欧阳永叔在滑县所造酒名①。北轩主人曰：《酒史》载酒之以春名者，如瓮头春、竹叶春、曲米春、葡萄春、蓬莱春、洞庭春、海岳春、锦波春、浮玉春、风光春、万里春范至能《酒名》、松花春、玉露春、软脚春之属，皆是。余谓酒实有春意。东坡诗："饮我霞石杯，放杯恍如春。"唐子西诗②："砚田无恶岁③，酒国有长春。"清雪居士诗："难将绳系日，但觉酒怀春。"试以茶相较，便觉有严肃之气，已成秋象矣。

[注释]

①滑县：今属河南。　②唐子西：唐庚（1070~1120），字子西，人称鲁国先生，北宋眉州丹棱（今属四川）人。历官宗子博士、提举京畿常平。③砚田：砚台。文人在砚台上耕耘，故称砚田。恶岁：歉收年。

般若汤　僧家讳酒，因名酒曰般若汤①。

①般若（bō rě）：梵语的译音，或音译为"波若"，意译是"智慧"。

茅柴　清雪居士诗："野树禽啼布谷，田家酒熟茅柴。"

琼瑶酒　《汉武内传》[1]：西王母曰："仙家上药，有玉酒、琼瑶酒[2]。"

[注释]

①《汉武内传》：共 1 卷。其作者一说为魏晋间士人所为，又有推测是东晋后文士造作。其内容自汉武帝出生时写起，直至死后殡葬。其中略于军政大事，而详于求仙问道。特别对西王母下降会武帝之事，描叙详尽。　②琼瑶：琼和瑶都是美玉，此处为美好的东西。

琼苏酒　《南岳夫人传》[1]："夫人饮王子乔琼苏绿酒。"薛道衡诗[2]："共酌琼苏酒，同倾鹦鹉杯。"

[注释]

①《南岳夫人传》：道教中人物南岳夫人的传记。南岳夫人又称魏夫人，传说为任城人，晋司徒魏舒之女，名华存，字贤安。　②薛道衡(540~609)：字玄卿，隋代河东汾阴（今山西万荣）人。历仕北齐、北周，历官内史侍郎，加开府仪同三司、司隶大夫。著作今存《薛司隶集》1 卷。

琬液　《拾遗记》[1]：王母荐周穆王琬液清觞[2]。

[注释]

①《拾遗记》：王嘉撰，为志怪小说集，又名《拾遗录》、《王子年拾遗

记》。王嘉字子年，东晋陇西安阳（今甘肃渭源）人。 ②王母：即王母娘娘，又称西王母，神话传说中的西方主神，传说她居住在昆仑之丘、瑶池之滨。周穆王：姬姓，名满，周昭王之子，周王朝第五位帝王。神话传说中的“穆天子”，曾游西天，见王母。清觞：美酒。

琼饧酒 《列仙传》：谢元卿遇仙，设素麟脂、琼饧酒[①]。

[注释]

①素麟脂：皇家食用的八珍（豹胎、熊掌、白鸽胸、狸唇、紫驼峰、螭髓、素麟脂、金鲤尾）之一。

卷十二 器 具

污尊坏饮[①]，淳古之风[②]，不行久矣。然玉卮无当[③]，反不若田家老瓦盆真率可喜。次器具第十二。

[注释]

①污尊坏饮：污秽的酒尊，坏败的饮酒场所。 ②淳古：醇厚古朴。③玉卮无当：玉杯无底。当，底。后多比喻东西虽好，却无用处。

陶匏 陶谓陶瓦为酒樽；匏，瓠也，谓破匏为爵[①]。此皆太古礼器[②]。

[注释]

①破匏为爵：剖开匏做酒爵。匏（páo），一年生草本植物，比葫芦大。②礼器：古时祭祀用的各种器物，如鼎、簋、觚、钟等。

宋聂宗义《三礼图》中所绘彝

六樽六彝^①　见《周礼》^②。

[注释]

　　①六樽六彝：樽、彝，都是古代盛酒的器具。　②《周礼》：见《周礼·春官·司尊彝》。

　　五经　《侯鲭录》^①：陶人为器，有酒经焉，以盛酒，似瓦壶之制。晋安人馈人酒^②，书"一经"或"二经"、"五经"。他境人不达其义，闻五经至，束带迎于门③，乃知是酒。五瓶，为"五经"也。

[注释]

①《侯鲭录》：宋赵令畤所著的集子，共 8 卷，分别诠释名物、习俗、方言、典实，记叙时人的交往、品评、逸事、趣闻及诗词等。赵令畤（1051~1134），北宋末南宋初人。字景贶，又字德麟，自号聊复翁，又号藏六居士。宋太祖次子燕王德昭之后，又袭封安定郡王，迁宁远军承宣使，同知行在大宗正事。　②晋安：郡治在今福建福州。　③束带：整肃衣冠。带，衣带。

三雅　《典论》①：刘表有酒器三②：大曰伯雅，受七升；次仲雅，受五升；次季雅，受三升。

[注释]

①《典论》：三国时曹丕撰著，第一部文学批评专著。　②刘表（142~208）：字景升，东汉末年山阳郡高平（今山东邹城西南）人。名士，汉室宗亲，荆州牧，汉末群雄之一。

酒器九品　《逢原记》①：李适之有酒器九品②：蓬莱盏、海川螺、舞仙盏、瓠子卮、慢卷荷、金蕉叶、玉蟾儿、醉刘伶、东溟样。蓬莱盏上有三山，象三岛。注酒，以山没为限③。舞仙盏有关捩④，满则仙人出舞。

[注释]

①《逢原记》：见唐代冯贽《云仙杂记》所引。　②李适之（694~747）：唐朝陇西成纪（今属甘肃）人。历任通州刺史、刑部尚书等职。酒量极大，与贺知章、李琎、崔宗之、苏晋、李白、张旭、焦遂，共尊为

"饮中八仙"。　③以山没为限：注酒的时候，以酒杯中的山峰被淹没为限量。　④关棙：能转动的机械装置。

　　铜鹤樽　《朝野佥载》：韩王元嘉有一铜鹤樽①，背上注酒，则一足倚②，满则正，不满则倾侧。

[注释]

　　①韩王元嘉：李元嘉（619~688），唐高祖李渊的第十一子，立为韩王，字元嘉。　②倚：偏，歪。

　　白兽樽　晋制：元旦于殿廷设白兽樽①，献直言者，发此樽饮之。白兽壶，见周必大诗②。

[注释]

　　①殿廷：宫殿，宫廷。　②周必大诗：周必大《邦衡再送二诗一和为甚酥二和牛尾狸》：追迹犹应怨猎徒，截肪何敢恨庖厨。脍鲈湖上休夸玉，煮豆瓶中未是酥。伴食偏宜十字饼，先驱正赖一厄镏。却因玉面新名字，肠断元正白兽壶。

　　瘿樽①　太白有《咏柳少傅山木瘿尊诗》，东坡赋"酌以瘿藤之樽"，放翁诗"竹根断作眠云枕，木瘿刳成贮酒樽"②。瘿楠杯，见皮日休诗③。

[注释]

　　①瘿樽：截取树木瘿瘤部分所制作的酒杯。　②刳（kū）：从中间剖开再挖空。　③皮日休诗：《夏景无事因怀章来二上人二首》之一：澹景微阴正送梅，幽人逃暑瘿楠杯。水花移得和鱼子，山蕨收时带竹胎。啸馆大都偏见月，醉乡终竟不闻雷。更无一事唯留客，却被高僧怕不来。

北辰樽^①　魏元忠诗^②："愿陪南岳寿^③，长奉北辰樽。"

[注释]

①北辰：北极星。　②魏元忠（？～707）：本名真宰，唐朝宋州宋城（今河南商丘南）人。官至凤阁侍郎、同凤阁鸾台平章事。　③南岳：即衡山，亦称南岳衡山，位于湖南省中部。

鲎樽^①　放翁诗^②："鲎樽恰受三升酽，龟屋新裁二寸冠^③。"鲎樽，即皮袭美所云"诃陵尊"也^④。

[注释]

①鲎（hòu）：又称马蹄蟹。　②放翁诗：《近村暮归》。　③龟屋：龟壳。陆游自注：予近以龟壳作冠，高二寸许。　④诃（hē）陵：古国名，唐朝指南海（今马来群岛）中之阇婆岛（今爪哇岛）。

凤凰樽　梁元帝诗^①："香浮郁金酒，烟绕凤凰樽。"

[注释]

①梁元帝诗：《和刘尚书兼明堂斋宫诗》。

琼碧樽　刘桢赋^①："酌琼碧之樽。"　翠樽、匏樽、瓦樽、角樽。

[注释]

①刘桢（？～217）：字公幹，三国时魏东平（今山东东平）人。建安七子之一，五言诗有名，有《刘公幹集》。

流光爵　《宣室志》[①]：天帝流光宝爵，置之日中，则光气连天。　康爵、逸爵。

[注释]

①《宣室志》：唐代张读撰，传奇小说集。集中纂录仙鬼灵异之事，往往宣扬戒杀放生、因果报应等佛家思想。共 11 卷。张读（834~?），字圣用，一作圣朋。深州陆泽（今河北深州）人。历官中书舍人、礼部侍郎、尚书左丞。所著《宣室志》，盖受其祖辈影响。

甲子觚[①]　见《考古图》[②]。北轩主人《庚辰元旦诗》："颁春已换庚辰历[③]，宴客还陈甲子觚。"

[注释]

①甲子觚（gū）：商代酒器。觚，商代和西周时期酒器，圆足，敞口，长身，口部和底部都呈现为喇叭状。　②《考古图》：宋代吕大临撰，金石学著作。吕大临字与叔，原籍汲郡(今河南卫辉)，后移居京兆蓝田(今属陕西

觚

西安市）。历官太学博士、秘书省正字。本书著录当时宫廷及一些私家的古代铜器、玉器藏品，并进行一定的考证，对藏处及出土地点也加以说明。

③颁春：立春时节，为颁布一年的农事活动开始的信息，官府所举行的隆重而又热烈的迎春活动。

夜光常满杯　《十洲记》[①]：周穆王时，西域献夜光常满杯，受酒三升。杯是白玉之精。光明夜照，冥夕出以向天。比明，酒汁已满，味甘而香美，斯实灵人之器。张正见诗[②]："琴和朝雉操[③]，酒泛夜光杯。"

[注释]

①《十洲记》：又名《海内十洲记》，志怪小说集，1 卷，旧本题汉东方朔撰。汉武帝听西王母说大海中有祖洲、瀛洲、玄洲、炎洲、长洲、元洲、流洲、生洲、凤麟洲、聚窟洲等十洲，便召见东方朔问十洲所有的异物。　②张正见（？~575）：字见赜，南北朝清河东武城（今山东武城西北）人。梁时任邵陵王国左常侍，陈时累迁通直散骑侍郎。有文集 14 卷。

③朝雉操：即乐府中曲子《雉朝飞》，表现男女孤独，过时不能成婚。

照世杯　《三余杂记》：撒马儿罕有照世杯[①]，光明洞彻，照之可知世事。

[注释]

①撒马儿罕：现称撒马尔罕，中亚地区的历史名城，现在是乌兹别克斯坦的旧都兼第二大城市。

自暖杯　《开元遗事》：唐内库有酒杯[①]，青玉色，纹如乱丝，其薄如纸。足上镂金字，曰"自暖杯"。上令取酒注之，温温然有气，少顷，如沸汤。又唐宁王有暖玉杯[②]，不暖自热。

①内库：皇宫的府库。 ②唐宁王：即李宪（679～742），原名成器。系唐太宗李世民嫡孙、唐睿宗李旦的长子，亦即唐玄宗李隆基之兄。本为太子，后让位给李隆基，被封为宁王。

碧瑶、翠琼 《道藏》①：仙家三宝，有碧瑶杯、红蕤枕、紫玉函②，玉清女以赠韦弇③。诚斋诗④："无奈春光餐不得，遣诗招入翠琼杯。"

①《道藏（zàng）》：道教文献的总集，包括周秦以下道家子书及六朝以来道教经典。 ②蕤（ruí）：草木繁盛下垂的样子。 ③玉清：神仙名。韦弇：字景昭，唐代杜陵（今属陕西西安市长安区）人。开元年间中进士，其故事见于《太平广记》、《神仙感遇传》等书籍的记载。 ④诚斋：杨万里。诗句见《春晴怀故园海棠》。

玉交杯 义山诗①："宝簟且眠金缕枕②，琼筵不醉玉交杯③。"

①义山：李义山，即李商隐。诗句见《可叹》。 ②宝簟（diàn）：竹凉席。簟，薪竹。 ③玉交杯：玉制的交饮杯。此处指男女交欢的美酒。

绿玉、红玉 太白诗①："遗我绿玉杯②，兼之紫琼琴。"乐天诗："身卧翠羽帐③，手持红玉杯。"

①太白诗：李白《拟古十二首》之十。 ②遗（wèi）：赠送。 ③翠

羽帐：即翠帐，用翠羽装饰的帐幕。诗句见《杂兴三首》。

紫霞杯　王禹玉《上元诗》^①："一曲升平人尽乐，君王又进紫霞杯。"霞文杯，见刘孝绰诗^②。

[注释]

①王禹玉：北宋人，神宗元丰（1078～1085）年间，为左仆射（丞相）。上元：正月十五元宵节又称上元节。　②刘孝绰（481～539）：本名冉，字孝绰，小字阿士，南北朝梁时彭城（今江苏徐州）人。历官著作佐郎、秘书丞、秘书监。明人辑有《刘秘书集》。本处所提及诗见《江津寄刘之遴》："与子如黄鹄，将别复徘徊。经过一柱观，出入三休台。共摘云气藻，同举霞文杯。佳人每晓游，禁门恒晚开。欲寄一言别，高驾何由来。"

玻璃七宝杯　杨贵妃持此酌太白酒^①。

[注释]

①杨贵妃（719～756）：即杨玉环，原籍蒲州永乐（今山西芮城西南）。

网纹船型彩陶壶（仰韶文化）

唐玄宗李隆基册为贵妃。与唐明皇常"持玻璃七宝杯，酌西凉州葡萄酒"。"安史之乱"中随李隆基流亡蜀中，途经马嵬驿，禁军哗变，被赐缢死。

鹤顶虾头　《益州记》[①]：鹬鹕，水鸟。黄喙[②]，长尺余。南人以为酒器，曰鹤顶杯。《南越志》[③]：南海以虾头为杯。

[注释]

①《益州记》：南北朝梁代蜀地人李膺撰，又名《蜀记》，是除《华阳国志》以外古代巴蜀最有影响的地方志之一。　②喙：特指鸟类的嘴。③《南越志》：南朝宋沈怀远撰。8 卷。原本已佚。今有《说郛》辑本，所载多岭南异物及马援铸铜船等事。沈怀远，吴兴武康县（今浙江德清）人，因坐事流放于广州而撰此书。

熊耳杯　邢子才诗[①]："朝驰玛瑙勒[②]，夕衔熊耳杯。"

[注释]

①邢子才（496～？）：名邵，字子才，小字吉少，北魏河间鄚（今河北任丘）人。仕北魏、北齐两朝，历官骠骑将军、西兖州刺史、中书令、国子监祭酒、加特进等，与魏收、温子昇号称三才子（世称"北地三才"）。有文集 30 卷。诗句见《冬日伤志诗》。　②勒：套在牲畜上带嚼子的笼头。

蟹杯　以金银为之，饮不得法，则双螯钳其唇[①]，必尽乃脱。

[注释]

①螯：螃蟹的第一对脚，形状像钳子。

双凫杯[①]　鞋式。亦名金莲杯[②]。

[注释]

①凫：俗称野鸭。　②金莲：旧指缠足妇女的小脚。此处指模仿女子双脚的酒杯。

鸾杯①　卢照邻诗②："长裙随凤管③，促柱送鸾杯④。"

[注释]

①鸾（luán）：传说中凤凰一类的神鸟。　②卢照邻（632～695）：字昇之，自号幽忧子，唐代幽州范阳（今河北涿州）人。与王勃、杨炯、骆宾王以文辞齐名，世称"王杨卢骆"，号为"初唐四杰"。　③凤管：笙箫或笙箫之乐的美称。　④促柱：急弦。支弦的柱子移近则弦紧，故称促柱。

九曲杯　以螺为之。薮穴极弯曲①，可以藏酒。蠡杯、蠡盏皆是②。

[注释]

①薮（sǒu）：丛聚，很多。　②蠡：通"蠃"，即螺。

月苗杯　天随子诗①："月苗杯举存三洞②。"

[注释]

①天随子：唐代诗人陆龟蒙的别号。诗句见《四月十五日道室书事寄袭美》。　②三洞：道教经典分为洞真、洞玄、洞神三部分，合称为"三洞"。寓意通玄达妙，道意无穷。

竹根莲子　庾信诗："山杯捧竹根①。"杜诗②："倾银注玉惊人眼，共醉终同卧竹根。"乐天诗："香传莲子杯。"又："圆盏飞莲子。"

[注释]

①竹根：竹子根制作的酒杯。诗句见《奉报赵王惠酒》。　②杜诗：杜甫《少年行》之一。诗句谓醉酒时就卧伏在竹根酒杯之旁。

碧筒杯　《霏雪录》①：魏郑公悫②，率宾佐避暑，取荷叶盛酒，刺叶与柄通。屈茎轮囷③，如象鼻焉。持吸之，香气清冽，名曰"碧筒杯"。宋人诗："酿熟青田酒，香宜碧藕筒。"

[注释]

①《霏雪录》：参见唐段成式《酉阳杂俎》前集卷七：历城北有使君林，魏正始中，郑公悫三伏之际，每率宾僚避暑于此，取大莲叶置砚格上，盛酒二升，以簪刺叶，令与柄通，屈茎上轮囷如象鼻，传噏之，名碧筒杯。按：池有荷叶，醉中把此为戏，顾氏以为饮器之名，非是。汉《招商歌》："青荷昼偃叶夜舒。"　②魏郑公：魏征，唐太宗时著名谏臣，封郑国公。悫（què）：诚实，谨慎。　③轮囷（qūn）：盘曲的样子。

槲叶杯　放翁诗："闲弄流尘槲叶杯①。"

[注释]

①槲（hú）：落叶乔木或灌木。诗句见《午睡初起》。

藤杯　王勃诗："风筵调桂轸①，月径引藤杯②。"

[注释]

①风筵：风雅的宴席。桂轸（zhěn）：桂木作的琴弦轴。　②月径：月光下的小路。诗句见《赠李十四》之四。

元代墓室壁画《夫妇宴饮图》，2015 年发现于陕西横山县

连理、合欢^①　杨方诗^②："饮我连理杯。"宋之问诗："为尽合欢杯。"

[注释]

①连理、合欢：旧时结婚，新夫妇合饮之杯。两只酒杯同时烧制，需同时饮用。喻结为夫妻或夫妇情好。　②杨方：字公回，晋代会稽（今浙江绍兴）人。历官东安太守、司徒参军、高梁太守。有《五经钩沉》、《吴越春秋削繁》和文集 2 卷。引诗见杨方《合欢诗》之一："食共并根穗，饮共连理杯。"本条所引"我"字当为"共"字之误。

鸬鹚疤^①　见《唐书》^②。

①鸂鶒（xī chì）：水鸟名。形大于鸳鸯，而多紫色，好并游。俗称紫鸳鸯。此酒杯为二杯并连，需二人同时饮用。　②《唐书》：《旧五代史》卷二十七《唐书第三·庄宗纪一》：庄宗光圣神闵孝皇帝，讳存勖，武皇帝之长子也……因赐鸂鶒酒卮、翡翠盘。

兰卮　谢灵运诗："兰卮献时哲①。"　羽卮、翠卮、文螺卮。

[注释]

①时哲：当代的贤达。诗句见《九日从宋公戏马台送孔令诗》。

金屈卮①　方岳诗②："世无解语玉超脱③，春欲负余金屈卮。"

[注释]

①金屈卮：酒器，如菜碗一样而有把手。　②方岳（1199～1262）：字巨山，号秋崖。南宋祁门（今属安徽）人。历官知南康军，移治邵武军、知袁州。诗句见《海棠盛开而雨》。　③解语：领会。超脱：臂饰条脱。

葡萄卮　吴均诗①："朝衣茱萸锦②，夜覆葡萄卮。"

[注释]

①吴均（469～520）：又名吴筠，字叔庠，南北朝吴兴故鄣（今浙江安吉）人。任奉朝请。诗句见《赠柳真阳》。　②茱萸锦：高级锦缎。茱萸，又名"越椒"、"艾子"，一种常绿带香的植物，有杀虫消毒、逐寒祛风的功能。九月九日重阳节时佩带"茱萸囊"以示对亲朋好友的怀念。

古铜卮　放翁诗："煎茶小石鼎，酌酒古铜卮。"

昆仑玉盏　见《青箱杂记》[①]。义山诗：锁香金屈戌[②]，殢酒玉昆仑[③]。

①《青箱杂记》：北宋吴处厚撰，主要记载五代至北宋年间朝野杂事，尤以诗词为多。　②屈戌：门窗上的搭扣。　③殢（tì）：困于，沉溺于。

桃根蕉叶　元微之诗[①]："曲苀桃根盏[②]，横讲捎云式[③]。"李长吉诗[④]："泻酒木兰蕉叶盏。"黄山谷有梨花盏。

①元微之：元稹。引诗见其《寄吴士矩端公五十韵》。　②曲苀：谓不按照行酒的律令而庇护用桃根盏饮酒的人。苀，通"庇"。　③横讲：随意讲评。　④李长吉：李贺，字长吉。

垂莲盏　欧阳永叔诗："大家金盏倒垂莲[①]，一任西楼低晓月[②]。"东坡诗："暂借垂莲十分盏[③]。"

①大家：大户人家。　②一任：任凭。　③十分：大。

银花铜叶　乐天诗："锦额帘高卷，银花盏慢巡。"孔平仲诗："尤称君家铜叶盏[①]。"

①尤：原作"大"，据《平仲清江集钞》改。

鹧鸪金盏　晁补之诗①："鹧鸪金盏有余春②。"

[注释]

①晁补之（1053～1110）：北宋时期著名文学家。字无咎，号归来子，济州巨野（今属山东）人，为"苏门四学士"之一。　②鹧鸪：一种鸟，体型如鸡而比鸡小。

荷心盏　张伯雨诗①："小于药玉荷心盏②。"

[注释]

①张伯雨：即张雨（1283～1350），一名张天雨，旧名泽之，又名嗣真，字伯雨，号贞居子，又号句曲外史，元代钱塘（今浙江杭州）人。道士。②药玉：药玉船，用药玉制成的酒杯。

鸳鸯盏、白鸡盏　《酒史》：鸳鸯取其逐飞，白鸡取其解酒迅速。

白金盂　乐天诗："千首诗成青玉案①，十分酒泻白金盂。"

[注释]

①成：《全唐诗》"成"作"堆"，当是。青玉案：青玉为材质制作的上食用的短足托盘。引诗见白居易《问少年》。

鹊尾杓　《朝野金载》：陈思王有鹊尾杓①，柄长而直，置之酒樽。王欲劝者，呼之，则鹊尾指其人。

[注释]

①陈思王：即曹植（192～232），三国时魏沛国谯（今安徽亳州）人，

字子建，曹操的儿子。"陈"是曹植最后封地的名称，"思"是谥号，王是爵号。与父亲、兄长曹丕均有诗名，人称"三曹"。

舒州杓　李白诗："舒州杓①，力士铛②，李白与尔同死生。"又鸬鹚杓③，亦见李白诗。

[注释]

①舒州：今安徽安庆。　②力士铛（chēng）：唐代南方生产的著名金银温酒器。铛，古代温酒器，似锅，有柄三足。　③鸬鹚：即鱼鹰。舒州杓、力士铛、鸬鹚杓，同见《襄阳歌》。

犀杓翠杓　张耒诗①："玉樽犀杓与之俱。"放翁诗："金樽翠杓共提携。"龙杓，见古赋。

[注释]

①张耒诗：见张耒《王都慰惠诗求和逾年不报王屡来索而王许酒未送因次其韵以督之》："争知侯家美酒如江湖，金铛犀杓与之俱。"文字略不同。

紫瑶觥　曹唐《游仙诗》："笑擎云液紫瑶觥①，共请云和碧玉笙②。"　翠觥、羽觥。

[注释]

①云液：曹唐《小游仙诗》中仙女赠刘伶、阮籍的酒名。本条所引书名省略了"小"字。　②云和：山名，古取所产之材以制作琴瑟。

云罍　牧之诗①："云罍心凸知难捧，凤管簧寒不受吹。"

[注释]

①牧之诗：杜牧《寄李起居四韵》。

白羽觞　周必大诗："属车谁从黄麾仗①，钓艇还飞白羽觞②。"白鹤觞、九霞觞、雕觞、翠觞。

[注释]

①属车：帝王出行时的随行车。黄麾仗：帝王出行时的仪仗。　②钓艇：钓鱼船。

素瓷　陆士修诗①："素瓷传静夜。"绿瓷、缥瓷，并见古赋。

[注释]

①陆士修：唐朝人，曾任嘉兴（今属浙江）县尉。引诗见陆士修与颜真卿、张荐、李萼、崔万、皎然合作的《五言夜月啜茶联句》。

缥粉壶①　李贺诗②："缥粉壶中沉琥珀。"

[注释]

①缥粉壶：琉璃壶。　②李贺诗：指《残丝曲》。

碧玉壶　放翁诗："竹叶春醪碧玉壶，桃花骏马青丝鞚①。"

[注释]

①青丝鞚：青色丝绳的马笼头。

银罂、瑶罂　杜诗："翠管银罂下九霄①。"顾阿瑛诗②："龙头泻酒下瑶罍。" 琼罍、金罍、石罍。

[注释]

①翠管：碧玉镂雕的管状盛酒器。引诗见杜甫《腊日》："口脂面药随恩泽，翠管银罂下九霄。" ②顾阿瑛（1310～1369）：名瑛，一名仲瑛，字德辉，号金粟道人，元代昆山（今属苏州）望族，为南朝学者顾野王的后裔。与吕诚、袁华三人，被时人称为"昆山三才子"。有《玉山璞稿》、《玉山名胜集》、《草堂雅集》等。

翠斝① 见诗集。

[注释]

①翠斝：翠玉酒杯。唐张说《岳州宴姚绍之》："翠斝吹黄菊，雕盘鲙紫鳞。"唐钱起《玛瑙杯歌》："含华炳丽金樽侧，翠斝琼觞忽无色。"宋梅尧臣《李端明宅花烛席上赋》："已接冰壶润，宁辞翠斝醇。"

铜斗 孟郊诗："铜斗饮君酒①，手拍铜斗歌。"

[注释]

①《铜斗》：铜制的方形有柄的器具，用以盛酒食。孟郊当时正好有铜器，其状方如斗，便特地用来贮酒而饮，又击打着以和歌声。

龙头铛 《三洲曲》①：湘东醖绿酒②，广州龙头铛。

[注释]

①《三洲曲》：又称《三洲歌》。商人来往经商，穿行于巴陵、三江之间所创作的歌曲。 ②湘东醖绿酒：即醖渌酒。

画榼　章孝标诗①："画榼倒悬鹦鹉觜②，花衫对舞凤凰文③。"

[注释]

①章孝标（791~873）：唐代诗人，字道正，章八元之子，诗人章碣之父，唐代桐庐人（今属浙江）。官至秘书省正字。有诗集 1 卷。　②画榼（kē）：画有鹦鹉的酒瓶，这倒悬的"鹦鹉觜"就是瓶上的"流"，现在也将它称为"壶嘴"。唐朝时在瓶上绘画的屈指可数。　③文：花纹。

小花蛮榼①　谭用之诗②："高调秦筝一两弄③，小花蛮榼二三升。"

[注释]

①小花蛮榼：白居易《春晚酒醒寻梦得》诗有"小花蛮榼"："还携小蛮去，试觅老刘看。"自注："小蛮，酒榼名也。""小蛮"即"小花蛮榼"之略称。　②谭用之：后唐明宗长兴中前后（932 年前后）在世。善为诗而官不达。有诗集 1 卷。查谭用之诗中无后所引两句，当出白居易《夜招晦叔》诗："庭草留霜池结冰，黄昏钟绝冻云凝。碧毡帐上正飘雪，红火炉前初炷灯。高调秦筝一两弄，小花蛮榼二三升。为君更奏湘神曲，夜就侬来能不能?"　③秦筝：相传筝为秦地人所创，故有秦筝之名。秦音调高亢激昂。弄：奏乐或乐曲的一段或一章。

小瓷榼　乐天诗①："香醪小瓷榼，软火深土炉②。"

[注释]

①乐天诗：查白居易《葺池上旧亭》，诗句排序与此不同："池月夜凄凉，池风晓萧飒。欲入池上冬，先葺池中阁。向暖窗户开，迎寒帘幕合。苔封旧瓦木，水照新朱蜡。软火深土炉，香醪小瓷榼。中有独宿翁，一灯对一榻。"　②软火：文火。

银檛、铜檛　乐天诗："银檛携桑落①。"放翁诗："铜檛经月常生尘。"　瓦檛、甆檛。

[注释]

①携：带，带出。

绿沉香檛　妓某诗："绿沉香檛倾屠苏①。"

[注释]

①屠苏：屠苏酒。除夕元旦，古人有饮用屠苏酒的习俗。用大黄、白术、桔梗等七味中药配制而成。

椰子檛　北轩主人诗：　"山客远贻椰子檛，厨人新制菊苗齑①。"

[注释]

①菊苗齑（jī）：细切的甘菊苗。齑，细切的食物末。

白角檛、双鱼檛　乐天诗："白角三升檛。"又："何如家酝双鱼檛。"筹山外史诗："双鱼檛饮同心酒，百子盆栽并蒂花。"

翠瓮①　见诗集。

[注释]

①翠瓮：酒器。古人诗文中多有，如明李昱《赠金中孚十二韵》有"金盘屡出银丝鲙，翠瓮新开玉色醪"句（见《草阁诗集》卷六）。

渠碗、镂碗　昭明太子诗[1]："宜城溢渠碗[2]，中山浮羽厄。"
陆龟蒙诗："镂碗传玉酒。"

[注释]

①昭明太子：即梁昭明太子萧统（501～531）。字德施，小字维摩，南朝梁南兰陵（今江苏常州）人，梁武帝萧衍长子、太子。谥号"昭明"，故有此称。主持编撰《文选》（《昭明文选》）。　②渠碗：用车渠壳作的碗。车渠，大贝壳，产于海中，背上垄纹如车轮之渠，其壳内白皙如玉。

石缸　天随子诗："花浸春醪挹石缸[1]。"

[注释]

①挹（yì）：舀出。

缥盆　潘岳赋[1]："倾缥盆以酌酒[2]。"　老瓦盆，见杜诗[3]。

[注释]

①潘岳（247～300）：字安仁，晋代中牟（今属河南）人，美姿仪，少以才名闻世。曾任河阳县令、太傅主簿。　②缥盆：又有作"缥瓷"，并被认为是最早的瓷。缥，青白色，淡青。　③杜诗：杜甫《少年行》之一：莫笑田家老瓦盆，自从盛酒长儿孙。倾银注瓦惊人眼，共醉终同卧竹根。

五位瓶[1]　南唐物，以铜为之。

[注释]

①五位瓶：高三尺，围八九寸，上下直如筒的样子，安装有嵌盖，盖口有微洼处，可以倾倒酒。南唐时非常流行，春日郊行，家家使用。

双玉瓶　杜诗①："酒尽沙头双玉瓶②。"范石湖诗："山中名器两芒屩③，花下友朋双玉瓶。"

[注释]

①杜诗：杜甫《醉歌行》。　②沙头：古沙头市的略称。即今湖北省荆州市沙市区。　③名器：名贵的器物。芒屩：草鞋。如双草鞋的盛酒器。

银瓶、缥瓶　杜诗："指点银瓶索酒尝。"韩诗①："追欢罄缥瓶②。"

[注释]

①韩诗：韩愈《和崔舍人咏月二十韵》。　②罄（qìng）：器物中空，引申为穷尽。

酒船　谓饮器如船式也。牧之诗："夜槽压酒银船满。"又："舴船一棹十分空①。"孔平仲诗："座客竞饮黄金船。"放翁诗："玉船风动酒鳞红②。"晁补之诗："长船刻玉流霞动③，快饮不须帆橹送。"亦称酒桡、酒舠、琼舟、琼艘。

[注释]

①十分空：《全唐诗》本杜牧《题禅院》作"百分空"："舴船一棹百分空，十载青春不负公。今日鬓丝禅榻畔，茶烟轻扬落花风。"十分空、百分空，全部饮空。　②酒鳞：酒面的微波。　③长船刻玉：玉质的酒船。

药玉船　周必大诗①："浅斟未办销金帐②，快泻聊凭药玉船。"

[注释]

①周必大诗：诗名《腊旦大雪运使何同叔送羊羔酒拙诗为谢》。　②浅

斝：古人谓浅斝为斝，满杯为酌。销金帐：嵌金色线的精美的帷幔、床帐。

两玉船 见坡诗①。

[注释]

①坡诗：苏轼《次韵赵景贶督两欧阳诗破阵酒戒》："明当罚二子，已选两玉舟。"两玉船，是两条船并排的酒杯。

长生木瓢 杜诗①："长生木瓢示真率②。"

[注释]

①杜诗：杜甫《乐游园歌》。　②长生木瓢：长生木做的瓢，《西京杂记》载上林苑有长生木。

酒海 大饮器也。

鹦鹉螺 《南州异物志》："鹦鹉螺，状如覆杯，可为酒器。"陆放翁诗："葡萄锦覆桐孙古①，鹦鹉螺斝玉薤香②。"骆宾王诗："鹦鹉杯中分竹叶③，凤凰箫里落梅花④。"陈与义诗⑤："平生鹦鹉盏，今夕最关身。"

[注释]

①葡萄锦：用织有许多葡萄图案的锦缎做成的被子。鲍照《拟行路难》解忧之物有"九华葡萄之锦衾"。桐孙：琴。　②玉薤：隋炀帝所酿制的一种酒。　③分：又一作"浮"。竹叶：竹叶青酒。　④凤凰箫：指宝琴。箫，一作"琴"。琴为梧桐木所制，传说中凤凰非梧桐不栖，因而凤凰琴即七弦琴的美称。引诗见骆宾王《代女道士王灵妃赠道士李荣》诗。　⑤陈与义（1090~1138）：字去非，号简斋，宋代洛阳（今属河南）人。任开德

府（今河南濮阳）教授，累迁太学博士，晋升为符宝郎。其诗作被称为
"简斋体"。

红螺　杯觞盏碗并用。曹唐诗[1]："难放红螺蘸甲杯。"又白螺
盏，亦见诗集。

[注释]
①曹唐诗：见《南游》。诗句谓难以放下红螺酒杯。

满眼酤　杜诗[1]："为君沽酒满眼酤。"注：满眼酤，沽酒
器也。

[注释]
①杜诗：杜甫诗作《入秦行》。

不落　北轩主人诗："欢情倾不落，远客赋将离。"不落，酒
器；将离，芍药名。银不落，见《长庆集》[1]。

[注释]
①《长庆集》：白居易作品集名。本书为作者在唐穆宗长庆年间编集出
版，故名。

金卷荷　欧阳永叔诗："潋滟十分金卷荷[1]。"亦作"金荷"。
放翁诗："金荷浅酌闲传酒，银叶无烟静炷香[2]。"

[注释]
①潋滟：酒满盈溢的样子。　②银叶：银叶桂，可做药，也是香料。宋

代杨冠卿《浣溪沙》有"银叶香销暑簟清"句。

酒枪　《齐书》①：竟陵王子良遗何点以徐景山酒枪。

[注释]

①《齐书》：指萧子显《南齐书》。《南齐书》记载说：何点隐居，豫章王驾车登门拜访，何点从后门逃去。竟陵王萧子良闻听之后说："豫章王命令尚且不屈，不是我所能见到。"又赠送何点稽康的酒杯、徐景山的酒枪以表达敬意。

鱼枕蕉　永叔诗①："酌君以荆州鱼枕之蕉②。"荆鱼杯③，见东坡诗。盖荆州出鱼枕，可为杯也。

[注释]

①永叔：欧阳永叔，即欧阳修。　②鱼枕：亦作"鱼魫"。鱼头骨，鱼枕骨。明莹如琥珀，可制器具，盛载饮食。传说如果遇上蛊毒，必定爆裂，效用明显。　③荆鱼杯：见苏轼《送范中济经略侍郎分韵赋诗以元戎十乘以先启行为韵轼得先字且赠以鱼枕杯四马棰一》："赠君荆鱼杯，副以蜀马鞭。一醉可以起，毋令祖生先。"

小蛮　《高谷传》曰：乐天侍姬名小蛮者。乐天诗"杨柳小蛮腰"①，是也。又诗"还携小蛮去"，则系酒榼名。

[注释]

①小蛮腰：女子很小很细的腰。唐孟棨《本事诗·事感》："白尚书（居易）姬人樊素善歌，妓人小蛮善舞，尝为诗曰：樱桃樊素口，杨柳小蛮腰。"

黄目^①　酒樽名。见《礼记》。

[注释]

①黄目：见《礼记·郊特牲》，是周代祭祀时所用的酒器。因为用黄金镂其外，所以为"黄"，又在"回波曲水"（所谓雷纹、云纹）之间有二目"如大弹丸突起"，故而谓"黄目"。参见宋沈括《梦溪笔谈·器用》。

玉东西　山谷诗："佳人斗南北^①，美酒玉东西。"少游诗^②："舞急锦腰迎十八^③，酒醒玉盏照东西。"

[注释]

①佳人斗南北：是说故人一在南箕，一在北斗，远相离别。斗，北斗星。宋黄庭坚《次韵吉老十小诗》："佳人斗南北，美酒玉东西。"　②少游：秦观的字。此条所引见秦观《淮海集》，但一般认为此句出自宋人王珪诗《寄程公辟》，酒醒，王珪诗作"酒酣"。　③锦腰：指舞女。十八：人名，排行十八。唐时喜欢以排行称呼人。

偏提　即酒注子也^①。唐太和中^②，内官以讳郑注名^③，略改其式，名曰"偏提"。韩偓诗："忽闻仙乐动，赐酒玉偏提。"

[注释]

①酒注子：酌酒时用来注入酒的器具。　②太和：唐文宗年号，又称大和，827～835 年。　③内官：帝王左右的官员。讳：避讳，名讳。旧时避开尊亲的名字，不可直呼其名，有时用替代的称呼。

金叵罗^①　太白诗："葡萄酒，金叵罗，吴姬十五细马驮^②。"

①金叵罗：金制的大口扁形浅酒杯。　②吴姬：古代吴地酒店的侍女。细马：小马。李白《对酒》："葡（《全唐诗》本作"蒲"）萄酒，金叵罗，吴姬十五细马驮。青黛画眉红锦靴，道字不正娇唱歌。玳瑁筵中怀里醉，芙蓉帐底奈君何。"

凿落　乐天诗："银含凿落盏①。"又"银花凿落从君劝，金屑琵琶为我弹②"。姜白石诗③："剪烛屡呼金凿落④，倚窗闲品玉参差⑤。"

①银含凿落盏：银酒杯。"银花凿落"同。　②金屑琵琶：金屑琵琶槽，金饰的琵琶上架弦的格子。此处指金子装饰的琵琶。　③姜白石：即姜夔（kuí）（1154~1208），字尧章，别号白石道人，南宋饶州鄱阳（今属江西）人。词人。终生未仕。　④剪烛：剪除烛花。李商隐《夜雨寄北》诗有"何当共剪西窗烛，却话巴山夜雨时"，后以"剪烛"为促膝夜谈之典。⑤玉参差：镶玉的无底排箫。一说即玉笙。

鸱夷　扬雄《酒箴》："鸱夷、滑稽①，腹如瓠壶。"鸱夷，革囊，以盛酒也。滑稽，亦酒器。言其圆转纵舍无穷之状②。旧人诗："金钱百万酒千鸱。"又"时送一鸱开锁眉"，竟作樽罂等用。亦有用紫皮鸱者，即鸱夷也。

①鸱夷（chī yí）：即革囊，用马皮制作的盛酒器具，肚子很大，如同大壶。滑稽（gǔ jī）：古代的流酒器。《儿女英雄传》第三十回："这滑稽是件东西，就是掣酒的那个酒掣子，俗名叫'过山龙'，又叫'倒流儿'。"②纵舍：放出，释放。

南宋梁楷《太白行吟图》

注酒魁　见山谷诗。大斗也。犹北斗之有魁柄①。

[注释]

①魁柄：北斗星第一星到第四星的总称，如同勺子的把柄。魁，大，第一。

服匿　《九边志》①：服匿②，式如罂③，小口，大腹，方底，可受酒酪二斗。

[注释]

①《九边志》：田汝成（约1503~?）撰，以国境九边为线索记述明代边防要事。田汝成，字叔禾，钱塘（今浙江杭州）人。著作还有《炎徼纪闻》、《辽记》。九边，明代北部边塞沿长城设置的九个军事要镇，即大同镇、延绥镇、宣府镇、蓟州镇、固原镇、甘肃镇、山西镇、辽东镇、宁夏镇。　②服匿：盛酒器。《汉书》卷五十四颜师古注引孟康曰："服匿如罂，小口大腹方底，用受酒酪。"晋灼曰："河东北界人呼小石罂受二斗所曰服罂。"　③罂：大腹小口的容器。

酒筒　皮日休诗："虫丝度日萦琴荐①，蛀粉经时落酒筒②。"

[注释]

①虫丝：蛛丝。琴荐：琴垫。　②蛀粉句：蛀虫蚀掉的粉末久日经时落入酒筒之中。

绿油囊　皎然诗："酒挈绿油囊①。"

[注释]

①挈（qiè）：带着。此处为"盛放于"的意思。囊：古时称有底的口

袋，此处指皮囊。

酒旗^①　清雪居士曰：《韩非子》^②："宋人沽酒，悬帜甚高^③。"可见酒市有旗，其来已古。亦称帘，称望子。许浑诗："春桥悬酒幔，夜栅聚茶樯^④。"幔，即旗也。旗帜与帘，色皆用青。然唐人诗，亦有称彩帜者。

[注释]

　　①酒旗：即酒帘、酒标、酒望子。酒家的标识。　②《韩非子》：秦代思想家韩非的著作，是其逝世后，后人辑集而成。20卷。　③悬帜：商家于门前悬挂布制标识。　④茶樯：运茶船的桅杆，这里借指茶船。

印泥　陈师道诗^①："笑呼赤脚坼印泥^②。"放翁诗："山茗封青箬^③，村酤印赤泥^④。"

[注释]

　　①陈师道：即陈无己。又一说谓诗句出陈造《分糟蟹送沈守再次韵》。②坼（chè）：裂开。有的版本作"拆"。　③青箬（ruò）：箬竹的叶子。箬竹叶大质薄，常用来包裹物品。　④村酤：村酒。赤泥：即印泥，呈红色的泥土，旧时多用以封存酒坛封口。陆游诗句见《春晚杂兴》之四。

卷十三　箴　规^①

"甘酒嗜音"^②，歌于夏之五子^③。酒与味色，论自鲁之共公^④。前言蓍蔡^⑤，一一非诬。略举数条，以为崇酒者戒^⑥。次箴规第十三。

①箴规：劝诫规谏。　②甘酒嗜音：嗜好喝酒和音乐。形容只顾酒色享乐。甘，以之为甘甜，嗜好。　③夏之五子：即《尚书·五子之歌》："内作色荒，外作禽荒；甘酒嗜音，峻宇雕墙。有一于此，未或不亡。"　④鲁之共公：鲁共公。其所论见《战国策·魏策二》：梁王魏婴觞诸侯于范台。酒酣，请鲁君举觞。鲁君兴，避席择言曰："昔者，帝女令仪狄作酒而美，进之禹，禹饮而甘之，遂疏仪狄，绝旨酒，曰：'后世必有以酒亡其国者。'齐桓公夜半不嗛，易牙乃煎熬燔炙，调和五味而进之，桓公食之而饱，至旦不觉，曰：'后世必有以味亡其国者。'晋文公得南之威，三日不听朝，遂推南之威而远之，曰：'后世必有以色亡其国者。'楚王登强台而望崩山，左江而右湖，以临彷徨，其乐忘死，遂盟强台而弗登，曰：'后世必有以高台陂池亡其国者。'今主君之尊，仪狄之酒也；主君之味，易牙之调也；左白台而右闾须，南威之美也；前夹林而后兰台，强台之乐也。有一于此，足以亡其国。今主君兼此四者，可无戒与！"梁王称善相属。　⑤蓍（shī）蔡：用大龟来占蓍、占卜。此处指应验。蓍，占筮、占卜；蔡，大龟。　⑥崇：推崇。

濡首①　《易》：饮酒濡首，不知节也。《吹剑录》曰②：《易》惟四卦言酒，而皆险难时：《需》，需于酒食③；《坎》，樽酒簋贰④；《困》，困于酒食⑤；《未济》，有孚于饮酒⑥。

[注释]

①濡首：沉湎于酒而有失本性常态，以至于把头都浸湿了，太不知节制了。《未济卦》上九爻象辞："饮酒濡首，亦不知节也。"濡，浸湿，沾湿。把头浸湿到酒中。　②《吹剑录》：南宋俞文豹撰。俞文豹，字文蔚，括苍（今浙江丽水）人。《吹剑录》主要内容是杂记南宋末年宫廷、官场及民间之轶事。　③需于酒食：《需卦》九五爻爻辞，意思是等待着饮食。　④樽酒簋（guǐ）贰：一樽酒，二簋食。簋，盛装饭食的餐具。《坎卦》坎之六四，即

"坎之困"卦的系辞。　⑤困于酒食：被酒食所困，成为酒食的奴隶。困，艰难窘迫。《困卦》九二爻爻辞："困于酒食，朱绂方来，利用亨祀。征凶，无咎。"　⑥有孚于饮酒：功成名就了值得庆贺，庆功宴上饮酒有孚信，无过咎。孚，诚信。《未济卦》上九爻爻辞："有孚于饮酒，无咎。"

伐德① 　《诗》②："醉而不出，是谓伐德。"

[注释]

①伐德：损害道德。　②《诗》：指《诗经·小雅·宾之初筵》。所引诗句谓醉后还不离席，这样太损害道德。

童羖① 　《诗》②："由醉之言，俾出童羖。"谓醉而妄言，则将罚汝使出童羖矣。童羖，无角之羖羊。设言必无之物，以恐之也。

[注释]

①童羖（gǔ）：即山羊。　②《诗》：指《诗经·小雅·宾之初筵》。所引诗句谓听从醉后的妄言，则将罚你成为没有角的山羊。

彝酒① 　《书》②："无彝酒，越庶国，饮惟祀，德将无醉③。"注："彝，常也。"言无常于酒，其饮惟于祭祀之时，然亦必以德将之，无至于醉也。

[注释]

①彝酒：经常饮酒。　②《书》：《尚书·酒诰》。　③无彝酒四句：不要经常饮酒，并告诫在诸侯国任职的子孙，只有祭祀时才可以饮酒，要用道德来约束自己，不要喝醉了。庶国，众国，指在诸侯国任职的文王子孙。德将，以德来统领，用道德来要求自己。

豢豕①　《礼》②："豢豕为酒，非以为祸也③。而狱讼益繁④。则酒之流，生祸也。是故先王因为酒礼⑤。一献之礼，宾主百拜，终日饮酒而不得醉⑥。此先王之所以备酒祸也。"

[注释]

①豢豕：养猪。豕，猪。　②《礼》：指《礼记·乐记》。　③豢豕二句：言养了猪，酿制酒，本为行礼仪之用，不是为了制造祸乱才做这样的事情。　④而狱讼句：言由饮酒而至于酗酒，斗争杀伤，而刑狱增益繁多，便是酒的流害，生出此狱讼之祸。狱讼，争讼，即打官司。　⑤是故句：因为酒生祸，故先王因为这个而设置饮酒之礼。　⑥一献三句：士人的饮飨礼仪，只有一次献酒的礼节，所献的酒很少。从初至末，宾主相答的礼仪则有百次相拜，言拜数多也。本意在于敬，不在酒，故不得醉。

三爵油油　《礼·玉藻》："君子之饮酒也，受一爵而洒如也①，二爵而言言斯②，礼已三爵而油油以退③。"言言，和敬貌。

[注释]

①洒如：肃敬的样子。　②言言：和顺恭敬的样子。斯：助词，犹如"耳"。　③油油：和悦恭敬的样子。以退：退出。从礼上说，饮过三爵则敬意已尽，可以离去。这是为了怕"酒过三巡"而有失态的事情发生。

几酒、谨酒　《周礼》："萍氏掌国之水禁①，几酒、谨酒。"注："以萍为名，取其浮水上，不沉溺也。几，察也，察其非时饮酒，与沉湎者。谨酒，戒民节饮也。"

[注释]

①萍氏：古代官职名。水禁：监督检查水中害人之处，以及入水捕鱼鳖不遵从时令的行为。

沉湎　《韩诗外传》：夫饮之礼，不脱屦而即叙者①，谓之礼。跣而上坐者②，谓之宴。能饮者饮之，不能饮者已，谓之醧③。齐颜色④，均众寡，谓之沉。闭门不出者，谓之湎。故君子可以宴，可以醧。不可以沉，不可以湎。

[注释]

①屦（jù）：本义指用麻、葛等制成的单底鞋，后泛指鞋。即叙：就绪。②跣（xiǎn）：不穿鞋，光脚。　③醧（yù）：能者饮，不能者停饮。④齐：整齐，要求参加宴会的人面色整肃。

弃事就酒①　见《六韬》论十盗②，此其第五盗也。十盗皆言人家致贫之由。

[注释]

①弃事就酒：放弃了自己应做的事务而沉湎于酒。就，凑近、到。②《六韬》：古代的一部著名兵书。又称《太公六韬》、《太公兵法》，旧题周朝的姜尚著，普遍认为是后人依托，作者已不可考。现在一般认为此书成于战国时代。十盗：十种使家庭贫困的原因。盗，此处指被盗取。

爵作人形　《三礼图》①：射为罚爵，名丰，作人形②。丰，本国名。其君以酒亡，因戴盂以戒酒。

[注释]

①《三礼图》：又名《三礼图集注》，20卷，宋代聂崇义参互考订多种古代《三礼图》所纂辑。聂崇义，洛阳（今属河南）人，后汉时累官至国子《礼记》博士，后周时，官至国子司业兼太常博士。　②射为三句：《大射礼》谓射爵即是罚爵，罚酒时所持的杯子。杯子做成人的形状，头顶上顶着

《三礼图》：射为罚爵，名丰，作人形

一个酒盆，这个人就是当年丰国的君主。

淫荒皆源于酒　《汉书》：班伯谏成帝曰[1]："沉湎于酒，微子所以告去也[2]。式号式呼[3]，《大雅》所以流连也。《诗》、《书》淫荒之戒，其源皆在于酒。"

[注释]

①班伯：班固的祖先，汉成帝时任侍中。此处引文见《汉书·叙传》。

②微子：即宋微子，子姓，名启，世称微子、微子启。殷商贵族，封于微，是商王帝乙的长子，纣王的庶兄。殷纣错乱天命，微子作诰（《尚书·微子》），告箕子、比干而去纣王。　③式号式呼：《诗经·大雅·荡》："式号式呼，俾昼作夜。"是说醉酒号呼，以白昼为黑夜。流连，是说作诗的

人，看到这种情况嗟叹而泣涕流连。

弗继以淫　蔡邕《樽铭》：酒以成礼，弗继以淫①。德将无醉，过则荒沉。盈而不冲②，古人所箴。尚鉴兹器③，茂勖厥心④。

[注释]

①淫：放纵，沉溺。　②盈而不冲：《老子》："大盈若冲，其用不穷。"意思是真正的圆满却显现得空虚，方能永不衰竭。盈意为圆满、自满；冲意为空虚、谦虚。　③尚鉴兹器：赏鉴此一器具。尚，发语词；鉴，赏鉴；兹，代词，此、这个；器，器物。　④茂勖（xù）：劝勉，勉励。厥：其，那个。

屏爵弃卮　晋祖台州《与王荆州书》①：古人以酒为戒，愿君屏爵弃卮②，焚罍毁榼。殛仪狄于羽山③，放杜康于三危④。

[注释]

①祖台州：祖台之，约317～419年间在世。字符辰，东晋时范阳（今河北涿州）人。官至侍中、光禄大夫。有文集16卷，志怪2卷。王荆州：王忱，字元达，任荆州刺史，东晋、刘宋时人。　②屏（bǐng）：除去，摒弃。　③殛（jí）：诛，杀死。羽山：位于今江苏东海和山东临沭交界。相传祝融受黄帝之命将治水失败的鲧在这里杀死。　④放：流放。三危：山名，在今甘肃敦煌。《尚书·舜典》记载，将作乱的三苗流放到三危山。

腐肠　《养生论》①："醪醴腐人之肠胃②。"元微之诗："平生中圣人③，翻作腐肠贼。"乐天诗："佳肴与旨酒④，信是腐肠膏⑤。艳声与丽色，真为伐性刀⑥。"

[注释]

①《养生论》：晋代嵇康撰。　②醽醁：酒。　③中圣人：指酒。参见《胜饮编》卷三"徐邈"条。　④旨酒：美酒。　⑤信是：真的是。⑥伐：击杀。

消肠酒　北轩主人曰：张华造九酝酒，其曲蘖非中国所有。酿酒醇美，人醉，须叫啸摇荡，不尔，肝肠即消烂。较之覆瓿布①，祸尤速矣。当时闾里人语曰②："宁得醇酒消肠，不与日月争光。"唐郑谷诗："险事消肠酒，清欢敌手棋③。"果以其身殉耶？吴中士夫，好食河豚④，每援东坡直得一死之言⑤。其有不食者，辄鄙笑之。是亦明知其为消肠酒，而不能忘情也。

[注释]

①覆瓿（bù）布：指覆盖酒坛的布。《晋书·孔群传》："卿恒饮，不见酒家覆瓿布，日月久糜烂邪？"瓿，瓶子、坛子。　②闾里：平民居住的地方。此处指同乡同里的人。　③清欢：清雅恬适之乐。敌手棋：棋逢对手。　④河豚：河豚的肉质鲜美，但是内部器官含有一种能致人死命的神经性毒素，只需要0.48毫克就能致人死命。　⑤援：援引，引用。东坡：苏轼最喜吃河豚，其《惠崇春江晚景二首》其一："竹外桃花三两枝，春江水暖鸭先知。蒌蒿满地芦芽短，正是河豚欲上时。"

狂花病叶①　《醉乡日月》：或有勇于牛饮者②，以巨觥沃之③。既撼狂花，复凋病叶。饮流谓睢盱者为狂花，目睡者为病叶。

[注释]

①狂花病叶：比喻醉酒的人。参见《觞政》之六。狂花，醉酒喧哗；病叶，醉酒闭目入睡。　②牛饮：豪饮。　③沃：灌。

欢场害马^①　《醉乡日月》：酒徒谓不可与饮者，为欢场之害马。盖谓语言下俚，而貌粗浮之类。

[注释]

①欢场害马：参见《觞政》之六。

犯卯过申^①　清雪居士曰：古人饮宴，卜昼而不卜夜^②，以日饮有节，至夜将无所底止也^③。乃荒腆者^④，自朝至暮，沉埋曲蘖中。唐人诗云^⑤："不须愁犯卯^⑥，且乞醉过申。"虽曰高致，实不可以为法。

[注释]

①犯卯过申：参见《胜饮编·自叙》。　②卜：占算，选定。　③底止：休止，停止。　④荒腆：沉湎。　⑤唐人诗：唐代冯异《暮春醉中寄李干秀才》。　⑥犯卯：超过卯时。凌晨 5~7 时为卯时。下午 3~5 时为申时。

醉辄自杖^①　《晋书》：庾衮父在^②，常戒衮酒。后每醉，辄自责曰："予废先人之戒，何以训人？"乃于父墓前，自杖三十。

[注释]

①杖：拐杖。此处是指对自己用杖刑，即用大荆条、木板或棍棒敲打臀部、腿或背部的刑罚。　②庾衮：字叔褒，明代穆皇后的伯父。庾衮事见《晋书·孝友传》。

酒如成病　《酒诫》：宋蔡文忠齐倅济州日^①，至醉。贾存道作诗云："圣君宠重龙头选^②，慈母恩深鹤发垂。君宠母恩俱未报，酒如成病悔何追。"文忠自是终身未尝至醉。

[注释]

①蔡文忠齐：蔡齐，北宋禹州（今属河南）人，谥号"文忠"。官至礼部侍郎、参知政事。明代龙遵《食色绅言》记录此事作张居正醉，而非蔡齐，与此不同。倅（cuì）：副，副职。济州：即今山东济宁。　②龙头选：即选为状元。龙头，龙之头，状元的别称。

责人正礼　《语林》：孙季舒常与石崇饮①，傲慢过度，崇欲奏之。裴楷曰②："饮人狂药，责人正礼，不亦乖乎③？"

[注释]

①孙季舒：官职长水校尉。石崇：字季伦，小名齐奴，西晋青州（今属山东）人。官至城阳太守，封安阳乡侯。为人奢靡斗富。　②裴楷（237~291）：字叔则，西晋河东闻喜（今属山西）人，官至史部郎。③乖：乖谬，背离常理。

作令惟不饮酒　《世说》：傅翙代刘元明为山阴令①，问以旧政。答曰："作县令，惟日食三升饭，而不饮酒。此第一策也。"

[注释]

①傅翙（huì）：南朝梁时北地灵州（故城在今宁夏灵武西南）人。天监年间（503~519），历官山阴、建康令，官至骠骑谘议。

以猩猩为戒　陈仲醇曰：猩猩性好酒，人以酒取之，辄先觉，口作詈骂声①，然不肯竟去也②，迟徊盆盎间③。略一尝之，既得其味，便甘而饮之至醉，终被羁缚④。人之于酒，何不以猩猩为戒乎？

[注释]

①詈（lì）：骂。 ②竟：到底，终了。 ③迟徊：徘徊。 ④羁（jī）缚：捆绑。羁，马笼头，束缚。

祸泉 《夷门广牍》①：置之瓶中，酒也；酌于杯中，注于肠，善恶喜怒歧矣。倘夫性昏志乱，胆胀身狂，平日不敢为者为之。言腾烟焰，事堕阱机。是岂圣人贤人乎？一言蔽之，曰祸泉而已。

[注释]

①《夷门广牍》：明周履靖编，126卷。履靖字逸之，嘉兴（今属浙江）人。本书广集历代以来小种之书，及自著。夷门，寓意为隐居。

酒亦岩墙① 《萤雪丛谈》②：陈大卿生平好饮③，一日，席上有同僚，偶举"知命者不立乎岩墙"之语为问④。一客曰："酒，亦岩墙也。"陈因是有悟⑤，遂终身断饮。

[注释]

①岩墙：将要倒塌的墙，借指危险之地。 ②《萤雪丛谈》：宋代俞成撰。成字元德，东阳（今属浙江）人。萤雪，囊萤和映雪，都是古代励志求学的故事。囊萤，晋代车胤少时家贫，夏天以练囊装萤火虫照明读书；映雪，晋代孙康冬天常利用雪的反光读书。 ③陈大卿：宋代人。项安世有《和总领陈大卿告老二十韵》。 ④知命者句：《孟子·尽心上》："是故知命者不立乎岩墙之下。"意谓知天命的人不会使自己处于危险境地。 ⑤是：代词，这个。

百悔经 《清异录》①：闽士刘乙，尝乘醉与人争妓女。既醒，惭悔，乃集书籍中凡饮酒致失贾祸者，编以自警。题曰《百悔经》。自后绝饮，至于终身。

　　①《清异录》：北宋陶穀撰，2 卷，是一部分类编排的笔记，共 37 门，661 条。陶穀（903～970），字秀实，五代至北宋邠州新平（今陕西彬县）人。官至南郊礼仪使，加刑部、户部二尚书。

　　饮酒十过　　《四分律》①：饮酒有十过失：一颜色恶，二少力，三眼不明，四见嗔相②，五坏田资生，六增疾病，七益斗讼，八恶名流布，九智慧减少，十身敝命终，堕诸恶道。

[注释]

　　①《四分律》：又称《昙无德律》、《四分律藏》，60 卷。原为印度上座部系统法藏部所传之戒律，后秦时由佛陀耶舍与竺佛念翻译。　　②见：现。嗔（chēn）相：佛教谓行人修禅定的时候，为外人所烦恼而生的嗔觉；又如持戒之人，见到非法者所生的恼怒。嗔，是由对众生或事物的厌恶而产生愤恨、恼怒的心理和情绪。

　　醉字义　　《正字通》①：按《说文》："醉，卒也。卒其度量，不至于乱也。"然醉必失德丧仪。《酒诰》、《宾筵》言之甚详②，未有醉能卒其度量不至于乱者。醉之从卒③，卒，终也。与酒俱卒，危辞也④，所以寓戒也。

[注释]

　　①《正字通》：明末张自烈编撰，按汉字形体分部编排的字书。12 卷。自烈字尔公，号芑山。　　②《宾筵》：《诗经·小雅·宾之初筵》。　　③从：从属于某一部类（的字）。　　④危辞：警戒的话。

　　牛饮虎醋　　《酒史》：殷王牛饮而丧朝①，楚臣虎醋而败德；

成都有累月之醉，中山困千日之眠②。

[注释]

①殷王：殷纣王。殷帝辛名受，天下人称他为纣，人称殷纣王。为帝乙少子，也是商朝的亡国之君。传说其有酒池肉林，放纵奢靡。　②中山：见《胜饮编》卷十。《搜神记》：中山人狄希能造千日酒，一醉千日。

卷十四　疵　累①

最厌晋人"礼岂为我辈设"一语，况饮酒尤贵温克②。《诗》曰③："饮酒孔嘉④，维其令仪⑤。"越礼者，甚无取焉。次疵累第十四。

[注释]

①疵累：缺点或过失。　②温克：和顺而有礼仪。　③《诗》：指《诗经·小雅·宾之初筵》。　④孔嘉：很好，很漂亮。孔，很。嘉，美好。⑤令仪：整肃威仪。

　　壑谷　《左传》①：郑伯有嗜酒②，为窟室而夜饮③，击钟犹未已④。朝者问公焉在，曰："吾公在壑谷。"

[注释]

①《左传》：见《左传·襄公三十年》，文字略有差别。　②伯有：春秋时郑国大夫良霄的字。主持郑国朝政。　③窟室：地下室。　④击钟：击打钟鼓，奏乐。

积曲成封① 《冲虚经》②："子产有兄曰公孙朝③，好酒。朝之室也，聚酒千钟，积曲成封。望门百步④，糟浆之气，逆于人鼻⑤。"清雪居士诗："曲封来按部⑥，棋阵待登坛。"

[注释]

①封：大的土堆，此处指酒曲堆积如山。 ②《冲虚经》：相传为春秋时期的列子及其学派门人所撰，其思想主旨接近老庄，追求冲虚自然的境界。 ③子产：名侨（？~前522），字子产，又字子美，春秋时郑国贵族，与孔子同时。是郑穆公的孙子，所以人们又称他为公孙侨、郑子产。郑简公时执掌郑国国政，是当时最负盛名的政治家。 ④望：至，到。 ⑤逆：迎着。 ⑥按部：分类编排。

醉眠邻妇侧 阮嗣宗事①。尤展成曰②：世以柳下惠坐怀不乱、阮籍醉眠邻妇侧③，终无他意，称其不好色。然既已坐怀矣，何必乱；既已醉眠其侧矣，何必更有他意。

[注释]

①阮嗣宗事：《世说新语·任诞》记阮籍事：阮公邻家妇有美色，当垆酤酒，阮与王安丰常从妇饮酒，阮醉，便眠其妇侧。夫始殊疑之，伺察，终无他意。 ②尤展成：即尤侗（1618~1704），字展成，一字同人，早年自号三中子，又号悔庵，晚号良斋、西堂老人、鹤栖老人、梅花道人等，明末清初长洲（今江苏苏州）人。举博学鸿儒，授翰林院检讨，晋官号为侍讲，参与修《明史》。诗人、戏曲家。有《西堂全集》。 ③柳下惠（前720~前621）：展氏，名获，字禽，春秋时期鲁国（今山东西南部）人，鲁孝公儿子公子展的后裔。"柳下"是食邑，"惠"是谥号，故又称"柳下惠"。做过鲁国大夫，后来隐遁，成为逸民。被认为是遵守中国传统道德的典范。坐怀不乱：传说柳下惠夜宿城门，遇一无家女子，恐其冻伤，而使坐于己怀，以衣裹之，竟宿而无淫乱行为。见《荀子·大略》及《诗经·小雅·巷伯》

毛传。

高阳池　《晋书》：襄阳有习郁池[1]，园亭最胜。山简为征南将军[2]，每出嬉游，多之池上。置酒辄醉，曰："此我高阳池也。"时儿童歌曰："山公出何许，往至高阳池。日夕倒载归[3]，酩酊无所知。时复骑骏马，倒著白接䍦[4]。举鞭问葛彊[5]，何如并州儿[6]？"北轩主人曰：倒著接䍦，亦是韵事。第值永嘉之初，四方寇乱，朝野危惧。简膺方镇重寄[7]，而乃优游卒岁，惟酒是耽，国家亦安赖是人哉？儿童歌大含讥刺，非喜而道之也。

清《下荆南道志》中所绘习家池

[注释]

①习郁池：为汉代侍中习郁于岘山南所建的水池。　②山简：字季伦，永嘉三年（309），任征南将军，都督荆、湘、交、广四州诸军事、假节，镇守襄阳。　③倒载：沉醉后倒卧车中。　④白接䍦：帽子。参见《胜饮编》

卷四"倒著接䍦"条。 ⑤葛疆：据《世说新语·任诞》应为葛彊，是山简爱将。 ⑥并州：太原旧称。古时幽、并州为前线，男儿骁勇能战。葛彊乃并州人。 ⑦膺：担当重任。方镇：指掌握兵权、镇守一方的军事长官。

三驺对饮① 《世说》：谢几卿性通脱②，尝预乐游苑宴③，不得醉而还。因诣道边酒垆，停车褰幔④，与车前三驺对饮。观者如堵⑤，几卿自若。

[注释]

①驺（zōu）：古代养马、驾车的官员。 ②谢几卿：南朝齐梁间陈郡阳夏人。约502年前后在世，曾祖是谢灵运。几卿仕齐，为晋安王主簿。入梁，历尚书左丞、太子率更令。通脱：通达脱俗，不拘小节。 ③预：参加。乐游苑：古苑名。故址在今江苏江宁境内，为南朝宋武帝所建。 ④褰幔：撩起车子的帷帐。"褰"是撩起的意思，"幔"指的是帷帐。 ⑤堵：墙，比喻密集的人群。

盗酒 《世说》：毕卓为吏部郎①，比舍郎酿酒熟②，卓夜往盗饮。醉卧瓮边，为吏所缚，视之，乃毕吏部也。元稹诗："瓮眠思毕卓，糟籍忆刘伶③。"

[注释]

①毕卓（322~?）：字茂世，东晋新蔡铜阳（今安徽临泉铜城）人。晋元帝太兴末年为吏部郎，因饮酒而废职。 ②比舍：邻居。比，相邻。舍，居舍，居所。 ③糟籍：酒糟堆积。

上顿 《文章志》①：王忱嗜酒，一醉，辄连日不醒，自号"上顿"。谚以大饮为"上顿"，自忱始也。

[注释]

①《文章志》：又名《江左以来文章志》，南北朝时宋明帝（439~472）即刘彧所撰，专记东晋文学作品，3卷。

狗窦中大叫　《酒史》：晋光逸尝诣胡毋辅之①，值与谢鲲诸人闭户裸袒酣饮②。逸将排户③，守者不听④。便于户外脱衣露头，于狗窦中大叫⑤。辅之惊曰："他人绝不能尔，**必孟祖也**。"乃呼入共饮。时称"八达"：逸与辅之、鲲，及阮放、毕卓、羊曼、桓彝、阮孚也⑥。

[注释]

①光逸：字孟祖，晋代乐安（治今山东博兴）人。初为博昌小吏，后为门亭长。避乱渡江，前往依附胡毋辅之。初来乍到，恰逢胡毋辅之与谢鲲等人闭室酣饮已数日。胡毋辅之：即胡毋彦国。　②谢鲲：即谢幼舆、谢长史。裸袒：裸体。　③排户：推门。　④不听：不允许（他进门）。　⑤窦：洞。⑥阮放：字思度，东晋陈留尉氏（今属河南）人。历官太学博士、太子中舍人、吏部郎。羊曼：字祖延，泰山南城（今山东费县西南）人。历官黄门侍郎、尚书吏部郎、晋陵太守。好饮酒。当时州里称陈留阮放为宏伯，高平郗鉴为方伯，泰山胡毋辅之为达伯，济阴卞壸为裁伯，陈留蔡谟为朗伯，阮孚为诞伯，高平刘绥为委伯，而曼为䶒伯，凡八人，号兖州八伯，比拟为古代的"八隽"。桓彝（276~328）：字茂伦，东晋谯国龙亢（今属安徽怀远）人。历官中书郎、尚书吏部郎、散骑常侍。

豕饮　《三余杂记》：阮咸宗人①，大盆盛酒，为群豕所饮。咸直接去其上，便共饮之。

[注释]

①阮咸：字仲容，阮籍兄之子，"竹林七贤"之一。他与宗人饮酒：

"不复用杯觞斟酌，以大盆盛酒，圆坐相向，大酌更饮。"（《晋书·阮籍传》）宗人：同宗族的人。

鳖饮鹤饮　《画墁录》[1]：苏子美、石曼卿辈饮酒，有名曰"鬼饮"、"了饮"、"囚饮"、"鳖饮"、"鹤饮"。鬼饮者，夜不烧烛；了饮者，挽歌哭泣而饮；囚饮者，露头危坐[2]；鳖饮者，以毛席自裹其身，伸头出饮，毕复缩之；鹤饮者，登树杪而饮[3]。

[注释]

①《画墁录》：张舜民撰，1卷。舜民字芸叟，自号浮休居士，又号矴斋，宋代邠州（州治在今陕西彬县）人。累官龙图阁待制，知定州。　②危坐：端坐。　③杪：树梢。

以屋为裈[1]　《世说》：刘伶常脱衣裸形而饮，人见讥之。伶曰："我以天地为栋宇[2]，屋室为裈衣，诸君何入我裈中？"

[注释]

①以屋为裈：将自己的居室当作裤子。参见《胜饮编·自叙》"屋裈独处"注。　②栋宇：房屋的正中和四垂。

瓮精　《清异录》：螺川人何昼[1]，薄有文艺[2]，而屈意于五侯[3]。尤善酒，人以"瓮精"诮之[4]。

[注释]

①螺川：今属江西吉安。　②薄：少。文艺：经术学问。　③屈意：委屈自己的心意。五侯：泛指权贵豪门。　④诮（qiào）：讥讽。

使酒　《纬略》[1]：灌夫刚直使酒[2]，不好面谀[3]。季布任侠有名④，孝文时召为御史大夫，有言其勇，使酒难近。宋孔颉使酒仗气⑤，醉则弥日不醒⑥，僚寀之间⑦，多所凌忽⑧。

[注释]

①《纬略》：高似孙撰，12卷。似孙字续古，号疏寮，南宋鄞县（今浙江宁波鄞州区）人。历校书郎、会稽主簿，知处州。有《疏寮小集》，另有辑本多种。　②刚直使酒：刚强正直，借着酒使性子。《史记·魏其武安侯列传》记载：灌夫，其父张孟原为颍阴侯灌婴舍人，后蒙赐姓灌。他"为人刚直使酒，不好面谀"，不喜文学，好任侠，重然诺。家财千万，每天食客数十百人。与魏其侯窦婴友善。丞相田蚡娶燕王女为夫人，太后下诏列侯宗室皆往。窦婴与灌夫共往，席间，因同僚对窦婴不敬，灌夫使酒骂座，被丞相田蚡所弹劾，以骂坐不敬罪被灭族。　③面谀：当面恭维。④季布：西汉官吏。初为霸王项羽帐下五大将之一，数围困刘邦，后为刘邦用，拜为郎中，历仕惠帝中郎将、文帝河东郡守。季布为人仗义，好打抱不平，以信守诺言、讲信用而著称。当时有"得黄金百斤，不如得季布一诺"的谚语。任侠：侠义，打抱不平。　⑤孔颉（yǐ）：字思远，南朝宋会稽山阴（今浙江绍兴）人。历官廷尉卿、御史中丞。　⑥弥日：连日，多日。⑦僚寀（cài）：同僚。　⑧凌忽：欺侮，轻慢。

以酒沐客　《干馔子》①：武元衡之西川②，大宴。从事杨嗣复狂酒③，逼元衡巨觥，不饮，遂以酒沐之④。元衡拱手不动。沐讫，徐起更衣，终不令散宴。

[注释]

①《干馔子》：唐代温庭筠撰。温庭筠（812？～866），字飞卿，太原祁（今山西祁县东南）人。官终国子助教。精通音律。工诗，与李商隐齐名，时称"温李"。为"花间派"首要词人，与韦庄齐名，并称"温韦"。后人辑有《温飞卿集》及《金奁集》。　②武元衡（758～815）：字伯苍，

唐代缑氏（今河南偃师东南）人。武则天曾侄孙。官至门下侍郎平章事（宰相）。有《临淮集》10卷。西川：唐代方镇剑南西川的简称。治所在今四川成都。　③杨嗣复（783~848）：字继之，是杨于陵的二儿子。为宰相武元衡所欣赏。唐文宗、武宗时期任宰相。　④沐：本指洗头。此处指用大酒杯浇灌武元衡，从头灌到脚。

好赊酤①　《江表传》：吴潘璋好赊酤②，债家至门，曰："后豪当还。"北轩主人曰：赊酤，贫家常事，雅人每以托诸吟咏。如杜诗："邻家有美酒，稚子也能赊。"乐天诗："平封还酒债③，堆金选蛾眉④。"韩偓诗："岳僧互乞新诗去⑤，酒保频征旧债来。"放翁诗："得禄仅偿赊酒券，思归新草乞祠章⑥。"又："酒宁剩欠寻常债，剑不虚施细碎仇。"清雪居士诗："赖有卖文钱，稍稍还酒负。"又："酒逋骤清深自喜⑦。"若潘璋，直是赖债子矣。

[注释]

①赊酤：赊欠酒钱。　②潘璋（？~234）：字文珪，三国时期东郡发干（今山东冠县东）人。吴国将领。　③平封：耗尽资财。　④蛾眉：蚕蛾触须细长而弯曲，因以比喻女子美丽的眉毛。此处指美女。　⑤岳僧：五岳的僧人。　⑥祠章：词章，诗文。引诗见陆游《北窗闲咏》："阴阴绿树雨余香，半卷疏帘置一床。得禄仅偿赊酒券，思归新草乞祠章。古琴百衲弹清散，名帖双钩榻硬黄。夜出灞亭虽跌宕，也胜归作老冯唐。"　⑦逋（bū）：拖欠。

三日仆射　《语林》：周顗初以雅望①，获海内盛名。过江积年②，大饮酒，常经三日不醒，时谓之"三日仆射"。

[注释]

①雅望：清高的名望。　②积年：很长时间。

杂秽非类① 《世说》②：刘公荣昶与人饮酒③，杂秽非类。人或讥之，答曰："胜公荣者，不可不与饮；不如公荣者，亦不可不与饮；是公荣辈者，又不可不与饮。故终日共饮而醉。"后公荣与王戎会阮籍所。阮谓王曰："偶有二斗美酒，当与公共饮。彼公荣者无预焉。"二人交觞酬酢④，公荣遂不得一杯。而言语谈戏，三人无异。或有问之者，阮答曰："胜公荣者，不得不与饮酒；不如公荣者，不可不与饮酒。惟公荣，可不与饮酒。"王凤洲曰⑤："即以公荣语翻出，可谓滑稽之雄。"

[注释]

①杂秽非类：污秽而杂乱，身份等第不属一类。 ②《世说》：见《世说新语·任诞》。 ③刘公荣昶：刘昶字公荣，晋沛国竹邑（今安徽宿州）人。为人通达，官至兖州刺史。 ④酬酢：主人敬宾客酒为酬，客人敬主人为酢。 ⑤王凤洲：即王世贞（1526~1590），字元美，号凤洲，又号弇州山人，明代太仓（今属江苏）人。"后七子"领袖之一。官刑部主事，累官刑部尚书。好为古诗文，李攀龙之后独主文坛20年。有《弇山堂别集》、《嘉靖以来首辅传》、《觚不觚录》、《弇州山人四部稿》、《王凤洲纲监会纂》等。

狂司马 《晋书》：谢弈与桓温善①，饮酒无复朝廷礼。尝逼温饮，温走入南康主门避之②。主曰："君若无狂司马，我何由得相见？"弈遂携酒就厅事③，引温一兵帅共饮。曰："失一老兵，得一老兵，亦何所怪？"温不之责。清雪居士曰：以布衣之好，而岸帻啸咏可矣④。若此，太觉无礼。不谓宣武老贼⑤，竟能容之也。

[注释]

①谢弈：即谢奕，字无奕，陈郡阳夏（今河南太康）人。弈，通

"奕"。少有器识,曾任太尉掾、剡令、豫州刺史。东晋政治家,军事家谢安的哥哥。后桓温辟为安西司马。谢奕传见《晋书》卷四十九。 ②南康主:桓温的妻子,晋明帝嫡长女南康长公主。 ③就:前往。厅事:官署视事问案的厅堂。 ④岸帻:推起头巾,露出前额。形容态度洒脱,或衣着简率不拘。《晋书·谢奕传》:"岸帻笑咏,无异常日。" ⑤宣武:指桓温。桓玄称帝后,追封桓温为楚宣武帝。

昼夜酣饮① 《典论》:刘崧镇袁绍军②,绍与子弟日共饮宴。当三伏之际,昼夜酣饮极醉,至于无知。云以避一时之暑,故河朔有"避暑饮"。

[注释]

①昼夜酣饮:参见《胜饮编》卷一"避暑会"条。 ②刘崧:《初学记》卷三引三国魏曹丕《典论》列其名为刘松,谓其官职为光禄大夫。

杖讫复与饮① 《世说补》:何承裕为盩厔②、咸阳二县令,醉则露首跨牛趋府。往往召豪吏接坐③,引满,吏因醉,挟私白事④。承裕曰:"此见罔也⑤,当受杖!"杖讫,复召与饮。

[注释]

①讫:结束。 ②何承裕(?~980):北宋人,累官至著作郎、直史馆。出为盩厔、咸阳二县令。盩厔:县名,今简化作周至,属陕西。 ③接坐:紧挨着坐在一起。 ④挟私:带有私情。白:报告。 ⑤见罔:被曲解、误解。见,被。

酒窟 《澄怀录》①:苏晋作曲室为饮②,名酒窟。地上每一砖,铺酒一瓯③。计砖五万枚。晋日率友朋,次第饮之,取尽乃已。

[注释]

　　①《澄怀录》：南宋周密著。采集唐宋时期社会名流所记录游览之胜与旷达之语，汇为一编。节载原文，而注书名其下。周密（1232～1298），字公谨，号草窗，又号四水潜夫、弁阳老人、华不注山人。祖籍济南（今属山东），流寓吴兴（今浙江湖州）。　②曲室：偏僻幽深的小屋。　③瓯（ōu）：小盆。

　　狂言惊座　《本事诗》①：杜牧为御史，分务洛阳②。李聪罢镇闲居③，声伎豪华④，为当时第一。一日开宴，朝客高流，靡不臻赴。以杜持宪⑤，不敢邀置。杜遣座客达意，愿与斯会。李不得已，驰书迎之。杜至，瞪目注视诸女妓，曰："闻有紫云者，谁是？宜以见惠。"诸妓皆回首破颜。牧连饮三爵，朗吟而起曰："华堂今日绮筵开，谁唤分司御史来。忽发狂言惊满座，两行红粉一时回⑥。"

[注释]

　　①《本事诗》：唐代孟棨撰，笔记小说集，1卷。所记皆诗歌本事，以诗系事，分情感、事感、高逸、怨愤、征异、征咎、嘲戏7类。孟棨名一作启，字初中。唐文宗开成时曾在梧州任职，后为司勋郎中。　②分务：即分司。唐宋制度，中央之官有分在陪都（洛阳）执行任务者，称为"分司"。③罢镇：免官。　④声伎：旧时宫廷及贵族家中的歌姬舞女。　⑤持宪：执掌法令。宪，法令。　⑥华堂四句：诗见杜牧《兵部尚书席上作》。

　　甃泛春渠①　《酒史》：汝阳王琎尝取云梦石甃泛春渠以蓄酒②。作金银龟鱼，浮沉其中。

[注释]

　　①甃（zhòu）：砖石砌就的井壁。　②云梦：古代指今湖北一带。

醉舆^①　《天宝遗事》：申王将锦彩结成兜子^②，醉则抬归，号"醉舆"。

[注释]

①舆：轿子。　②申王：唐代李慎（？~689）。唐太宗封第十子李慎为申王。申，古国名，即申国，周朝诸侯国之一，在今河南南阳一带。历官左卫大将军、荆州都督、邢州刺史、贝州刺史。兜子：只有座位而没有轿厢的轻便轿子。

陈三更　《酒史》：宋陈仪、董俨为三司副使^①，会饮枢第^②，归常逮夜，时为语曰："陈三更，董半夜。"

[注释]

①董俨：字望之，宋代洛阳（今属河南）人。宋太宗端拱初年（988），任三司度支副使。三司副使：三司度支副使，三司的副长官。三司，盐铁、度支和户部三官署合称。三司的职权是总管全国各地之贡赋和国家的财政。
②枢第：枢密使官邸。

卷十五　雅　言

酒中意趣，难以言传。出自隽人，便觉亲切有味。正不必匡鼎说《诗》^①，令人解颐也^②。次雅言第十五。

[注释]

①正不必句：意为别卖弄，水平最高的匡衡正要来到。典出《汉书·匡衡传》："诸儒为之语曰：'无说《诗》，匡鼎来；匡说《诗》，解人颐。'"意思是：匡衡对《诗经》颇有研究，不要在他面前卖弄。匡衡解说

《诗经》，说得大家开颜大笑，停不下来。鼎，犹言当、方。　②解颐：开颜而笑。颐，面颊。

无事　《国策》①：陈轸谓犀首曰②："卿何为好饮？"曰："无事。"东坡诗："欲饮三堂无事酒③。"

[注释]

①《国策》：《战国策》。但是查《战国策》原文与此处引文不同：《战国策·魏策一》："陈轸曰：'公恶事乎？何为饮食而无事？无事必来。'犀首曰：'衍不肖，不能得事焉，何敢恶事？'"而《史记·张仪列传》与此处引文大体相同："陈轸曰：'公何好饮也？'犀首曰：'无事也。'"　②犀首：公孙衍。魏国阴晋（今陕西华阴东）人。名叫衍，姓公孙。犀首本为战国魏的官名。公孙衍曾做过此官，故借称公孙衍。　③三堂：内庭接待内宾、举行仪式的地方。

痛饮读《骚》　《世说》①：王孝伯恭言②："名士不须奇才，但能痛饮酒、熟读《离骚》，便可称名士。"刘克庄诗③："酒与《离骚》难捏合，不如痛饮是单方④。"

[注释]

①《世说》：见《世说新语·任诞》。　②王孝伯恭：王恭（？～398），字孝伯，小字阿宁，东晋太原晋阳（今山西太原西南）人。孝武定皇后王法慧之兄，晋朝名士王濛之孙。官至前将军、青兖二州刺史。　③刘克庄（1187～1269）：初名灼，字潜夫，号后村居士，南宋莆田（今属福建）人。官至龙图阁直学士。诗学晚唐，为江湖诗派领军人物。有《后村别调》和《后村先生大全集》。　④单方：中药的单味药制剂。

引人著胜地①　《世说》②：王卫军荟云③："酒正自引人著

胜地。"

[注释]

①著：到。　②《世说》：见《世说新语·任诞》。　③王卫军荟：王荟，朝廷追赠卫将军。王荟，字敬文，小字小奴，东晋琅琊临沂（今属山东）人。历官左将军、会稽内史，后又进号镇军将军，加散骑常侍。

使人自远　王光禄蕴云[①]："酒正使人人自远[②]。"

[注释]

①王光禄蕴：王蕴（329~384），字叔仁，东晋太原晋阳（今山西太原西南）人。王濛之子，晋孝武帝皇后王法慧之父。去世后追赠左光禄大夫。嗜酒，在会稽内史任上时，常终日不醒。上文提到的王恭是其次子。　②自远：疏远自己，忘掉自己。

形神不相亲　《世说》：王佛大忱叹言[①]："三日不饮酒，觉形神不复相亲[②]。"清雪居士曰：蕴之父濛，荟之父导，忱之父坦之，三人言酒，意义不甚远，可想见王氏门风。

[注释]

①王佛大忱：王忱，字佛大，也叫王大。性嗜酒，一饮连日不醒，最后因饮酒中毒而死。　②觉形句：感觉身体和精神互相不依附，比喻魂不守舍。

未知酒中趣　《世说》：孟嘉好饮，喜醋畅，愈多不乱。桓宣武尝问[①]："酒有何好而卿嗜之？"嘉曰："公但未知酒中趣耳。"北轩主人曰："余尝论古来酒人，惟渊明深得酒中趣。乃渊明系孟嘉第四女所生也。岂外孙亦有祖述与？"

①桓宣武：即桓温（312～373），字元子，东晋谯国龙亢（今安徽怀远）人。官至大司马、录尚书事。其子桓玄追尊桓温为"楚宣武帝"，故有此称。

樽中酒不空　《汉书》[①]：孔融为北海相[②]，喜后进，宾客日盈其门。常叹曰："坐上客常满，樽中酒不空，吾无忧矣。"

[注释]

①《汉书》：见《后汉书·孔融传》。　②北海相：地方长官，居于北海王之下。北海，北海国治地在今山东昌乐。

作仆射不如饮酒乐[①]　北齐李元忠语。

[注释]

①参见《觞政·八之祭》。

速营糟丘[①]　陈暄《答兄子书》[②]："速营糟丘，吾将老焉。"放翁诗："愚公可笑金堆屋，老子惟须糟筑丘。"

[注释]

①糟丘：酒糟所堆成的小山。丘，原讳作邱，回改。下同。　②陈暄：隋朝义兴国山（今江苏宜兴）人。约卒于隋炀帝大业初年（607年左右）。任通直散骑常侍。

拍浮酒池[①]　毕卓尝谓人曰："右手持酒杯，左手持蟹螯[②]，拍浮酒池中，便足了一生。"清雪居士诗："一生不较鱼熊掌[③]，两手惟须酒蟹螯。"

[注释]

①拍浮：浮游，游泳。　②蟹螯（áo）：螃蟹的第一对脚，状如钳子。
③鱼熊掌：鱼和熊掌都是美味，不可兼得。孟子曰："鱼，我所欲也，熊
掌亦我所欲也；二者不可得兼，舍鱼而取熊掌者也。"

得封酒泉　《类林》①：汉郭宏好饮，曰："得封酒泉郡，实出
望外。"又晋姚馥，羌人也。好饮，尝渴于酒，群辈呼为"渴羌"。
武帝授以朝歌守②，馥且愿为马圉③，时赐美酒，以终余年。帝曰：
"朝歌，商之旧都，酒池犹在。"馥固辞，乃迁酒泉太守，乘醉拜受
焉。北轩主人曰：酒泉，今肃州地④。有金泉，泉味如酒。汉时因
以名其郡。饮徒语及酒泉太守，辄为神往。皮袭美有咏酒泉诗云⑤：
"春从野鸟沽，昼任闲猿酌。我愿葬兹泉，醉魂似凫跃⑥。"则与死
葬陶家之侧⑦，同一设想矣。

[注释]

①《类林》：唐代于立政撰写的小型类书，共10卷，分为50个篇目。
②朝（zhāo）歌：地名，在今河南省北部鹤壁的淇县。殷商末期纣王在
此建行都，改称朝歌。汉代置朝歌县。　③马圉（yǔ）：养马夫。　④肃
州：今甘肃酒泉。　⑤皮袭美：指皮日休，引诗见其《酒中十咏》之《酒
泉》。　⑥凫（fú）：水鸟，俗称"野鸭"，似鸭，能飞。　⑦死葬句：见下
"取为酒壶"条。

名不如酒　《晋书》：张季鹰纵任不拘①，或谓其独不为身后
名耶？答曰："使我有身后名，不如即时一杯酒②。"清雪居士曰：
乐天诗："身后堆金拄北斗③，不如生前一杯酒。"名与利一也。然
太白诗："古来圣贤皆寂寞，惟有饮者留其名。"是欲得名，又无如

饮酒矣。

时复中之① 　《异苑》②：徐邈为尚书郎，时禁酒，而邈私饮沉醉。从事赵达问以曹事，邈曰："中圣人。"达白太祖③。大怒。鲜于辅进曰："醉客谓酒清者为圣人，浊者为贤人。邈性修慎，偶醉言耳。"后文帝见邈④，问曰："颇复'中圣人'否？"邈曰："昔子反毙于谷阳⑤，御叔罚于饮酒⑥。臣嗜同二子，时复中之。"帝大笑。东坡诗："君特未知其趣耳，臣今时复一中之。"又："时复中之徐邈圣，无多酌我次公狂⑦。"放翁《赠酒榼诗》："赖有小道士，时来中圣人。"

共王责备而自杀。　⑥御叔：春秋时陈国大夫。　⑦次公：汉代盖宽饶。许伯亲自为他酌酒，宽饶推辞说："不要多给我酌酒，我乃酒狂。"参见下条"无多酌我"。

无多酌我　《汉书》：盖宽饶贺许伯①，入第即曰："无多酌我，我乃酒狂。"丞相魏其侯笑曰②："次公醒而狂，何必醉也。"

[注释]

①盖宽饶：《汉书》卷七十七记载：汉宣帝时期盖宽饶，河南人，为人刚直清廉，任负责治安的司隶校尉，依法办事，京师清宁。一次，平恩侯许伯新建的府第落成，丞相、御史、将军等达官贵人都前往祝贺。盖宽饶迟到，许伯有意罚酒。　②魏其侯：窦婴（？～前131），字王孙，西汉清河观津（今河北衡水东）人，是汉文帝皇后窦氏堂兄之子，以军功封魏其侯。

取为酒壶　《笑林》：郑泉自言①："我死必葬陶家侧②，庶百岁之后③，化而成土，幸见取为酒壶④，实获我心矣⑤。"元微之诗："他时定葬烧缸地⑥，卖与人家得酒盛。"

[注释]

①郑泉：字文渊，汉末至三国吴时人。博学有奇才，而性嗜酒。　②陶家：制作酒具陶器的人家。　③庶：期望。　④幸见：幸而被。　⑤获：遂心愿。　⑥烧缸：烧制陶器。

糟肉更堪久①　《世说》：王导语孔群云②："卿何为恒饮，不见酒家覆瓿布③，日月糜烂④。"群曰："不尔⑤。不见糟肉，乃更堪久乎？"群尝与亲旧书："今年田得七百斛秫米⑥，不了曲蘖事⑦。"

[注释]

①糟肉：用酒或酒糟腌制的肉。　②王导（276~339）：字茂弘，东晋琅琊临沂（今属山东）人。官居宰辅，总揽元帝、明帝、成帝三朝国政。孔群：字敬休，东晋时官至御史中丞。　③瓿（bù）：小瓮。　④日月糜烂：时间不长就腐烂了。日月，此处指时间短。　⑤不（fǒu）尔：不是这样子。　⑥秫米：黏高粱米。　⑦曲蘖（niè）：酒曲，这里指用酒曲酿酒。

忍断杯中物①　《三余杂记》：吴衎好酒，后以醉忤权贵②，遂戒饮。阮宣以拳殴其背曰③："看看老癖痴汉④，忍断杯中物耶？"

[注释]

①忍：怎么忍心。　②忤：抵触，反对。　③阮宣：即阮修（270~311），字宣子。　④老癖痴汉：老年痴呆汉。

竹酒相并　《襄阳耆旧传》①：辛仲宣截竹为罂以酌酒②，曰："吾性爱竹及酒，欲令二物相并耳。"

[注释]

①《襄阳耆旧传》：东晋习凿齿撰，五卷，是研究襄阳古代人文的重要历史文献。习凿齿（？~383），字彦威，襄阳（今属湖北）人。还著有《汉晋春秋》。　②辛仲宣：南朝宋人，家陇西（郡治狄道，今甘肃临洮），善弹奏秦筝。

对饮惟明月　《南史》：谢谏不妄交①，门无杂宾。有时独醉，曰："入吾室者，但有清风；对吾饮者，惟当明月。"李白诗："举杯邀明月，对饮成三人。"王义山诗②："论交惟有诗知己，把酒相忘月与吾。"

清黄鼎《醉儒图》

①谢谥：朏之次子，陈郡阳夏（今河南太康）人。官至右光禄大夫。

②王义山（1241～1287）：字稼村，宋末元初济州巨野（今属山东）人。
为宋初文学大家王禹偁的后裔，有《稼村文集》。

酒兴不空　《类林》：刘公幹居邺下①，庭有桃花。诸公子游
赏而去，公幹问仆："损花乎？"仆曰："无之。"公幹喜，曰："珍
重轻薄子②，不损折此花。使吾酒兴不空也。"

[注释]

①刘公幹：刘桢（？～217），字公幹，三国时魏东平（今属山东）人。
建安七子之一。明人辑有《刘公幹集》。邺下：古代地名，在今河北临漳西
南，汉献帝建安时，曹操据守邺城，招揽文士。　②轻薄子：轻薄子弟，指
诸公子。

兄弟辈宜早还宅　《北史》①：魏元孚好酒，貌短而秃。文帝
偏所眷顾②，常置酒十瓶，上皆加帽以戏孚。孚一见，即惊喜曰：
"吾兄弟辈甚无礼，何为入王家匡坐相对③，宜早还宅也。"遂尽携
以归。帝恍然大笑④。

[注释]

①《北史》：所述魏元孚事，《北史》中未见。　②文帝：北周宇文泰，
字黑獭，武川（今属内蒙古）人。死后被儿子宇文毓追尊为文皇帝。
③匡坐：正身而坐。即席地而坐，臀部放于脚踝，上身挺直，双手规矩地放
于膝上，气质端庄，目不斜视。　④恍然：惊怪的样子。

良酝可恋①　《唐书》：王绩初待诏门下省②。故事③，官为给
酒。或问："待诏何乐？"曰："良酝可恋耳。"

[注释]

①良酝：美酒，佳酿。　②待诏：唐代时，凡文辞经学之士或医卜等有专长者，均待诏值日于翰林院，给以粮米，随时听候皇帝的诏令，谓之待诏。门下省：政府机关，隋唐时，与中书省同掌机要，共议国政，并负责审查诏令，签署章奏，有封驳之权。　③故事：先例，旧日的典章制度。

浇书　《三余杂记》：东坡以晨饮为浇书①，李黄门以午睡为摊饭②。放翁诗："浇书满把浮蛆瓮，摊饭横眠梦蝶床③。"

[注释]

①浇书：给书籍饮酒。　②李黄门：李秦，字仲西，明代临漳（今属河北）人。官至通政司左通政，人称李黄门。摊饭：对午睡的风趣叫法。睡觉时身体摊开，随之胃肠摊开，故称之为摊饭。　③梦蝶：战国人庄周梦见自己变成了蝴蝶。比喻梦中乐趣或人生变化无常。亦作"庄周梦蝶"。

醉有所宜①　皇甫崧曰：凡醉有所宜：醉花宜昼，袭其光也；醉雪宜夜，消其洁也；醉楼宜暑，资其清也；醉水宜秋，泛其爽也。醉得意，宜唱歌，导其和也；醉将离，宜击钵，壮其神也；醉文士，宜谨节奏章程，畏其侮也；醉俊人，宜加觥盂旗帜，助其烈也。

[注释]

①醉有所宜：参见《觞政·四之宜》。

学佛学仙　陈仲醇曰：酒能乱性，佛氏戒之。酒能养气，仙家饮之。余于无酒时学佛，有酒时学仙。

卷十六 杂 记

酒事琐余，无所依附。或亦可资席俎雅谈①。次杂记第十六。

[注释]

①资：帮助。席俎（zǔ）：酒席，饭桌上。俎，切菜（肉）的砧板。

投酒器 《晋书》：陶侃投参佐酒器、樗蒲之具于江①。北轩主人曰：饮酒真废时失事。陶公岂有见于当时任达之习②，将无底止，特以风世与③？想到"惜分阴"一语④，自令人屏绝杯铛矣⑤。

[注释]

①参佐：僚属，部下。樗蒲（chū pú）：古代一种游戏，像后代掷色子。因为掷采的投子最初是用樗木制成，故称樗蒲。 ②任达之习：放任旷达的社会风气。任达，放任旷达。 ③风：即"讽"，讽喻，劝解。与：同"欤"，疑问词"吗"。 ④惜分阴：极言珍惜时间。典出陶侃之口，《晋书·陶侃传》："大禹圣者，乃惜寸阴；至于众人，当惜分阴。" ⑤屏绝：同"摒绝"，一概排除。杯铛：饮酒的器具。

呕丞相茵① 《史》：丙吉为相②，驭吏醉呕③，污车中茵。西曹欲治以罪④，吉曰："不过呕丞相车茵耳，第忍之⑤！"北轩主人曰：韩魏公开宴⑥，吏碎玉杯，公曰："非故也⑦。"古人雅量，往往如是。

　　①茵：车上的垫子。　　②丙吉（？~前55）：字少卿，鲁国人。汉宣帝
神爵三年（前59）任丞相。《汉书》卷四十四《丙吉传》记载此事。丙，
或作邴。　　③驭吏：御车的小吏。　　④西曹：太尉的属官，执掌府中署用吏
属之事。　　⑤第：尽管，只是。　　⑥韩魏公：韩琦。　　⑦故：故意。

　　　　投醪　　《黄石公书》①：昔良将有馈箪醪者②，投于河，令士卒
迎流饮之。越王勾践事同③。

[注释]

　　①《黄石公书》：道家秘典。黄石公，秦末隐士。《史记》载黄石公将
此书传授于张良，自此传布。　　②馈箪醪：馈送了一箪的酒。箪，古代用以
盛酒食的竹器。　　③越王勾践事：《吕氏春秋》记越王栖于会稽，有酒投
江，民饮其流而战气百倍。

　　　　以酒授行觞者　　《南史》："阴铿宴饮①，因回酒炙②，授行觞
者，坐客皆笑，曰：'吾侪终日酣饮③，而行觞者不知其味，非人
情也。'及侯景乱，铿为贼擒，或救免之，即行觞者。"清雪居士
曰：顾荣亦有分炙事④，与铿事同。中山君之壶飧、赵宣之食桑间
饿者⑤，不过沾沾小惠，偶一行之，而终得其报。况于沾大恩、沐
殊遇者乎？

[注释]

　　①阴铿（511？~563？）：字子坚，南朝陈时姑臧（治今甘肃武威凉州
区）人。历官晋陵太守、员外散骑常侍。诗歌同何逊齐名，后人并称为
"阴何"。　　②回酒炙：回馈酒肉。　　③吾侪（chái）：我等，我们。　　④顾
荣（？~312）：西晋末年拥护南渡的司马氏政权的江南士族首脑。字彦
先。吴郡吴县（今江苏苏州）人。在吴历任黄门侍郎、太子辅义都尉。分

炙事：谓顾荣赴宴，发觉烤肉的下人神态不一般，显露出对烤肉渴求的神色。他拿起自己的那份烤肉，让下人吃。同席的人都耻笑他有失身份。顾荣说："一个人成天都端着烤肉，怎么能让他连烤肉的滋味都尝不到呢？"后来顾荣遇到危难时，有一个人救了他，使其免除一死，顾荣感激地问他原因，才知道他就是当年端送烤肉的仆人。　⑤中山君之壶飧（sūn）：楚攻中山时中山君逃亡，有两个人提着武器跟在他身后。中山君回头问这两个人："你们是干什么的？"两人回答说："我们的父亲有一次饿得快要死了，您赏给一壶熟食给他吃。他临死时说：'中山君有了危难，你们一定要为他而死。'所以特来为您效命。"飧：晚饭，也泛指熟食、饭食。赵宣之食桑间饿者：赵宣，晋国大夫赵盾。晋灵公想要杀害赵盾。赵盾平素待人宽厚慈爱，他曾经送食物给一个饿倒在桑树之下的人，当此危机时这个人回身掩护救了赵盾，赵盾才得以逃走。

酒薄被围　《淮南子》①：鲁、赵皆献酒于楚。楚之主酒吏，求酒于赵，赵不与。吏潜以赵厚酒易鲁薄者，奏之。楚王以赵酒薄，遂围邯郸。

[注释]

①《淮南子》：又名《淮南鸿烈》、《刘安子》，是我国西汉时期创作的一部论文集，由西汉皇族淮南王刘安主持撰写，故而得名。

醴酒不设①　楚王戊与穆生事②。

[注释]

①醴酒：甜酒，酒度很低。　②楚王戊句：《汉书·楚元王传》记载，楚元王刘交（？～前179）对穆生很敬重，穆生不喝酒，刘交每设宴，总要专门为他送上醴酒。后来楚王刘戊（刘交之孙，楚夷王刘郢客之子）即位，开始几次设宴时，也为穆生设醴酒，以后就没了这个待遇。穆生说："醴酒

不设，说明楚王对我已失去了兴趣，不赶紧离开的话可能不会有好下场。"

酒党　《后汉》①：冯方怨桓彬②，诬为酒党，遂终废弃。

[注释]

①《后汉》：《后汉书》。南朝刘宋时期的历史学家范晔编撰，是一部记载东汉历史的纪传体史书，与《史记》、《汉书》、《三国志》并称为"前四史"。②冯方句：《后汉书·桓荣丁鸿列传》：桓彬因不愿与宦官同流合污，而不与大宦官曹节的女婿冯方相交往，遭怨恨，而被诬为酒党。

解乏　《开元遗事》①：开元中，天下康乐，自招应县至都门②，当官道左右市酒③。亦有施者，为行人解乏，号为"歇马杯"。亦古人衢尊之义也④。清雪居士曰：较之德宗播迁时⑤，京师市上，偶有一醉人，人聚观以为祥瑞者，何啻悬绝⑥？

[注释]

①开元：唐玄宗年号，713～741 年。　②招应：被朝廷招集、应征。都门：京城的城门。　③官道：大路。　④衢（qú）尊：大路上设置酒席，供路人自酌自饮。衢，大路。　⑤德宗：唐德宗李适（kuò）（742～805），779～805 年在位。播迁：迁徙，流离。　⑥啻（chì）：止，但。悬绝：十分遥远。

告身易醉　《唐书》：至德中①，官爵冒滥②，大将军告身③，才易一醉④。

[注释]

①至德：唐肃宗年号，756～758 年。　②冒滥：不合格而滥于任用。此时正处"安史之乱"时，官爵封赏特别泛滥：当时国库积蓄全无，将士有

功，朝廷无法赏给钱财，只好以官爵赏功。诸将出征时都给以空白告身，他们可随时填写发放，以致官爵不值钱到如此地步："大将军告身一通，才易一醉。"甚至有大臣的奴仆"衣金紫，称大官，而执贱役"者。 ③告身：委任官职的文件。 ④易：交换。

酒有别肠 《闽史》：闽主曦言①："周维岳身甚小，何饮酒多？"左右曰："酒有别肠。"闽主欲割视之，或曰："杀维岳，无人侍剧饮②。"乃止。

[注释]

①闽主曦：939 年，王延羲自称威武节度使、闽国王，更名曦。 ②剧饮：畅饮。

三友 《长庆集》①：乐天以诗、酒、琴为三友。尝作诗曰②："昨日北窗下，自问何所为。所亲惟三友，三友者为谁。琴罢辄饮酒，酒罢辄吟诗。三友递相引③，循环无已时。"

[注释]

①《长庆集》：白居易自编诗文集，在唐穆宗长庆年间编集出版，故名。现存 71 卷，其中诗 37 卷，分为讽喻、闲话、感伤、歌行、杂律等，文34 卷。 ②作诗：见《北窗三友》诗。说喜好诗酒琴的人大多薄命，而我酷好三事，雅当此科。 ③引：牵引。

染唇渍口 《笑林》：王子渊褒买得髯奴①，名便了。戏作《僮约》，颇堪发粲②。其略曰："奴从百役使，不得有二言。但当饮水，不得嗜酒。欲饮美酒，惟当染唇渍口，不得倾盂覆斗。事讫欲休，当舂一石。夜半无事，浣衣当白③。奴不听教，当捶一百④。读券文毕，奴两手自缚⑤，目泪下落，鼻涕长一尺。如王大夫言，不如早归黄土陌，蚯蚓锁额。"

[注释]

①王子渊褒：王褒，字子渊，西汉蜀资中（今四川资阳）人。文学创作活动主要在汉宣帝（前 73~前 49 年在位）时期。著名的辞赋家，写有《甘泉》、《洞箫》等赋 16 篇，与扬雄并称"渊云"。髯奴：络腮胡子的奴仆。　②发粲：发笑，露齿而笑。　③浣（huàn）衣：洗衣。　④棰（chuí）：棒打。　⑤缚：原作"搏"。

猎酒　《霏雪录》：五代汉常思①，有从事来见②。思怒曰："必是来猎酒③。"命典客饮而遣之④。北轩主人曰："猎酒"二字甚新，庾信诗"刘伶方捉酒"，骆宾王"货酒成都妾亦然"，杜诗"空愁避酒难"，乐天"岂宜凭酒更粗狂"，元微之"接酒待残莺"，曹唐"暗笑夫人推酒声"⑤，韦庄"大抵行人难诉酒"⑥，陈师道"栈羊筛酒待公归"⑦，晁冲之"豪放悉寓酒"⑧，范成大"骚客颠诗亦狂酒"，清雪居士"无地可逃酒"。他如"战酒"、"斗酒"、"赌酒"、"准酒"、"过酒"、"试酒"，皆不敌此二字也。

[注释]

①五代汉：五代（后梁、后唐、后晋、后汉、后周）的后汉（947~951）。　②从事：附属官员。　③猎酒：猎取酒，索求酒。　④典客：官名，掌管王朝对少数民族之接待、交往等事务。　⑤推酒：推辞酒。　⑥韦庄（836~910）：字端己，唐朝杜陵（今陕西西安东南）人，诗人韦应物的四代孙，曾任前蜀宰相。花间派词人，有《浣花集》。　⑦栈羊：圈养的肥羊。筛酒：过滤酒。　⑧晁冲之：字叔用，早年字用道。宋代济州巨野（今属山东）人。江西派诗人。晁氏是北宋名门、文学世家。晁冲之的堂兄晁补之、晁说之、晁祯之都是当时有名的文学家。

醒酒石、醒酒草①　《澄怀录》②：石能醒酒，则李卫公平泉庄物也③。草能醒酒，则开元兴庆池南物也④。

[注释]

①醒酒石：即喝醉酒后，衔在嘴里可以醒酒解渴的石头。还有一种醉了便坐卧之的醒酒石，也有同等功能。本文所指即后者。据说即云南大理石。唐代李德裕于平泉别墅采天下珍木怪石，为园池之玩，有醒酒石。德裕尤所宝惜，醉后即踞坐其上。醒酒草：即可以醒酒的金盏花。　②《澄怀录》：南宋周密撰。采集唐宋人所记游览胜地与旷达之语，汇为一编。体例是节录原文，而注释书名其下。　③李卫公：李德裕（787～849），字文饶，唐代赵郡（今河北赵县）人，与其父李吉甫均为晚唐名相。追赠卫国公。平泉庄：即平泉别墅。　④开元句：唐玄宗开元年间兴庆宫内有兴庆池。

别一罍非酒　《霏雪录》：晋孔弈有遗酒者，弈遥呵曰①："人饷我两罍酒，其一何故非也？"视之，一罍果是水。人询其故，弈曰："酒重水轻，提酒者，手有轻重故耳。"

[注释]

①呵：责备。

饮储　下酒物，谓之"饮储"①。

[注释]

①饮储：皇甫崧《醉乡日月》："下酒物色谓之饮储。"

酒保、酒佣①　《史记》：栾布困穷②，为酒家保。《后汉书》：李燮③，李固子，亡命为酒家佣。

[注释]

①酒佣：即酒保，酒馆的侍者。 ②栾布（？～前145）：西汉梁国（今河南商丘南）人。汉景帝时以击齐之功，封鄃侯。穷困的时候，曾于齐地做酒保。 ③李燮（xiè）（134～?）：字德公，东汉谏臣李固之子。李固有灾祸逃命时，李燮逃亡入徐州界内，改变名姓为酒家佣人。

马军　杜甫《谢严中丞送酒诗》："洗盏开尝对马军①。"即所遣送酒人也。

[注释]

①开尝：开宴，品赏酒。马军：送酒的人。

三不如人　宋皇甫牧曰①："子瞻自言②，平生有三不如人，谓著棋、吃酒、唱曲也。"然三者亦何用如人？子瞻词虽工，多不入腔，正以不能唱曲耳。

[注释]

①皇甫牧：生活于五代至宋末，有《玉匣记》1卷。 ②子瞻：苏轼字子瞻。自称下棋不如人，吃酒不如人，自己虽然是词人，却不会唱曲。

算酒　《算书》：赵达如故人家①，食毕，主人曰："乏嘉肴，无以叙意。"达因取双箸，再三纵横，曰："君东壁下有美酒一斛，鹿肉三斤。"主人惭曰："以卿善射②，故相试耳。"

[注释]

①赵达：三国时南郡（今河南洛阳）人。年少时跟随单甫求学，后来避乱江东，研究九宫算数，深得奥妙，能够准确地进行预测。 ②射：即"射覆"，就是在瓯、盂等器具下覆盖某一物件，让人猜测里面是什么东西。

酒藏吏　《谈薮》：晋戴洋年十二①，病死而苏，曰："天使我为酒藏吏。"

[注释]

①戴洋：字国流，晋时吴兴长城（今浙江长兴）人。年十二，遇病死，五日而苏。说死时天任命其为酒藏吏，授符录，给官吏随从旗帜仪仗，将上蓬莱、昆仑、积石、太室、恒、庐、衡等名山。不久，又将他派回。事又见《晋书》列传第六十五。酒藏吏，酒库管理员。

唐时酒价　《学斋呫哔》①：真宗偶问丁谓唐时酒价②，谓对以每升三十。上问何据，乃引杜诗"速来相就饮一斗，恰有三百青铜钱"③。上颇喜其对。然李太白又有"金樽美酒斗十千"之句，李杜同时，何所言酒价迥异？客有善谑者曰："太白自谓美酒，恐老杜不择饮，而醉村店，压茅柴耳④。"此虽戏言，却亦近理。

[注释]

①《学斋呫哔》：宋代史绳祖撰，4卷，总计129则。呫哔，诵读。又写成呫毕、占毕。　②真宗：宋真宗赵恒（968~1022），宋太宗第三子。在位25年。丁谓（966~1037）：字谓之，后更字公言，宋代长洲（今江苏苏州）人。宋真宗时任宰相，前后7年。　③杜诗：杜甫诗说一斗酒三百钱，故而算得一升三十钱。一斗为十升。　④压茅柴：此处指乡间小店榨制的普通酒。苏轼诗："几思压茅柴，禁纲日夜急。"

当垆①　《史记》：司马相如与卓文君临邛卖酒②。文君当垆，相如涤器③。北轩主人《题文君当垆卖酒图》："归凤求凰绝响，话来卖酒如新，不羡当垆艳质，偏怜涤器才人。"

①当垆：指卖酒。垆，放酒坛的土墩。　②司马相如（前179？～前18）：字长卿，西汉蜀郡成都（今属四川）人。代表作品为《子虚赋》。临邛富人卓王孙有女儿卓文君新寡，相如去卓王孙家赴宴，弹奏一曲《凤求凰》打动了卓文君，于是文君深夜逃出家门，与相如私奔。临邛：治所在今四川邛崃。　③涤器：洗涤酒器。

酒税　清雪居士曰：《熙宁酒课》载①："杭设十务②，税三十万贯以上；苏州七务，税二十万贯以上。独于秀州有十七务③，税十万贯以上。课少而务多。总天下而计之，共榷税有百万贯余。"是岂为盛时美政也？裕国之道，要不在此。张蠙诗："甘贫只拟长监酒④，忍病犹期强采花。"

[注释]

①《熙宁酒课》：宋代赵珣撰，1卷。记载北宋宋神宗熙宁年间酒税征收情况。熙宁，宋神宗赵顼的一个年号，1068～1077年。课，征收。

②务：掌管贸易和税收的机构名。　③秀州：州名。包括旧嘉兴府（除海宁市外的今嘉兴地区）与旧松江府（今上海市吴淞江以南部分）。

④拟：想。

分杯饮　左慈与曹操事①。

[注释]

①左慈（156？～289？）：字元放，东汉末庐江（治今安徽庐江西南）人。方术之士。《后汉书·方术传》记载：丞相曹操出近郊游玩，士大夫跟从者100多人，左慈只带酒一升，肉脯一斤，亲手为众人斟酌，却满足众人，百官莫不醉饱。曹操奇怪，派人侦查，发现自己准备的酒和肉脯都不见了。曹操很不高兴，逮捕了他，想要杀他，左慈乃遁入墙壁中，不知

所在。

噀酒灭火^①　《鸡肋》^②：后汉栾巴噀酒救成都火^③，郭宪噀酒救齐国火^④，晋佛图澄噀酒救幽州火^⑤。

[注释]

①噀（xùn）酒：喷酒为雨。噀，喷。　②《鸡肋》：宋代赵崇绚撰。读书笔记。"鸡肋"的意思，《三国志·魏志·武帝纪》裴松之注引《九州春秋》曰："夫鸡肋，弃之如可惜，食之无所得。"即后来所说的食之无味，弃之可惜。　③后汉句：朝廷举办正旦大会，栾巴迟到了。他有酒量，但是赏赐百官酒的时候，他又不饮，而向西南向喷酒。主管礼仪的部门报告栾巴有"不敬"之罪。下诏问栾巴，回答说："臣子适才看见成都街市上着火，臣子故而喷酒，为您救火。"朝廷乃派发驿书询问成都有无此事。不久上奏道："正旦这一天饭后失火，不一会儿有大雨三阵，从东北而来，火就灭了，雨落在人身上散发出酒气。"　④郭宪句：《后汉书·方士列传》记载郭宪随从东汉光武帝前往南郊祭祀，郭宪突然回身向着东北，含着酒喷了三次。执法官报告，认为他犯有"不敬"的罪过。光武帝问他何故，郭宪回答说，齐国失火，所以用酒浇灭它。不几天，齐国果然上报发生了火灾，与出巡南郊在同一天。　⑤佛图澄（232~348）：晋代高僧。西域龟兹人，本姓帛。佛图澄曾与后赵皇帝石季龙升上中台，佛图澄忽然惊叫道："变，变，幽州当有火灾。"乃取酒喷射，一会儿笑着说："火已救得。"石季龙派人前往幽州验证，回来报告说：那一日火从四门烧起，西南有黑云吹来，骤雨灭火，雨有酒气。

寿星临帝座　《纬史》^①：宋仁宗时^②，有道士游于市，形状大异，饮酒不醉。好事者图其形，达于帝所。帝召见，赐酒一石，饮尽。次日，司天台奏云^③："寿星临帝座。"忽失道人所在。

①《纬史》：钱偲撰。偲号坚瓠老人，清朝钱塘（今浙江杭州）人。雍正壬子副榜贡生。是书以卦爻分配史事，故曰《纬史》。又名《周易纬史》。

②宋仁宗（1010~1063）：北宋第四位皇帝。宋真宗第六子，初名受益，赐名赵祯。在位41年。　③司天台：官署名，除占候天象外，并预造来年历颁布于天下。

虹吸酒　《祥验集》①：韦皋镇蜀②，有虹垂首于筵吸酒。旬日③，拜中书④。

[注释]

①《祥验集》：收入《太平广记》。　②韦皋（746~806）：字城武，唐代京兆万年（今陕西西安）人。唐德宗时任剑南西川节度使，在蜀20余年，居功至大。　③旬日：一旬，十天。　④中书：中书令。职责是传宣皇帝诏令。韦皋于唐德宗末年，进检校司徒兼中书令、南康郡王。一般认为彩虹垂首于筵席吸取酒浆是吉祥之兆。

君山美酒　《湘州志》①：酒香山②，在君山上。有美酒数斗，饮之者不死，汉武求得之，为东方朔窃饮。帝欲杀之，朔曰："酒若验，即杀臣，臣亦不死；臣死，酒亦不验。"乃得免。

[注释]

①《湘州志》：晋代庾仲雍撰。湘州，州治在今湖南长沙。　②酒香山：位于今湖南岳阳西南君山岛上。传说山上长着一种藤，叫酒香藤。这种藤开黄花，开花的时候散发出一股酒香味。用这种藤加柳毅井的水酿的酒，吃了长生不老。

明陈子和《古木酒仙图》

　　华山酒妪[①]　《列仙传》：呼子先者，汉中卜师也[②]，寿百余岁。临去，呼酒家妪曰："急装[③]，与汝俱去。"夜有仙人持二茅狗来[④]，子先持一与妪，乃龙也，骑之上华阴山。后尝于山上大呼，言"子先酒母在此"。

[注释]

　　①华山：西岳华山，在今陕西华阴市境内。即后文所言之华阴山。妪（yù）：老年妇女。　②汉中：今属陕西。卜师：占卜算卦的人。　③急装：赶紧收拾行装。　④茅狗：茅草编制的狗。

斗星化人饮酒 　《国史异纂》①：唐太宗时，李淳风奏②："北斗七星当化为人，明日至西京市饮酒③。"帝使人候之。有胡僧七人，入自金光门④，至西京酒肆饮酒。使者宣敕，七人笑曰："此必淳风小儿言也。"忽不见。

[注释]

①《国史异纂》：唐代刘悚撰，3 卷，记载齐梁以来杂事。　②李淳风（602~670）：唐代岐州雍县（今陕西凤翔）人。唐太宗时，以将仕郎直入太史局执掌天文、地理、制历、修史之职。其与袁天罡合著《推背图》以预言的准确而著称于世。　③西京市：长安（今陕西西安）。唐显庆二年（657），以洛阳为东都，因称长安为西都，一称西京。　④金光门：长安城（外郭城）开 12 座城门，西面正中为金光门。

太白酒星 　《唐逸史》①：成都酒家，每有纱帽藜杖四人来饮②。饮辄四斗，其言爱说孙思邈③。明皇召思邈问之④，曰："此太白酒星，仙品绝高。每游人间饮酒，处处皆至，尤乐蜀都。"

[注释]

①《唐逸史》：唐代卢肇撰。　②藜杖：用藜的老茎做的手杖，质轻而坚实。　③孙思邈（581~682）：唐朝京兆华原（今陕西铜川耀州区）人，被后人誉为"药王"，著有《千金要方》、《千金翼方》。　④明皇：唐明皇李隆基。

成德器 　《纪异录》①：有人自称成德器，从人求酒。击之，乃一酒瓮。

[注释]

①《纪异录》：宋代秦再思撰，1卷。

酒魔　《蒋氏日录》①：元载不饮酒②，鼻闻气即醉。有人以针挑其鼻，出一小虫，曰："此酒魔也。"是日饮一斗。

[注释]

①《蒋氏日录》：宋代蒋颖叔撰，1卷。　②元载（？～777）：字公辅，唐朝凤翔岐山（今属陕西）人。官至中书侍郎同平章事（即宰相）。有全集10卷。

鬼醉　《妄言》：汉建武年①，东莱人姓乜家②，尝作酒。一日，见三奇客，共持曲饭至③，索酒饮。饮竟而去。顷有人来云：见三鬼酣醉于林中。

[注释]

①建武：东汉光武帝刘秀的年号，25～57年。　②东莱：今山东龙口市的古称。乜（niè）：姓。周康王时封吕奭乜北（今山东茌平）为封地。
③曲饭：酒饭。

薄荷为酒　《清异录》：猫以薄荷为酒，鸡以蜈蚣为酒，鸠以桑椹为酒，虎以狗为酒，蛇以茱萸为酒，皆谓食之则醉。又蜜蜂以荞麦花为酒。

卷十七　正　喻①

凡物有比拟而益见其佳者，于是爱酒之人，正言之不足②，复罕譬言之③。次正喻第十七。

[注释]

①正喻：正面设喻。　②正言：正面叙述。　③罕譬：不必多作比方。罕，少。譬，设譬，比方。本段是说事物有比喻之后更显其佳妙，这时爱酒的人在正面言说不足的时候，又用比喻加以言说。

顾建康　《南史》：齐顾宪之为建康令①，号"神明"。都下饮醇酒②，号"顾建康"，言其清且美也。

[注释]

①顾宪之：字士思，南朝时吴郡吴县（今江苏苏州）人。宋元徽年间（473～477），任建康（今江苏南京）令，当时有盗窃耕牛的人，牛被主人认出，但偷窃者称牛是自己的，两家的讼词、证据都一样，前任县令不能判决。顾宪之到任后，把这状纸翻转过来，对两家说："不要再说了，我知道该怎么处理了。"于是下令解开牛，任随牛走往何处。牛直接走回到原来主人宅室，偷窃者才伏地认罪。顾宪之揭发奸邪的或藏匿的罪犯大都采用这类的方法，当时的人专称他"神明"。　②都下：都城，指建康。

如淮、如渑①　《左传》②：晋侯与齐侯宴③，中行穆子相④。投壶⑤，晋侯先，穆子曰："有酒如淮，有肉如坻⑥。寡君中此⑦，为诸侯师⑧。"中之。齐侯举矢曰⑨："有酒如渑，有肉如陵⑩。寡人中此⑪，与君代兴⑫。"亦中之。又《魏都赋》⑬："清酤如济⑭，浊醪如河⑮。"

[注释]

①淮：淮河。处于中国东部，介于长江和黄河两流域之间。渑（shéng）：渑水。源出今山东省淄博市东北，西北流至博兴县东南入时水。今已湮没。

②《左传》：见《左传·昭公十二年》。　③晋侯：晋昭公。齐侯：齐景公。
④中行穆子：荀吴（？～前519），姬姓，中行氏，名吴，谥号穆。因中行氏出自
荀氏，故亦称荀吴，史称中行穆子。荀偃之子。春秋后期晋国名将。相：礼仪的
主持。　⑤投壶：古代宾主宴饮时的一种游戏。设特制的壶，宾主依此将箭矢投
入壶中，中多者为胜，负者则饮酒。投壶产生于春秋前，盛行于战国。投壶之壶
口广腹大、颈细长，内盛小豆圆滑且极富弹性，使所投之矢往往弹出。矢的形态
为一头齐一头尖，长度以"扶"（汉制，约相当于四寸）为单位，分五、七、九
扶，光线愈暗距离愈远，则所用之矢愈长。投壶开始时，司射（酒司令）确定
壶的位置，然后演示告知"胜饮不胜者"，即胜方罚输方饮酒，并奏"狸首"
乐。　⑥坻：通"坻"，山。　⑦寡君：寡德之君，谦辞，指晋昭公。中：投
中，投入壶中。　⑧师：长，首领。我们的君主投中了，就做诸侯的首领。
⑨矢（shǐ）：箭。　⑩陵：山陵。　⑪寡人：寡德之人，谦辞，齐景公自称。
⑫代：更替，轮换。和你们的君主更替兴盛。　⑬《魏都赋》：左思撰。左思，
字太冲，西晋临淄（今山东淄博）人。还撰有《齐都赋》。　⑭清酤：清酒。
济：济水。发源于河南省济源市王屋山。　⑮浊醪：浊酒。河：黄河。

　　如泉、如川　杜诗："不有小舟能荡桨①，百壶那送酒如泉。"
欧阳文忠诗："况有玉钟应不负②，夜糟春酒响如泉。"北轩主人
诗："花钿人似月③，翠瓮酒如川。"

[注释]

　　①不有：没有。诗句见《城西陂泛舟》。　②玉钟：玉制的酒杯。有这
样的玉钟酒杯不应辜负。诗句见《奉寄襄阳张学士兄》。　③花钿：此处指
佩戴花钿的女子。

　　碧如江　杨诚斋诗①："南溪新酒碧如江②，北地鹅梨白似霜。"

[注释]

　　①杨诚斋诗：见杨万里《清明杲饮二首》。　②南溪：今属四川宜宾，

名酒产地。

绿如苔　韦庄诗："榴花新酿绿如苔①，对雨闲倾竹叶杯。"

如霞　欧阳文忠诗："谁能慰寂寞，惟有酒如霞。"

如乳、如饧　岑参诗："丝绳玉缸酒如乳①。"乐天诗："瓯泛茶如乳②，台粘酒似饧③。"又"酒味浓于饧"。

似蜜甜　杜诗："不放香醪似蜜甜①。"

滑如油、浓似粥　东坡诗"白酒无声滑泻油"①，又"社酒粥面浓"②。放翁诗"街头买酒滑如油"，又"高楼临路酒如油"，又"酒似粥浓知社到，饼如盘大喜秋成"。

态。 ②社：社日，祭祀土地神的日子。粥面：浓茶或醇酒表面所凝结的薄膜，以其状如粥膜，故称粥面。

肥于羜、腻如织^①　皮日休诗："糟床带松节^②，酒腻肥于羜。"元微之诗："绘缕轻似丝，香醅腻如织。"

[注释]

①羜（zhù）：出生五个月的小羊。织：编织。　②糟床：用重力压榨取酒的器具。松节：松树枝干的结节。此句意谓增加酒的香味而用松木制作酒的槽床。

鹅黄、鸭绿^①　东坡诗："应倾半熟鹅黄酒，照见新晴水碧天。"放翁诗："新酒黄如脱壳鹅。"诚斋诗："坐上猪红间熊白，瓮头鸭绿变鹅黄^②。"北轩主人诗："浮醅真鸭绿^③，染纸是鸦青。"又"把杯喜泛鹅黄乳"。

[注释]

①鹅黄：优质发酵酒呈黄色，已接近现代的酒色，鹅黄尤为出色。②瓮头：酒坛。　③浮醅：制酒时酒面漂浮的浅碧色的浓汁浮沫，又叫作"浮蛆"或"浮蚁"（见下文"酒蚁、酒蛆"条），古人认为是酒的精醇所在。

色如鹅毦^①　放翁诗："晨起常教置一壶，色如鹅毦润如酥。"

[注释]

①毦（rǒng）：鸟兽贴近皮肤处的细而软的羽毛。

鹅儿、鹅雏　范浚诗："玉碗鹅儿酒，花瓶虎子盐^①。"放翁诗："酿成西蜀鹅雏酒②，煮就东坡肉糁羹③。"

[注释]

①虎子盐：自然凝结或特制而成的虎形盐，用于祭祀和宴请贵宾。②西蜀：指今四川省。　③东坡肉糁羹：诗句见陆游《晚春感事》其二。肉，苏诗中作"玉"。苏东坡在海南儋州时，他的儿子苏过突发奇想，用山芋作玉糁羹，色香味都不错。苏东坡赋诗道："香似龙涎仍釅白，味如牛乳更全清。莫将南海金齑脍，轻比东坡玉糁羹！"

　　甛汤、蜜汁　东坡诗："酸酒如甛汤，甜酒如蜜汁。三年黄州城，饮酒但饮湿①。"

[注释]

①饮湿：润湿嘴巴。谓饮酒不求尽兴。

　　金屑醅、玉色醪①　乐天诗："金屑醅浓吴米酿，银泥衫稳越娃裁②。"东坡诗："不如饮我玉色醪。"

[注释]

①金屑醅：金黄色的酒。　②银泥衫：指银泥涂饰的衣裙。银泥，一种用银粉调成的颜料，用以涂饰衣物和面部。稳：妥帖，贴身。杜甫《丽人行》："背后何所见，珠压腰衱稳称身。"越娃：越地的美女。越，指今浙江东部一带。吴越之间称好为娃，此处指美女。

　　白玉泉　东坡诗①："闻道清香阁，新篘白玉泉②。"

[注释]

①东坡诗：苏轼《至真州再和二首》。　②篘（chōu）：竹制的过滤酒

的器具。

　　沙糖味　古《圣郎曲》①：“酒无沙糖味，为他通颜色②。”

[注释]

　　①《圣郎曲》：见乐府诗歌《圣郎曲》：“左亦不佯佯，右亦不翼翼。仙人在郎傍，玉女在郎侧。酒无沙糖味，为他通颜色。”　②通颜色：是说酒味不甜，但能使颜色和畅，所以用来祭神。

　　油衣　元微之诗：“酒爱油衣浅①。”

[注释]

　　①油衣：比喻酒有浮蚁，滑如油衣。

　　珠颗　少游诗①：“香糟旋滴珠千颗②，歌扇惊围玉一丛③。”

[注释]

　　①少游诗：秦观《中秋口号》。　②香糟：压酒的槽床。　③歌扇：旧时歌者歌舞时用的扇子。此处指舞女。

　　一瓮云、千钟乳　东坡诗：“自拨床头一瓮云①，幽人先已醉浓芬②。”清雪居士诗：“圣酒千钟乳，神丹一粒砂。”

[注释]

　　①拨：拨开瓮中米粒类的泛物。酒以好糯米制成，有浮物，犹言“泛蚁”。　②幽人：指幽居之士。浓芬：浓烈。

　　秋江寒月　山谷《清醇酒颂》：“清如秋江寒月，风吹波静而无云；醇如春江永日①，落花游丝之困人②。"

[注释]

①永日：漫长的白天。　②游丝：飘动着的蜘蛛丝。

养生主、齐物论①　《三余杂记》：唐子西在惠州②，名酒之和者曰"养生主"，劲者曰"齐物论"。

[注释]

①养生主：庄子的一篇哲学论文篇名，提出遵循虚无的自然之道为宗旨，便可以保护生命，可以保全天性，可以养护新生之机，可以享尽天年。齐物论：庄子的一篇哲学论文篇名，主旨是认为世界万物包括人的品性和感情，看起来是千差万别，归根结底却又是齐一的，这就是"齐物"。　②唐子西：唐庚（1070~1120），字子西，人称鲁国先生，北宋眉州丹棱（今属四川）人。宋徽宗大观年中经宰相张商英推荐，授提举京畿常平。商英罢相，唐庚也被贬，谪居惠州。有《唐子西集》。惠州：今属广东。

酒蚁、酒蛆　《北轩笔记》：《周礼》：酒有泛齐①，谓浮蚁在上，洗洗然也②。蛆义同。如春蚁、腊蚁、玉蚁、绿蚁、缥蚁、白蚁、素蚁、玉蛆、浮蛆之属，诗家多用之。乐天诗："香醪浅酌浮如蚁，云髻新梳薄似蝉③。"

[注释]

①泛齐：《周礼·天官·酒正》中用于祭祀的五种酒（五齐）之一。米滓浮起较多，后人称为浮蚁。齐，酒的形态标志。酒正掌管酿酒的政令，将造酒的式法授给酒材。凡酿制公酒的，也如法炮制。辨别酒的五种形态，有五齐之名。　②洗洗然：浮泛的样子。　③云髻（jì）：高耸的发髻。

酒母、酒子^①　方秋崖诗^②："春蔓茶僧老，秋泓酒母淳。"放翁诗："邻翁分酒子，羽客借桐孙^③。"

[注释]

①酒母：用于作种子的酒醅。指含有大量能将糖类发酵成酒精的人工酵母培养液。酒子：酒初熟时的部分稠汁。　②方秋崖：即方岳（1199～1262），字巨山，号秋崖。南宋祁门（今属安徽）人。知南康军，移治邵武军，后知袁州。有《方秋崖先生全集》83 卷。　③羽客：指道士。桐孙：琴。

酒嫩、酒肥　陆龟蒙诗："冻醪初漉嫩如春^①，轻蚁漂漂杂蕊尘^②。"皮日休诗："茗脆不禁炙^③，酒肥或难倾。"

[注释]

①冻醪：冬季酿造、及春而成的酒。亦称春酒。　②蕊尘：指菊花末。古人应景有泛梅花、泛菊花、泛桂花，皆切碎漂泛于酒面。陆诗为奉和诗，原唱是皮日休《友人许惠酒以诗征之》："野客萧然访我家，霜残白菊两三花。"　③茗脆（cuì）：晚采的茶，小软易断。

头酒、尾酒　《正字通》：俗呼醑为头酒^①，醨为尾酒^②。

[注释]

①醑：古代用器物漉酒，去糟取清叫醑。　②醨：薄酒。

捉酒虎　《酒史》：谚谓海错之盐者为捉酒虎^①。

[注释]

①海错之盐：海盐。此处指咸味的海产品，如蛤蜊可解酒毒，故称之为捉酒虎。"海错"一词原指众多的海产品。

酒波　倪璞诗："酒波荡漾天河倾^①。"放翁诗："夜暖酒波摇烛焰，舞回妆粉铄花光^②。"

[注释]

①天河：银河。　②妆粉：粉妆，化妆。

酒花　李群玉诗^①："酒花荡漾金樽里，棹影飘摇玉浪中^②。"孔平仲诗："酒花随暖聚，酥蕊带寒开。"

[注释]

①李群玉（813？~860？）：字文山，唐代澧州（今湖南澧县）人。任宏文馆校书郎。　②棹（zhào）影：船桨，船影。

酒乡　宋林景熙诗^①："乾坤浩荡酒乡寄，山水苍寒琴意参。"北轩主人曰：酒乡、醉乡之属^②，不过寓言耳。然浙之嘉兴称醉里，相传吴王曾醉西施于此^③，因名。苏州越来溪西南^④，有酒城，《志》亦言吴王所筑以酿酒^⑤，则实有其地也。

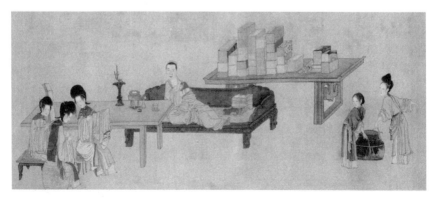

清禹之鼎《乔元之三好图》

①林景熙：字德旸，号霁山，宋末诗人，有《白石樵唱》。 ②醉：原作"酒"，径改。 ③吴王：夫差，春秋末期吴国国君。吴王阖闾之子。姬姓，吴氏。 ④越来溪：于今苏州城西南 18 里。相传春秋时，范蠡与西施就是从这里泛舟入太湖的。位于石湖之西，溪上有座越城桥。 ⑤志：苏州地方志。

酒胆　陆龟蒙诗①："酒胆大如斗。"

[注释]

①陆龟蒙诗：应为宋黄庭坚诗《次韵周德夫经行不相见之诗》："春风倚樽俎，缘发少年时。酒胆大如斗，当时淮海知。醉眼概九州，何尝识忧悲。"

糟丘、糟垤、糟堤①　李白诗："垒曲便筑糟丘台。"山谷诗："昆仑视糟垤②，既化不自知。"清雪居士诗："堪笑世人耽曲蘗，糟堤一筑如沙堤。"

[注释]

①丘：原讳作邱，回改，下同。垤（dié）：小土丘。 ②昆仑：昆仑山脉，是亚洲中部大山系，中国西部山系的主干。西起帕米尔高原，横贯新疆与西藏，向东伸入青海省西部，直抵四川省西北部。是古代传说中神仙居住的地方。视：比照。

酒中住　东坡诗："甚欲随陶公，移家酒中住。"又"醉处即为家"，阮宣语也。

酒为年　杜诗①："应须棋度日②，且用酒为年。"林景熙诗③：

"风月未容诗入务④，乾坤应用酒为年。"

[注释]

①杜诗：杜甫《寄贾司马严使君》。　②度日：过日子打发时光。
③林景熙（1242~1310）：字德旸，一字德阳，号霁山。温州平阳（今属浙
江）人。宋亡后不仕。著作有《白石稿》、《白石樵唱》，后人编为《霁山
集》。　④风月：清风明月。

三昧酒①　柳宗元诗："枫树夕阳亭，共倾三昧酒。"

[注释]

①三昧：佛教用语，谓屏除杂念，心不散乱，专注一境。

声闻酒①　乐天诗："何年饮著声闻酒。"

[注释]

①声闻酒：佛教中的酒。声闻，佛家称闻听佛的言教，证明四谛之理的
得道者。常指罗汉。王维《胡居士卧病遗米因赠》："既饱香积饭，不醉声
闻酒。"

软饱①　东坡诗："三杯软饱后，一枕黑甜余②。"

[注释]

①软饱：酒。与食物充饥相对而言。　②黑甜：睡得香甜。

醉侯　皮日休诗："他年谒帝言何事①，请赠刘伶作醉侯。"放
翁诗："未恨名风汉②，惟求拜醉侯。"

①谒：拜见。　②风汉：言语行动癫狂的人。风，即"疯"。

醉头、醉腮　陈师道诗："醉头强为好峰抬①。"苏子美诗："爽籁飒飒吹醉腮②。"

[注释]

①强：勉强。　②爽籁（lài）：清风。飒飒：清风吹拂的声音。

醉帆　陆龟蒙诗："醉帆张数幅，惟待鲤鱼风①。"

[注释]

①鲤鱼风：九月风，秋风。

醉袖　放翁《梨花诗》："尝思南郑清明路①，醉袖吟风雪一枝。"

[注释]

①南郑：今属陕西汉中。宋乾道八年（1172），陆游辟为四川宣抚使干办公事兼检法官来到南郑。

醉如泥　《琐录》：旧有"醉如泥"之喻，按南海有无骨虫，名曰泥。在水中则活，失水则醉如堆泥。取义本此。杜诗："饭粝添香味①，朋来有醉泥。"

[注释]

①粝：粗糙的米。

蜂识酒香　陈师道诗："谷鸟惊棋响，山蜂识酒香。"

蝶酣莺醉　《北轩诗话》：曾见酒店字联[①]："飞鸟闻香应化凤，游鱼得气亦成龙。"几为绝倒[②]。皮袭美《酒楼诗》亦有"舞蝶傍应酣，啼莺闻亦醉"之句，虽觉稍雅，然如此比拟，李杜诸家决不入诗也。

[注释]

①字联：对联。　②绝倒：大笑得前仰后合。

酒不及风　唐诗："无将故人酒[①]，不及石尤风[②]。"

[注释]

①将：使得。　②石尤风：逆风、顶头风。元代伊世珍《琅嬛记》引《江湖纪闻》传说：古代有商人尤某，娶了石氏女，情好甚笃。尤某远行不归，其妻石氏思念成疾，临死感叹说："我恨不能阻挡其行，以至于此。今后凡有商旅远行，我就化作大风为天下做妻子的阻拦他。"

如雨滴　山谷诗："醡头夜雨排檐滴[①]。"

[注释]

①醡头：酿制酒的榨床。

杯似海宽　放翁诗："但遣银杯似海宽[①]。"北轩主人诗："花栏一似霞文丽[②]，酒罂真如海样宽。"

[注释]

①遣：差遣。　②一似：很像。霞文：绚烂的云彩。

畏酒如畏虎　　放翁诗："少年见酒喜欲舞，老大畏酒如畏虎①。"

[注释]

①老大：年老。

酒犹兵也　　《北轩诗说》：陈暄引江咨议言①："酒犹兵也。兵可千日不用，不可一日不备。酒可千日不饮，不可一饮不醉。"余有诗云："知心止许琴为友，伐性须防酒是兵②。"同以兵为喻，意却相反。

[注释]

①陈暄：南朝陈义兴国山（今江苏宜兴西南）人。文才俊逸，尤嗜酒，无节操，沉湎无度。陈后主在东官引为学士，即位后迁通直散骑常侍，与义阳王陈叔达、尚书孔范等常入禁中陪侍游宴，为"狎客"，终日饮酒作乐。江咨议：名字不详。南朝宋考城（今河南兰考）人，曾任骠骑咨议参军。其言论又见《南史·陈暄传》。　②伐性：依着性子而危害性命。

卷十八　借　喻

破闷追欢，莫不归功于酒。委而去之①，未免枯寂②。乃有与酒为类者。瓮香如在，亦足以塞流涎之口。次借喻第十八。

[注释]

①委：抛弃，丢弃。　②枯寂：寂寞无聊。

若作酒醴　　《书》："若作酒醴①，尔惟曲蘖②。"殷高宗命傅说之辞③。

[注释]

①若作酒醴：要作酒和醴，必须（只有）用曲和蘖。出自《尚书·说命》。醴，甜酒。　②曲蘖：曲和蘖都是酒母，曲指发霉谷物，蘖指发芽谷物，用曲和蘖酿制的酒分别称为酒和醴。　③殷高宗：武丁（约前1250～前1192年在位），名昭，子姓。是商朝第二十三位君主，使得商朝中兴。"高宗"是庙号。傅说：商王武丁的大臣。因在傅岩（今山西平陆东）地方从事版筑，被武丁起用，故以傅为姓。傅说从政之前，身为奴隶，在傅岩做苦役。

味言若酒　　《北史》①：魏太宗与崔浩论事②，语至中夜，大悦。赐浩缥碧酒十觚③，水精戎盐一两④，曰："朕味卿言，若此盐酒。"

[注释]

①故事见《魏书·崔浩传》，《北史》不载。　②魏太宗：拓跋嗣，是北魏第二位皇帝（409～423年在位），鲜卑族人。崔浩（381～450）：字伯渊，小名桃简，北魏清河东武城（今山东武城西北）人。历仕北魏道武、明元、太武帝三朝，官至司徒，参与军国大计，对促进北魏统一北方起了积极作用。魏太宗拜崔浩为博士，赐爵武城子，请他当老师，教授经书。③缥碧酒：浅绿色的酒。　④水精戎盐：产于西北少数民族地区的一种白盐，出产山崖，阳光下光明如水精，故名。

如饮醇醪　　《江表传》：程普数侮周瑜①，瑜不较②。普敬服曰："与周公瑾交，如饮醇醪，不觉自醉。"

[注释]

①程普：字德谋，右北平土垠（今河北唐山市丰润区东南）人，三国时东吴名将，官至荡寇将军、江夏太守。周瑜（175~210）：字公瑾，三国时庐江舒县（今安徽庐江县西南）人，东吴名将。　②较：计较，较量。

醴泉　《符瑞录》[①]：王者政平，则醴泉涌出。又，王者宴不及私，则银瓮呈祥[②]。

[注释]

①符瑞：吉祥的征兆。多指帝王受命的征兆。　②银瓮：银质盛酒器。古代传说常以为祥瑞之物。政治清平，则银瓮出现。

喜气如春酿[①]　东坡诗："一家喜气如春酿。"

[注释]

①春酿：春酒。

酒旗星[①]　《星经》[②]："酒醪五齐之属，天文酒旗星主之。"王子深诗："把浆依斗柄[③]，酌酒问旗星。"放翁诗："相法无侯骨[④]，生平直酒星[⑤]。"

[注释]

①酒旗星：即酒星，星座名，在轩辕星南。　②《星经》：2卷，不著撰写人名姓。记载日月、五星、三垣、二十八舍恒星图象次舍，有占卜口诀以预测祸福。　③挹（yì）：舀，把液体盛出来。　④相法：看相的方法。侯骨：封侯的骨相。骨，一种相法，从人的骨骼预测人的一生。　⑤直：正指着。

天酒　《太平广记》[1]："甘露，一名天酒。"北轩主人诗："土铏仍示俭[2]，天酒每征祥。"

[注释]

①《太平广记》：宋代李昉等人奉宋太宗之命编纂的一部类书。500卷，目录10卷。因成书于宋太平兴国年间，故名。　②土铏（xíng）：传说中帝舜盛羹用的土碗，赞颂其节俭。铏，古代盛羹的小鼎，两耳三足，有盖。

沉酿川　《古今注》[1]：汉魏宏为阌乡啬夫[2]，夜宿一津[3]，逢故人。四顾荒野，无酒可酤。因以钱投水中，挹水酌之，尽夕酣畅。后人遂名其地曰"沉酿川"。

[注释]

①《古今注》：崔豹撰。3卷。崔豹，字正熊，一作正能，晋惠帝时官至太傅。此书专对古代和当时各类事物进行解说诠释。　②阌乡：河南省旧县名，1954年并入灵宝县。啬夫：汉代在乡一级所设置的小吏，以听讼、收赋税为职务。　③津：渡口。

扬茂化于醇酞[1]　《费祎传》[2]。

[注释]

①扬茂化句：宣扬教化如醇酒般浓烈而宽厚。　②《费祎传》：当为《三国志·蜀志·郤正传》："播皇泽以熙世，扬茂化之酞醇，君臣履度，各守厥真。"

味胜清醐[1]　周必大诗："篇篇有味胜清醐。"

①清醑：酒。

浓比酒　程俱诗①："客里闲愁浓似酒，春来归思乱于云。"东坡诗："夜来春睡浓于酒，压褊佳人缠臂金②。"又："世事如今腊酒浓③，交情自古春云薄。"范石湖诗："花气薰人浓似酒。"又："诗情饮兴如云薄，草色花光似酒浓。"张耒诗："别离滋味浓于酒。"放翁诗："秋晚闲愁抵酒浓④。"崔道融诗⑤："三月寒食时⑥，日色浓于酒。"韩琮诗："暖风迟日浓于酒⑦。"

[注释]

①程俱（1078~1144）：字致道，号北山，北宋衢州开化（今属浙江）人。官至徽猷阁待制。有《北山小集》。　②褊（biǎn）：通"扁"。缠臂金：又称臂钏，是古代女性缠绕于臂的装饰，是用金银带条盘绕成螺旋圈状，所盘圈数多少不等。　③腊酒：腊月酿制的米酒。开春后饮用时有点浑浊，但是醇美。　④抵：等同。　⑤崔道融：唐末江陵（今属湖北）人。后避居于闽，因号"东瓯散人"。有《申唐诗》3卷、《东浮集》9卷。⑥寒食：即寒食节。在清明节的前一天或两天，禁烟火，只吃冷食，所以叫作"寒食节"。　⑦迟日：春天的日子。

天和当饮①　薛文清诗②："道腴可充餐③，天和足当饮。"

[注释]

①和：和顺。　②薛文清：即薛瑄（1389~1464），字德温，号敬轩，谥号文清，明代河津（今属山西）人。理学河东学派的缔造者。　③道：学术，思想。

祭酒　《官制考》：祭酒之官，汉武时置。时未有国学①，凡官名祭酒，皆一位之元长②。古者宾得主人馔③，则老者一人举酒以祭地，故以"祭酒"为称。

[注释]

①国学：古时指国家设立的学校。　②元长：首善，长老。　③馔（zhuàn）：饭食。

古人糟粕①　《三余杂记》：齐桓公读书堂上，轮扁曰②："君之所读者，古人之糟粕已夫。"

[注释]

①糟粕（pò）：酿酒后剩下的渣滓。　②轮扁：名字叫扁，善于造轮子的工匠。齐桓公读书时，轮扁劝谏。《庄子·天道》：桓公读书于堂上，轮扁斫轮于堂下，释椎凿而上，问桓公曰："敢问公之所读者，何言邪？"公曰："圣人之言也。"曰："圣人在乎？"公曰："已死矣。"曰："然则君之所读者，古人之糟粕已夫！"

接如醴①　《记》②：君子之接如水③，小人之接如醴。君子淡以成，小人甘以坏。

[注释]

①接：结交。　②《记》：西汉戴圣《礼记·表记》。　③君子之接：言君子相交，不用虚言，如两水相交，汇合而已。下一句小人相接虚辞相饰，如酒醴般浓烈。

归思如酒①　放翁诗："归思恰如重酝酒②。"

①归思：回归的念头。　②重酝酒：多次投曲而酿制成的浓酒。

　　曲尘波、曲尘丝①　乐天诗："晴沙金屑色②，春水曲尘波。"
刘中山诗③："龙池遥望曲尘丝。"则柳也。

[注释]

①曲尘：酒曲上所生的菌。　②晴沙：阳光照耀下的沙滩。金屑：黄金
的粉末。　③刘中山：刘禹锡，自称是汉中山靖王后裔，自谓籍贯也有中山
之说。

　　柳烂金醅①　皮日休诗："柳芽初吐烂金醅。"

[注释]

①烂：灿烂，鲜艳。醅：没有过滤的酒。

　　黄似酒　杜诗："鹅儿黄似酒①，对酒爱新鹅。"

[注释]

①鹅儿：雏鹅。

　　似压酒声　东坡诗："篷窗高枕雨如绳①，恰似糟床压酒声。"

[注释]

①篷窗：船屋的窗子。

　　以水色比酒　《北轩诗话》：太白诗："遥看汉水鸭头绿，恰

似葡萄初泼醅①。"王庭珪诗②："雨溪春水绿如醅。"放翁诗："山花白似雪，江水绿于酿。"晁冲之诗："我家溱洧间③，春水色如酒。"古人以水色比酒，定是春水。若夏水多潦④，秋水多泛⑤，冬水多凝⑥，皆不类也。

[注释]

①泼醅：重酿而没有漉过的酒。也写成"醱醅"。　②王庭珪（1079～1171）：字民瞻，自号泸溪老人、泸溪真逸，南宋吉州安福（今属江西）人。任国子监主簿，复除直敷文阁。　③溱洧（zhēn wěi）：河名。溱，古水名，源出今河南新密东北，东南流会洧水，为双洎（jì）河，东流入贾鲁河。洧，古水名，源出今河南登封阳城山。　④潦（lào）：古同"涝"，雨水过多，水淹。　⑤泛：漫溢，大水漫流。　⑥凝：凝结成冰。

　　如中酒、非中酒①　唐人下第诗②："气味如中酒，情怀似别人③。"倪云林诗④："旅思凄凄非中酒⑤，人情落落似残棋⑥。"

[注释]

①中酒：饮酒半酣时。　②下第：考试未被录取。　③别人：与人离别。　④倪云林：倪瓒（1301～1374），初名珽，字泰宇，后字元镇，号云林居士、云林子，或云林散人。元代画家、诗人。　⑤旅思：旅途中的愁思。　⑥落落：冷淡。

　　酒晕妆　《日札》：美人妆：面既傅粉①，复以胭脂调匀掌中，施之两颊，浓者为酒晕妆，浅者为桃花妆。薄薄施朱，以粉罩之，为飞霞妆。

[注释]

①傅粉：搽粉。

斗不挹酒① 《诗》②：维北有斗③，不可以挹酒浆。

[注释]

①斗：北斗七星。谓形状如酒杯。 ②《诗》：《诗·小雅·大东》。
③维：发语词。

及时杯 石湖诗①：新涨忽明多病眼②，好风如把及时杯。

[注释]

①石湖：范石湖，即范成大。 ②忽明多病眼：多病的眼睛忽然明亮。
见《上巳前一日学射山、万岁池故事》："北郊征路记前回，三尺惊尘马踏
开。新涨忽明多病眼，好风如把及时杯。青黄麦垄平平去，疏密榿林整整
来。游骑不知都几许？长堤十里转轻雷。"

文如琼杯玉斝① 《唐书》谓王翰②。

[注释]

①琼杯：玉制的酒杯。 ②《唐书》：当为《唐才子传》，元代辛文房
撰。《王翰传》："燕公论其文，如琼杯玉斝，虽烂然可珍，而多玷缺云。"
王翰：字子羽，唐并州晋阳（今山西太原）人。边塞诗人。谓其文笔灿
烂如美玉酒杯，但是残缺也很多。

衢尊① 《淮南子》："圣人之道，犹中衢而致尊②。"注：道六
通，谓之衢尊。

[注释]

①衢尊：谓设酒于通衢，行人自饮。衢，四通八达的道路。尊，酒器。

五代顾闳中《韩熙载夜宴图》（局部）

《淮南子·缪称训》："圣人之道，犹中衢而致尊邪？过者斟酌，多少不同，各得其所宜。是故得一人，所以得百人也。"　②中衢：衢中，道路中央。

古彝罍^①　陈傅良诗^②：夫子居然古彝罍^③。

[注释]

①古彝罍：古代酒器。　②陈傅良（1137~1203）：字君举，号止斋，人称止斋先生，南宋温州（今属浙江）人。是永嘉学派的主要代表之一。诗句见《送宋国博参议江东，分韵得夜字，前年上幸学，一时同舍，今去略尽，为之怅然》。诗中回忆各同舍学友，风范不同。　③居然：俨然，严肃庄重的样子。

如造内法酒手^①　《后山诗话》^②：子瞻谓孟浩然诗^③，韵高而才短，如造内法酒手而无材料尔。

[注释]

①内法酒：按宫廷规定方法酿选的酒。手：高手。　②《后山诗话》：陈师道撰，论诗70余条。陈师道（1053~1101），字无己，又字履常，号后山居士，宋代彭城（今江苏徐州）人。　③子瞻：苏轼的字。

妆台前饮一金盏　《唐诗话》：牡丹诗有"国色朝酣酒，天香夜染衣"之句^①。明皇谓贵妃曰："试于妆台前，饮一紫金盏酒，则此诗可见矣。"

[注释]

①国色：指牡丹花。朝：白天。酣酒：饮酒。天香：牡丹花香。染衣：浸染了衣服。

情似酒杯深 薛昭蕴诗①："意满更同春水满②，情深还似酒杯深。"

[注释]

①薛昭蕴：字澄州，唐朝末年河中宝鼎（今山西万荣）人。 ②意满：心意满足。

倾空罍① 东坡诗："自笑才尽倾空罍。"

[注释]

①空罍：空酒瓶。

书名玉杯 《庾信集》："琴号珠柱，书名玉杯。"玉杯，董仲舒所著书名①。

[注释]

①董仲舒（前179~前104）：西汉广川（治今河北景县西南）人。专治《春秋公羊传》，为今文经学大师，与古文经学大师孔安国齐名。玉杯为玉石所做酒杯，《汉书·董仲舒传》谓董仲舒论说《春秋》，著有《玉杯》。后来便称重要著作为"玉杯"。

水平如杯 孔平仲诗："绿榆覆水平如杯①。"

[注释]

①绿榆覆水平如杯：见孔平仲《堤下》诗。谓绿色的榆树覆盖水面，平静如酒杯。

挈壶① 钦天监官名②。

①挈壶：悬挂壶的意思。此处为官署名。《周礼·夏官·司马》："挈壶氏掌挈壶以令军井。"是说挈壶的职责是为军队打井，井成之后，拿壶悬挂其上，令军中士众都能够望得见，知道其下有井。　②钦天监：官署名，设有古代国家天文台，承担观察天象、颁布历法的重任。

提壶卢①　鸟名。欧阳永叔诗："独有花上提壶卢，劝我沽酒花前倾。"东坡诗："花下壶卢鸟劝沽。"惠洪诗②："劝沽何处禽知我，含笑谁家花隔篱。"

［注释］

①提壶卢：鸟的名字。从其名演绎，提壶卢，提酒壶是也。下文所引欧阳修诗名《啼鸟》。　②惠洪（1071～1128）：一名德洪，字觉范，自号寂音尊者，俗姓喻（一作姓彭）。宋代筠州新昌（今江西宜丰）人。诗僧。有《冷斋夜话》10卷。诗句见《夜归》。

酒瓮酒囊　祢衡云①："荀彧可与强言②，余皆酒瓮饭囊耳。"又唐末，马殷窃据湖南③，亦有酒囊饭袋之称。

［注释］

①祢（mí）衡（173～198）：字正平，东汉末年平原般（今山东乐陵西南）人。少有才辩，恃才傲物，26岁被黄祖所杀。　②荀彧（yù）（163～212）：字文若，东汉末年颍川颍阴（今河南许昌）人。官至侍中，守尚书令。强言：勉强对得上话。　③马殷（852～930）：字霸图，原籍许州鄢陵（今属河南），五代十国时楚国第一代君主。唐乾宁三年（896），被推为湖南主帅。随即略取邵、衡、永、道、郴、朗、澧、岳等州，统一湖南，任武安军节度使。

旅酬^①　放翁诗："百年子初筵，我已迫旅酬。"自谓年老也。

[注释]

①旅酬：宴饮时排序的规矩。年纪轻者为上，首先由年长者酬劳年幼者，然后依次展开。

酿雪天　宋人诗^①："山色苍寒酿雪天。"

[注释]

①宋人诗：陆游《题斋壁》："葺得湖边屋数椽，茅斋低小竹窗妍。墟烟寂历归村路，山色苍寒酿雪天。性懒杯盘常偶尔，地偏鸡犬亦倏然。早知栗里多幽事，虚走人间四十年。"

心醉六经　见《文中子》^①。北轩主人曰：古人用"醉"字，不关酒者甚多。如杜诗"桃花气暖眼似醉"，李咸用《牡丹诗》"蝶迷蜂醉飞无声"^②，刘中山诗"花时天似醉"，孟郊诗"醉红不自力，狂艳如索扶"，谓花也。刘长卿《木兰诗》"香醉往来人"^③，杨万里诗"春醉非关酒"，又"月如醉眼生红晕"，又《杏花诗》"晴薰雨醉总相宜"，刘从益诗"花醉红沾袖，松吟翠绕身"^④，王仲修诗"宫莺娇醉弄春风"^⑤。凡此"醉"字，皆胜于饮酒也。

[注释]

①《文中子》：王通撰。王通（584~617），字仲淹，门人私谥文中子，隋绛州龙门（今山西河津）人。众弟子用讲授记录的形式保存下王通生前讲授的主要内容，以及与众弟子、学友、时人的对话，成《文中子》，共10卷。王通心中沉醉于儒家经典，用9年的时间，著成《续六经》，共80卷。

②李咸用：唐懿宗咸通末（约873）前后在世。工诗，应举不第。尝应辟

为推官。有《披沙集》6卷。　③刘长卿（726？~786？）：字文房，唐代宣城（今属安徽）人，郡望河间（今属河北）。官至随州刺史。有《刘随州集》。　④刘从益（1179~1222）：字云卿，金浑源（今属山西）人。官至监察御史。精于经学，以诗才显名，尤长于五言诗。有《蓬门集》。⑤王仲修：宋代华阳（今四川成都）人，任著作佐郎。

竹醉日　《岁时广记》①：五月十三，为竹醉日，宜移竹。

[注释]

①《岁时广记》：陈元靓编撰于宋末，一部大型时令类类书。陈元靓，南宋末年至元代初期人，祖籍福建崇安。另撰有《事林广记》、《博闻录》等类书。

映檐白醉①　《唐书》②：高太素隐商山③，起六逍遥馆，各制一铭④。其三为"冬日初出"，铭曰："折胶堕指⑤，梦想负背⑥。金锣腾空⑦，映檐白醉。"

[注释]

①映檐：屋檐下晒太阳。白醉：温暖如醉。　②《唐书》：陶榖《清异录》载此事为唐玄宗开元时（713~741）事。　③高太素：一生不仕的隐居者。商山：山名，在今陕西商洛市东南。地形险阻，景色幽胜。秦末汉初四皓曾在此隐居。　④铭：古代专用于铭刻而逐步形成的一种文体。　⑤折胶堕指：胶可折断，指头冻掉，极言天气寒冷。堕，冻掉。　⑥负背：即曝背，晒太阳取暖。　⑦金锣：比喻太阳。

醉忘归　隋炀帝帐名①。见《南部烟花录》②。

①隋炀帝：杨广（569～618），隋朝第二任皇帝，唐时谥炀皇帝。帐：帷帐。据说隋炀帝建"迷楼"，有四宝帐，其名称分别是醉忘归、散春愁、夜酣香、延秋月。　②《南部烟花录》：唐代无名氏撰，记述隋炀帝大业十二年至十四年（616～618）巡幸江都时的宫闱轶事。又名《大业拾遗记》、《大业拾遗》、《隋遗录》。

名利醉人　唐郑云叟诗①："浮名浮利过于酒，醉得人心死不醒。"

①郑云叟：本名遨，云叟其字也，以唐明宗庙讳，故世传其字焉，本南燕人。有《咏酒诗》等。诗句见《伤时》，前二句是："帆力劈开沧海浪，马蹄踏尽乱山青。"

春睡酣　东坡诗："落日半窗春睡酣①。"

①落日半窗春睡酣：苏轼送给小儿子苏过的诗。见《仆年三十九，在润州道上，过除夜，作此诗。又二十年，在惠州，录之以付过》二首之一。落日，苏诗中作"红日"。

红酣　曾子固诗："荷花落日红酣酒①。"

①红酣：因醉酒而变红。